Entführung!

Ich möchte dieses Buch dem Andenken meines geliebten Mannes Karl Osburn Learner II widmen. Er verließ diese Welt am 16. Mai 1994.

Ich habe meinen Mann von ganzem Herzen geliebt, und ich weiß, daß dieses Buch ohne ihn nicht möglich gewesen wäre. Ich wünschte, daß er es gedruckt gesehen hätte. Es war ebenso sein Traum wie meiner. Er glaubte ganz fest an die Existenz außerirdischen Lebens, und er glaubte mehr an mich als irgendjemand sonst, den ich gekannt habe. Ich bin dankbar, daß ich die letzten zwei Jahre mit ihm verbringen durfte, und ich hoffe, er weiß, wieviel er mir über die Menschen, das Leben und die Liebe beigebracht hat. Er wünschte sich so sehr, die Wahrheit zu kennen. Ich bete dafür, daß er sie jetzt kennt und daß er Frieden gefunden hat. Ich liebe dich, Liebster. Für immer.

Debbie Jordan

Entführung!

Die Geschichte der Eindringlinge geht weiter

Debbie Jordan & Kathy Mitchell
Einleitung von Budd Hopkins

Jochen Kopp Verlag

Aus dem Amerikanischen von Gisela Bongart
Umschlagabbildung: Andreas von Rétyi
Layout: Informationsdesign Monika Hintz, Tübingen
Druck und Bindung: Druckerei Deile GmbH, Tübingen

Printed in Germany

ISBN 3-930219-05-0

INHALT

EINLEITUNG
von
Budd Hopkins

Jener September 1983, in dem ich meinen ersten Brief von Debbie Jordan bekam, scheint ein halbes Leben zurückzuliegen - so viel ist bei Debbie und mir passiert. Auch was das Verständnis der Welt in Bezug auf das UFO-Rätsel angeht, hat sich als Ergebnis dieser ersten Kommunikation einiges getan. Die Veränderungen waren so tiefgreifend, daß es fast unmöglich ist, sich heute den Wissensstand zum UFO-Entführungsphänomen vor dem „Kathie-Davis"-Fall - um den fiktiven Namen zu nennen, den ich Debbie damals gab - ins Gedächtnis zurückzurufen.

In *Eindringlinge* aus dem Jahre 1987 veröffentlichte ich meine Forschungsergebnisse, zu denen ich nach Erhalt von Debbies Briefen und Fotografien gekommen war. Diese umfangreiche dreijährige Untersuchung förderte wichtige neue Informationen über die Gesetzmäßigkeiten, das Ausmaß und die offensichtlichen Ziele des UFO-Entführungsphänomens zutage - Daten, die seitdem durch unabhängige Forscher in der ganzen Welt bestätigt worden sind. Ein kurzer Rückblick umfaßt vor allem die Tatsache, daß das umfangreiche physische Beweismaterial in diesem Fall die Ansicht zunichte machte, UFO-Entführungen seien bloße „mentale" Ereignisse ohne äußere Zeugen. Zu Beginn von Debbies Erlebnissen im Juni 1983 berichteten sie und ihre Mutter unabhängig voneinander, seltsame Lichter auf dem Grundstück der Davis' gesehen zu haben. Und an der Stelle, an der Debbie sich erinnerte, das gelandete UFO gesehen zu haben, war der Boden auf eigenartige Weise in Mitleidenschaft gezogen: Das Gras verkümmerte, und darunter hatten sich die vielen würfelförmigen Abdrücke in feuchter, dunkler Erde in ein gräuliches, steinartiges Material verwandelt, das jahrelang keinerlei Vegetation hervorbringen konnte. Von dem rund zweieinhalb Meter großen Kreis veränderten Bodens - die Stelle, an der das Raumschiff offensichtlich stand - dehnte sich nach außen ein etwa fünfzehn Meter langer gerader Streifen ähnlich geschädigter Erde aus. Diese Zeichen unterstützen besonders anschaulich die Idee, daß das Objekt, das Debbie in jener Nacht sah, deutliche physische Spuren hinterließ und deshalb weder eine Phantasie noch ein Traum war.

Diese Annahme wird noch weiter bekräftigt. Denn als das Raumschiff offensichtlich abhob, nahm Debbies unmittelbarer Nachbar durch die Bäume hindurch einen hellen Lichtblitz an der Stelle wahr, an der sich diese Bodenspuren befanden. Sekunden später, als irgendein Flugobjekt geräuschvoll über das Haus flog, erlebte der Nachbar einen totalen Stromausfall. Ebenso merkwürdig, gingen die Lichter sofort wieder an, ohne daß eine Störung an den Sicherungen oder den Leitungsschutzschaltern vorlag. Die Zeugenaussage des Nachbarn räumt ebenfalls den Verdacht aus, daß das Ereignis als eine Einbildung von Debbie, hervorgerufen durch mentale Prozesse, zu betrachten ist.

In den Tagen nach ihrer Entführung verspürte Debbie eine Reihe unangenehmer Nachwirkungen, die an geringfügige Verstrahlungen erinnern. Doch nicht nur Debbie litt an solchen Problemen - das Verhalten von Vögeln und Tieren rund um die veränderte Bodenstelle war, gelinde ausgedrückt, ungewöhnlich, und die Verletzungen und der erhebliche Haarverlust ihres Hundes führten schließlich zu seinem Tod. Debbie erzählt von diesen physischen Folgeerscheinungen ausführlich auf den folgenden Seiten, so, wie sie, ihre Schwester und ihre Familie sie erlebt haben.

Wichtiger noch als die Tatsache, daß dieser Fall die physische Realität von UFO-Entführungen demonstriert, ist das Beweismaterial, das auf ein langfristiges außeriridisches Fortpflanzungsexperiment hindeutet. Vor 1983 waren sich nur wenige Forscher bewußt, daß einige der Entführungsberichte, die untersucht worden waren, eine sexuelle oder Fortpflanzungs-Komponente enthielten. Ich war auf solche Hinweise bereits 1976 gestoßen. Doch die meisten Entführten hatten sich gesträubt, freiwillig über diesen höchst persönlichen Aspekt ihrer Erfahrungen zu sprechen. Und da die Forscher sich allgemein scheuten, dieses Thema aufzugreifen, blieben Fragen zur Fortpflanzung und Sexualität jahrelang an der Grenze unseres Wissens über das Entführungsphänomen. Debbie Jordan war die erste Frau, die sich entschloß, diesen äußerst intimen Aspekt ihres Martyriums zu offenbaren. Ihr ungewöhnlicher Mut hat es seitdem Hunderten von Männern und Frauen leichter gemacht, offen darüber zu sprechen, wodurch sie der UFO-Forschung einen unermeßlichen Dienst erwiesen und die Arbeit von Therapeuten und Forschern vereinfacht hat.

Was Debbies Bericht enthüllt, ist mehr oder weniger der zentrale Grund für außerirdische Interaktionen mit Menschen. Ungeachtet der außerirdischen Neugier hinsichtlich der menschlichen Sexualität, der mütterlichen und väterlichen Instinkte und der Art, wie Menschen Beziehungen miteinander eingehen, sind es unsere genetischen Anlagen, die im Zentrum des außerirdischen Interesses zu stehen scheinen.

Die Geschichte dieses Wendepunkt-Ereignisses wurde in voller Länge in *Eindringlinge* erzählt, es ist also nicht nötig, hier näher darauf einzugehen. Was jedoch nie bekannt wurde, sind Debbies Beweggründe, mir zu erlauben, diesen Teil ihrer Geschichte in mein Buch aufzunehmen. Die Einzelheiten ihrer verschwundenen Schwangerschaft und die Schilderung dessen, was man ihr später in einem UFO zeigte und sie für das hybride Resultat dieser Schwangerschaft hielt, ergeben die persönlichste und bewegendste Erzählung, die man sich vorstellen kann. Nichts, was Debbie mir während der vielen Monate meiner Untersuchung sagte, war so ergreifend, wie ihre Beschreibung des Gefühls, als ihr ihr Baby gewaltsam abgenommen wurde und sie Jahre später plötzlich von mütterlicher Liebe für das seltsame, aber wunderschöne kleine Mädchen durchströmt wurde, das die Außerirdischen ihr zeigten ..., und dann der tiefe Trennungsschmerz, als ihr das Kind erneut abgenommen wurde.

Eines Nachts, als die Untersuchung sich dem Ende näherte und ich ihr meine Idee zu einem Buch über ihren Fall erörterte, erschien Debbie nachdenklich und ziemlich still. Nach einer langen Pause sagte sie, es gebe etwas, von dem sie nicht wolle, daß ich darüber schreibe. Sie bat mich, nichts von dem kleinen Mädchen zu erwähnen, das sie Emily genannt hatte; ihre Gefühle seien in diesem Punkt noch nicht ausreichend verarbeitet und leicht aufzuwühlen. Ihre Liebe zu diesem Kind und ihr Gefühl von Hilflosigkeit, das sie empfand, als sie von ihm getrennt wurde, waren noch zu überwältigend, um damit umzugehen. Sie wollte weder, daß ich die Schwangerschaft, die verschwand, noch daß ich ihr kurzes kostbares Treffen mit Emily in meinem Buch erwähnte, das Fremde lesen und Skeptiker verhöhnen oder sogar ins Lächerliche ziehen würden. Es war eine private Tragödie, die sie noch nicht fähig war zu teilen.

Da ich glaubte, daß die Information über außerirdische genetische Experimente der einzige höchstwichtige Punkt für unser Wissen um das Phänomen sei, fragte ich sie, ob sie mit einem vorsichtigen Kompromiß einverstanden sei. Ich versprach, die Arbeit an dem Buch mit diesem Teil der Geschichte fortzusetzen, fügte jedoch hinzu, daß sie das Manuskript lesen könne, sobald es fertig sei, und wenn sie es immer noch wünsche, würde ich die Abschnitte herausnehmen, die von ihrer verlorenen Schwangerschaft und ihrem Treffen mit dem kleinen Mädchen handeln.

Mit diesem Einverständnis fuhr ich fort zu schreiben und hoffte, daß sie ihre Meinung ändern würde. Und dann, eines Nachts, als wir zusammen zu einem Flughafen fuhren, war Debbie ungewöhnlich still. Ich erinnere mich nicht mehr an ihre genauen Worte, als sie anfing zu sprechen, doch sie waren in etwa so: „Budd, ich habe viel über Emily und meine Schwangerschaft und die ganze Sache nachgedacht, und ich habe mich entschlossen, daß du es im Buch bringen kannst. Ich weiß, daß dies vielen anderen Frauen passiert ist, und ich weiß ganz sicher, daß sie sich so fühlen müssen wie ich. Es ist ungefähr die traurigste und seltsamste Sache, die man sich vorstellen kann. Auf der einen Seite möchte ich nicht, daß dieser Teil von mir und von meinem Leben so öffentlich wird, doch dies hat mich nachdenklich gemacht: Vielleicht werde ich nie etwas Großes in meinem Leben tun und die Gelegenheit haben, auf die Dinge in irgendeiner maßgeblichen Weise Einfluß zu nehmen. Vielleicht ist dies hier der wirklich wichtige Beitrag, den ich je in der Lage zu leisten sein werde, ... andere Menschen wissen zu lassen, was mir passiert ist, so daß sie verstehen können, was ihnen vielleicht passiert ist..."

Als wir in dieser Nacht weiterfuhren, sprach Debbie sehr gedämpft, als ob buchstäblich Monate des Nachdenkens hinter ihren Worten lägen. Ich wußte, wie bewegt sie war und wieviel ihr Entschluß sie gekostet hatte. Auch mir standen Tränen in den Augen.

Seitdem ist Debbie zu einem Vorbild für Hunderte anderer Entführter geworden, verängstigte, verwirrte Männer und Frauen, die in ihr eine starke, sehr menschliche und verletzliche junge Frau gesehen haben, die überlebt und schließlich triumphiert hat. Wenn sie diesen überwältigenden Problemen ins Auge sehen und sie überwinden kann, dann können sie es auch. Ihre Lebensentwicklung folgt einer idealen Linie: Vom Tiefpunkt der Stagnation, der Depression und Selbstverleugnung richtete sie sich auf, um den beunruhigenden Erinnerungen und Ängsten ins Gesicht zu schauen. 1983 schrieb sie ihre Briefe und warf mehrere weg, bis sie endlich in der Lage war, einen abzuschicken. Und dann, als sie sich ein wenig sicherer fühlte, begann sie ihre Erfahrungen zu erforschen. Sie lernte andere Entführte kennen, schloß neue Freundschaften, traf jedoch auf neue

Kämpfe mit Selbstverleugnung und Depression, alle durchsetzt von dem beständigen Gefühl des Sieges über die Verwirrungen, mit denen sie so lange gelebt hatte.

Als sie ihre Gefühle besser verstand und die Hilflosigkeit überwand, die sie so viele Jahre gekannt hatte, willigte sie ein, daß ihre Geschichte zum Wohle unzähliger anderer Männer und Frauen bekannt werde. Es dauerte noch eine Weile länger, bis Debbie den Mut sammelte, zum ersten Mal in der Öffentlichkeit über ihre Erfahrungen zu sprechen. Doch dies erschien ihr als ein notwendiger nächster Schritt, den Tränen, die sie so lange fast gelähmt hatten, gegenüberzutreten und sie zu beherrschen.

Ich erinnere mich lebhaft an diesen ersten Auftritt 1988 bei einer von John Whites Konferenzen in North Haven, Connecticut. Debbie hatte mich gebeten, zur moralischen Unterstützung neben ihr auf dem Podium zu stehen, und als sie hinaufstieg, um dort zu sprechen, gab es einen Moment der Stille. „Ich habe dies noch nie zuvor getan", erzählte sie dem Publikum, „und ich habe wirklich so etwas wie Angst. Geben Sie mir nur eine Minute, um mich zusammenzunehmen, und dann werde ich gefaßt sein." Ich bin mir nicht sicher, ob dies ihr genauer Wortlaut war, zumindest sinngemäß. Sie senkte ihre Augen und war still. Wir warteten. Die Stille steigerte sich. Alle Leute im Publikum lehnten sich gespannt nach vorne und wünschten ihr innerlich alles Gute. Die Stille setzte sich fort, und dann schaute sie auf, lächelte und sagte, „Ich bin jetzt okay", und begann ihre entspannte und völlig natürliche Rede. Zum Schluß gab es tosenden Beifall. Jeder spürte, daß ihr Ausdruck unverwechselbar war, der Ausdruck von Aufrichtigkeit und Demut, von schlichter Weisheit. Es ist der Ausdruck, den man auch auf den Seiten ihres Buches wiederfindet. *Entführung- die Geschichte der Eindringlinge geht weiter,* ist ein Werk, das den gegenwärtigen Stand im erhebenden Werdegang von Debbies Leben wiedergibt. Die Zuversicht, die sie im Laufe der Jahre gewonnen hat, wird in der klaren Offenheit ihres eindrucksvollen Stils offensichtlich.

Das Auftreten ihrer Schwester Kathy als Coautorin ist eine weitere Demonstration der Stärke und Unverwüstlichkeit, die UFO-Entführte so häufig besitzen. In Kathys ebenso wie in Debbies Fall war dies nicht immer so offensichtlich. Als ich Kathy das erste Mal traf, war sie meinen Untersuchungen gegenüber sowohl argwöhnisch als auch neugierig, die Bedeutung so vieler seltsamer Ängste und Erinnerungen herauszufinden, die ihr Leben zwangsläufig geprägt hatten. Nach einigen behutsamen Unterredungen und Hypnoserückführungen - Erfahrungen, die sie bewegend in diesem Buch beschreibt - entschied sich Kathy gegen eine ausgiebigere Erforschung. Es war klar, daß sie das Gefühl hatte, möglicherweise die Privatsphäre und das Wohlergehen ihres Mannes und ihrer Kinder aufs Spiel zu setzen, wenn sie einer Untersuchung zustimmen würde. Es erschien mir jedoch auch, daß sie sich vor dem fürchtete, was möglicherweise entdeckt werden würde, wenn sie es zuließ, den Prozeß weiterzuverfolgen.

In ihrer klaren, ausdrucksvollen Sprache läßt Kathy uns in ihren Geist blicken und hilft uns zu verstehen, warum sie die Untersuchung vor einem Jahrzehnt abbrach und warum sie sich nun stark genüg fühlt, uns die volle Wahrheit hinter ihrer Entscheidung zu erzählen. In gewissem Sinne weisen Debbie und Kathy zwei diametral entgegengesetzte Reaktionen auf den gleichen Stimulus auf: erstere Offenheit und Risikobereitschaft, die zweite Vorsicht und Zurückhaltung. Und noch heute, ein Jahrzehnt später, stehen die Schwestern, die unterschiedliche Wege gingen, an genau derselben Stelle und teilen mit der Welt ihre Jahre des persönlichen Schmerzes und ihr gegenwärtiges Gefühl, langsam Stärke aufzubauen.

Im Laufe der Jahre habe ich durch meine Untersuchungen des UFO-Entführungsphänomens eine Menge gelernt. Ich weiß, daß eine Art nichtmenschlicher Intelligenz mit uns interagiert, die uns jedoch auf ihre eigene Weise nur mitteilt, was sie gerne täte, und die uns mit kalter Objektivität manipuliert. Ich weiß auch, daß einige Teile unserer Regierung von diesen Einmischungen und Raubzügen wissen, diese Tatsache jedoch aus eigenen Beweggründen heraus gegenüber der breiten Öffentlichkeit bewußt abstreiten. Hier besteht eine traurige und bedrückende Parallele: Die Regierung lügt, und die Außerirdischen lügen. Jeder hat offensichtlich eine verborgene Tagesordnung; keinem von beiden kann man trauen.

Doch während die Gründe für die Geheimhaltung der Regierung und die Absichten der Außerirdischen die Gedanken vieler Forscher beschäftigen, denke ich weit häufiger an die Opfer von beiden, an den Schmerz, den sie erlitten haben, und die Stärke, die sie gezeigt haben. Ich denke an Debbie und Kathy, zwei Schwestern aus einer einfachen Familie im mittleren Westen, die stark gelitten, aber schließlich triumphiert haben - zwei großartige Vertreterinnen der Tapferkeit und Unverwüstlichkeit des menschlichen Geistes. Ich bin stolz, sie beide zu kennen.

New York, 1994

ANMERKUNG DER AUTORIN
Debbie

Ich bin eine ganz gewöhnliche Frau. Ich versuche, so gut ich kann, nach der goldenen Regel zu leben. Häufig schleppe ich mich mühsam durchs Alltagsleben und versuche, das Beste aus einer schlimmen Situation zu machen und so viel Freude und Vergnügen aus dem Leben zu ziehen, wie nur möglich. Nun, das tun alle. Manchmal tue ich etwas Wundervolles. Manchmal mache ich schreckliche Fehler. Tun wir das nicht alle? Ist das nicht die Art, wie wir lernen?

Als ich mich in außergewöhnlichen Situationen befand, die ich in diesem Buch beschreibe, reagierte ich genauso, wie Sie das wahrscheinlich auch getan hätten. Es fiel mir schwer, es zu glauben. Ich hatte ernsthafte Zweifel an meiner Zurechnungsfähigkeit und an der der Leute, mit denen ich bald zusammenarbeitete. Wie zum Teufel konnten normale Leute glauben, daß diese Dinge real sind? Es war einfacher für mich zu glauben, daß ich verrückt sei.

Nachdem ich die Leute, mit denen ich arbeiten sollte, kennengelernt hatte, merkte ich, daß sie nicht verrückt waren. Sie waren geistig gesund, intelligent, und wenn sie vor einem Gericht als Zeugen auftreten würden, würde ich ihre Aussage als Tatsache akzeptieren. Und als ich das Beweismaterial sah, das Menschen, wie ich, ihnen unterbreiteten, merkte ich, daß ich all diese Dinge nicht länger wegerklären konnte. Es war einfach unmöglich, daß andere sich an die Dinge erinnerten, an die ich mich erinnerte, wenn sie sie nicht selbst gesehen hatten.

Am Anfang erzählte ich Budd Hopkins nicht alles, an was ich mich erinnerte. Es war einfach zu peinlich, und ich versuchte immer noch, alles wegzuerklären. Ich sah die Zeichnungen, die andere gemacht hatten, und wußte ganz genau, daß ich keiner Sterbensseele von den Dingen erzählt hatte, an die sie sich ebenfalls erinnerten. Ich wußte, daß irgendetwas vorsichging.

Budd zeigte oder erzählte mir häufig Dinge, die andere gemacht oder gesagt, nachdem ich ihm von meinen Erinnerungen erzählt hatte, weil er sich vielleicht dachte, daß eine Bestätigung meiner Erlebnisse mir einen gewissen geistigen Frieden vermitteln würde. Ich wußte seine Idee zu schätzen, doch in Wirklichkeit machte es mich krank zu sehen, daß andere sich an mein Material erinnerten! Vorbei war es mit meiner netten beschränkten Art zu rationalisieren!

Ich komme aus einer durchschnittlichen Familie im mittleren Westen. Ich habe Glück, schätze ich, denn meine Familie ist mir sowohl räumlich als auch gefühlsmäßig nahe. Wir sehen uns fast täglich. Meine Eltern sind nach 47 Jahren immer noch verheiratet; ich habe noch nicht einmal einen lieben Menschen durch Tod verloren, und ich bin fast 35 Jahre alt! Wir waren nicht reich, aber auch keineswegs arm. Wir hatten alles Nötige und das meiste der gewissen „Extras" des Lebens.

Wir kamen aus sehr stabilen Verhältnissen. Wir küßten und umarmten uns nicht andauernd, doch wann immer jemand in Schwierigkeiten war, waren wir alle da, standen hinter dem Betreffenden und gaben ihm alle Unterstützung und Liebe, die wir hatten. Es gab keinen Kindes- oder sexuellen Mißbrauch irgendeiner Art in unserer Familie, und ich ärgere mich über Forscher, die zu verstehen geben, daß alle Entführungserfahrungen daher stammen. Sie irren sich.

Ich vermute, ich war eher ein „wildes Kind". Ich hörte Rock 'n' Roll, haßte die Schule und rebellierte, wann immer es möglich war. Als Teenager litt ich unter Depressionen, Angst und einem niedrigen Selbstwertgefühl. Niemand verstand, warum ich so war, wo ich doch aus so guten Verhältnissen kam. Als ich begann, die Geschichte der Verwicklung meiner Familie in UFOs aufzudecken und anfing, mit Budd Hopkins und Dr. Aphrodite Clamar zu arbeiten, fand ich schließlich Erleichterung. Es ging mir besser. Mein guter Zustand ist seitdem geblieben, und dies führt mich dazu zu glauben, daß sie offensichtlich auf der richtigen Spur waren. Nach meinem Verständnis kann man die Symptome nicht lindern, wenn man sich nicht mit dem Problem an der Wurzel befaßt. Ich denke, meine Erholung spricht sehr dafür.

Als ich 1988 auf einer Bühne in North Haven, Connecticut, stand, hatte ich schreckliche Angst. Ich stand im Begriff, in einem Raum voller Fremder zum ersten Mal meine Seele zu entblößen. Als sich der Applaus legte und es still im Saal wurde, dachte ich: „Nun, entweder werde ich meinen Mund aufmachen und reden, oder ich falle jetzt sofort um!" Mein Herz klopfte. Ich wollte nicht dort sein, und doch mußte ich der Welt berichten. Ich wurde von einer Kraft getrieben, die stärker war als ich selbst, die mich befähigte, an diesem Abend dort zu sein - genauso wie ich getrieben werde, jetzt dieses Buch zu schreiben. Ich entschied, daß Ehrlichkeit die beste Politik sei, und so erzählte ich der Menge, daß ich Angst hatte. Egal, worüber ich zu ihnen da oben reden würde, ich war sehr selbstbewußt und irgendwie schüchtern, und dies würde für mich wirklich sehr schwer werden. Ich denke, das war ziemlich offensichtlich. Ich bekam stehende Ovationen für dieses bißchen Wahrheit.

Ich verfolge dieselbe Politik beim Schreiben dieses Buches. Ich erwarte keine stehenden Ovationen. Ich erwarte noch nicht einmal, daß Sie alles glauben, was ich schreibe. Ich bitte nur inständig darum, daß Sie mit wachem Verstand und offenem Herzen lesen. Natürlich habe ich keinen eindeutigen Beweis für das meiste von dem, was ich Ihnen auf den folgenden Seiten erzählen werde. Doch wenn Sie sich bereits entschlossen haben, es sowieso nicht zu glauben, würde Ihnen kein Beweis je genügen. Ich hoffe, daß Sie in der Lage sein werden, die Indizien so zu sehen, wie ich sie sah, und daß Sie zumindest bereit sind, zweimal über all das nachzudenken. Versetzen Sie sich für einen Moment in meine Lage. Stellen Sie sich vor, wie Sie sich gefühlt hätten, was Sie gesagt hätten, wenn Sie die Dinge gesehen und erfahren hätten, die uns widerfahren sind. Wenn ein Gedanke, den ich hier vorstelle, Sie veranlaßt, zweimal darüber nachzudenken, ehe Sie ein vorschnelles Urteil fällen, oder er Sie dazu bringt, sich an etwas zu erinnern, das wichtig für Sie ist, oder dazu, Ihren Geist nur ein wenig mehr zu öffnen, als zu Beginn dieses Buches, dann habe ich das erreicht, was ich, wie ich glaube, erreichen soll.

Dieses Buch ist für all diejenigen bestimmt, die wie wir die Wahrheit suchen. Selbst wenn es keine Fragen beantwortet, wird es uns vielleicht wenigstens helfen, die richtigen zu stellen.

Dieses Buch ist auch für meine Kinder bestimmt, in der Hoffnung, daß es ihnen eines Tages helfen wird, ihre Mutter und ihre Familie ein wenig besser zu verstehen. Ich hoffe sie wissen, wie sehr ich sie liebe.

Ich möchte meiner Familie danken, meinen Freunden und all den Menschen, die sich entschlossen haben, ihr Leben der Wahrheitsfindung zu widmen. Ich liebe Euch alle.

Trotz der Beschränkungen der menschlichen Sprache: So wie ich die spirituellen Dinge in den letzten Kapiteln lese, schwingen die Gedanken mit solch einer „Richtigkeit" mit, daß ich weiß, daß ich die rechten Worte gewählt habe. Ich hoffe, daß es den Kern Ihres Wesens berühren wird, so wie dies bei mir der Fall war.

Es ist nicht einfach, dieses Buch zu beenden, denn wie Wachsen und Lernen endet die Geschichte nie. Alles, was ich tun kann, ist mir mein Vertrauen, einen offenen Geist, ein offenes Herz zu erhalten und weiter zu schreiben.

ANMERKUNG DER AUTORIN
Kathy

Drei Generationen lang hatte unsere Familie viele bizzare Erlebnisse mit UFOs, Außerirdischen, Poltergeistern sowie mit spirituellen und paranormalen Phänomenen. Ich weiß nicht, wie oder ob diese Erfahrungen zusammenhängen, doch insgesamt verbinden sie uns als Familie.

Unsere Familie ist äußerlich betrachtet ziemlich normal. Jedes Wochenende und an Feiertagen kommen wir zusammen, spielen Karten und werden laut. Auf Außenstehende wirken wir wahrscheinlich wie die wild gewordenen Waltons. (bekannte amerikan. Fernsehfamilie, Anm. d. Übers). Wir könnten Ihre Nachbarn sein, Ihre Mitarbeiter, Ihre Freunde, und Sie würden nie von den Geheimnissen erfahren, die wir nur untereinander und mit einer Handvoll engen Freunden teilen. Sie könnten sogar verwandt mit uns sein und nichts von den seltsamen Vorkommnissen und Begegnungen wissen, die wir in unseren Köpfen gespeichert haben.

Debbie war die einzige, die hervortrat und auspackte, sehr zu unserem Entsetzen. Vor zehn Jahren entschloß sie sich, an die Öffentlichkeit zu gehen. Sie benutzte weiterhin den Namen Kathie, der ihr in dem Buch *Eindringlinge* gegeben wurde, in dem frommen Versuch, ihre Identität zu verhüllen. Doch sie trat immer noch mit ihrem eigenen Gesicht auf, sehr zu unserem Verdruß. Die übrigen von uns überlegten tatsächlich, dieses Gesicht für sie zu verändern - natürlich um ihre Identität zu schützen. (Ich spaße nur.)

Heute, nach zehn Jahren Schattendasein, habe ich mich entschlossen, hinaus ins Licht zu treten.

Ich stelle mich Ihnen heute vor und werde einige meiner Erlebnisse mit Ihnen teilen. Ich biete keinerlei wissenschaftliche Daten an, um sie zu stützen. Ich habe keinen physischen Beweis, keine Souvenirs, keine mathematischen Gleichungen, um meine außerirdischen Erfahrungen zu belegen. Ich habe nur mein Wort. Zu beweisen, daß Außerirdische existieren, erscheint mir nicht so wichtig, wie zu lernen, mit den Folgen dieser Erfahrungen umzugehen.

Leiden Sie nun mit mir, wenn ich meiner Seele erlaube, durch den Spalt in meiner Rüstung herauszuschlüpfen.

Mein Leben auf dieser Erde begann am 30. November 1947 in einem Vorort von Indianapolis. Ein fremder Riese von einem Mann gibt mir einen Klaps auf den nackten Po, wahrscheinlich, um ihn aufzuwecken, legt mich auf eine Waage und erklärt: „Sechs Pfund, fünf Unzen (142 Gramm)". Ich denke, vier Unzen (113 Gramm), und damit beginnt meine lebenslängliche Fixierung auf mein Gewicht.

Die nächsten elf Jahre war ich nur ein Kind. Das war ein ziemlich angenehmes Leben. Ich konnte machen, was ich wollte, und mußte nie mit jemandem etwas teilen. Ich fühlte mich immer älter als Freunde im selben Alter. Wenn wir Haus spielten, wurde ich immer ausgewählt, die Mutter zu sein. Ich habe das Gefühl, daß ich nun mein ganzes Leben lang die Mama gewesen bin, und es wird langsam ein bißchen fade.

In den frühen 50er Jahren hörte und las ich eine Menge über UFOs. Es war damals ein neues Phänomen, und ich hörte meine Eltern häufig über Sichtungen reden, wenn sie Artikel in der Zeitung lasen. All das Gerede ängstigte mich nie: Es schien einfach eine Tatsache des Lebens zu sein. Ich kann mich erinnern, beliebte Science-fiction-Vorführungen mit großem Interesse verfolgt zu haben, doch ich betrachtete sie stets mit Vorbehalt.

Über UFOs zu reden, ängstigte mich nicht, doch ich erinnere mich, daß ich mich vor der Dunkelheit fürchtete, vor Spinnen und davor, in engen Räumen eingesperrt zu sein. Viele Nächte lag ich wach, mußte ins Bad, fürchtete mich aber so sehr, das Bett zu verlassen, daß ich einfach in die Hose machte. Dies bereitete mir große Pein, doch es schien das kleinere von zwei Übeln zu sein.

Trotz meiner großen Angst vor der Dunkelheit habe ich lebhafte Erinnerungen daran, wie ich allein in der Nacht vor meinem Schlafzimmerfenster saß und einfach in den Himmel starrte. Ich kann mich nicht erinnern, damals je ein UFO gesehen zu haben, doch ich erinnere mich, daß ich mir wünschte, „sie" würden sich zeigen und mich mitnehmen.

Es erschien so harmlos, dazusitzen und sich zu wünschen, „sie" würden herabkommen und sich zeigen, doch wenn „sie" wirklich in dein Leben treten, werden die Auswirkungen dein Sein in einer Folge von zermürbenden Situationen für immer verändern. Von diesem Tag an beginnst du zu spüren, daß dein Leben vielleicht nicht mehr dein eigenes ist. Du bist gedemütigt in dem Wissen, daß du vielleicht nicht so stark bist, wie du immer dachtest. Du fürchtest dich vor der Tatsache, daß eine unbekannte Macht, die die Mehrheit der Bevölkerung nicht einmal als real erkennt, dich nach Belieben manipulieren kann. Unbewußt bewahrst du diese Angst in jedem wachen und ruhigen Moment deines Lebens, und du weißt, daß du jederzeit damit konfrontiert werden könntest, höchstwahrscheinlich dann, wenn du es am wenigsten erwartest.

Schlaf gibt dir das Gefühl, besonders ungeschützt vor „ihnen" zu sein. Folglich ist schlafen beunruhigend für dich. Schlaf setzt irgendwie deine Verteidigungsmittel außer Kraft, obwohl du weißt, daß du ohnehin keine Möglichkeiten zur Verteidigung hast, und Schlaf öffnet deinen Geist für all die unbewußten Realitäten, die du dich anzuerkennen weigerst, solange du wach bist. Der Schlaf wird deshalb dein Feind.

Ich habe viele Jahre mit dem Schlaf gekämpft, bin allein im Dunkeln durch die Stockwerke gelaufen, habe mich vor Fenstern, Schatten und Geräuschen gefürchtet, einfach vor allem, außer dem, wovor ich wirklich Angst hatte. Ich lief nicht nur herum, wenn ich wach war, sondern auch, wenn ich schlief, und wurde in den absonderlichsten Situationen wach. Ich bin aufgewacht, als ich gerade aus der Haustür hinausspazieren wollte. Ich bin aufgewacht, als ich splitternackt im Wohnzimmer vor dem Fenster saß und gerade ein Hörnchen Eis aß, auf das ich im Schlaf gestarrt hatte. Ich bin an verschiedenen Stellen des Hauses aufgewacht und fragte mich immer, was ich im Schlaf gemacht hatte, wohin ich gegangen war, ob mich jemand gesehen hatte und ob ich dabei war, verrückt zu werden. Ich verband meine Angst vor dem Schlafwandeln mit meiner Angst vor dem Schlaf, und erst nach zwanzig Jahren, als ich endlich mit meiner größten Angst konfrontiert wurde, als ich lernte, mit dem unheimlichen, unglaublichen Phänomen in meinem Leben zu kämpfen, war ich endlich in der Lage, mit einiger Regelmäßigkeit zu schlafen.

Als die Untersuchungen mit mir und meiner Familie begannen, war ich sehr aufgeregt, doch als die Studien intensiver wurden, als ich gedrängt wurde, Fremde in meinen Geist einzuladen, begann ich mich dagegen zu sperren. Ich schirmte mein Unterbewußtsein ab, so wie man ein Kind beschützen würde. Ich wurde auf jeden wütend, der versuchte, mich dazu zu bringen, mich an meine innersten Gedanken, meine Geheimnisse, meine Erfahrungen zu erinnern. Irgendwie fühlte oder wußte ich, daß diese Erfahrungen in meinem Geist verschlossen bleiben und nicht einmal mir selbst enthüllt werden sollten. Ich würde dieses Gefühl mit dem eines Kriegsgefangenen vergleichen, der gefangen ist, in die Ecke gedrängt und verhört wird. Jemand zwingt diesen Gefangenen zu gestehen, und er hat das Gefühl, es nicht zu können. Er ist zunächst trotzig, dann zur Unterwerfung gezwungen und schließlich erleichtert angesichts der Beendigung und glücklich, überlebt zu haben.

Die Folge einer UFO-Erfahrung ist, wie für ein Verbrechen angeklagt und verurteilt zu werden, das du nicht begangen hast. Du gibst das zu, von dem du weißt, daß es wahr ist, doch keiner glaubt dir. Ein Gefühl, wie du gegen die Welt. Niemand hört zu, niemand glaubt dir, niemand kümmert sich um dich. Wenn dir doch jemand glaubt, wird er ebenfalls als „schuldig" abgestempelt. Es ist ein schreckliches Gefühl, außer Kontrolle geraten zu sein, du fühlst dich abseits der Norm, bist selbst ein Alien, ein Außenseiter.

Mit der Unterstützung meiner Familie und meiner Freunde glaube ich nun bereit zu sein, den Sprung in meinen Geist zu wagen. Ich habe Jahre dafür gebraucht, endlich das Gefühl zu überwinden, daß ich „es nicht sagen kann."

Ich möchte ihnen allen dafür danken, daß sie einfach da waren. Ich werde versuchen meine Kinder nicht allzu sehr in Verlegenheit zu bringen, aber ich hoffe, sie werden verstehen, warum ich das Bedürfnis habe, dieses Projekt zu beginnen, und ich hoffe, sie werden schließlich merken, was mit ihrer Mama los ist.

PROLOG
1965

Es war spät am Nachmittag gegen fünf Uhr. Ich hatte meine Mutter zum Bingospielen bei Bekannten gefahren. Ich besaß meinen Führerschein noch nicht sehr lange. Ich war gerade sechzehn, deshalb liebte ich es, Leute durch die Gegend zu chauffieren. Wie die meisten Teenager mochte ich es, hinter dem Lenkrad eines Autos zu sitzen. Es gibt einem das Gefühl, erwachsen zu sein, und vermittelt so ein Machtgefühl, man hat zwei Tonnen Maschine und Stahl unter totaler Kontrolle, oder zumindest denkt man das.

Ich fuhr die vertraute zweispurige Straße entlang, die mich nach Hause führen würde. Ich war nicht in Eile. Es war noch reichlich hell. Der Abend dämmerte langsam, wie dies im Herbst üblich ist. Und ich hatte keine besonderen Pläne, außer auf meinen kleinen Bruder und zwei Schwestern aufzupassen. Ich hielt an vertrauten Straßenkreuzungen - es schien, daß jede Ampel, auf die ich zufuhr, rot wurde -, und ich fuhr an vertrauten Häusern vorbei. Die Vertrautheit vermittelte mir ein unbeschwertes Gefühl, mein Leben war in Ordnung. Und dann war es das plötzlich nicht mehr.

Ich war nicht auf der Straße. Verzweifelt riß ich das Lenkrad in alle möglichen Richtungen, doch ich hatte total die Kontrolle über mein Auto verloren. Einen Moment lang dachte ich, ich würde auf den leeren Parkplatz hinter einer Kirche gelenkt, obwohl ich nicht wußte, warum. Dann dachte ich, ich hätte angehalten: doch warum? Ich mußte nach Hause, mußte nach meinem kleinen Bruder und zwei Schwestern sehen, mußte ihnen Abendessen machen und sie zu Bett bringen, und um elf sollte ich meine Mutter abholen. Unbedingt.

***

Alles scheint still zu stehen. Ich schaue nach oben. Ich beuge mich über das Lenkrad, schaue durch die Windschutzscheibe nach oben, und unmittelbar über dem Auto, ungefähr so hoch wie zwei Telefonmasten, schwebt es. Es gleicht nichts, was ich je zuvor gesehen habe: ein längliches Raumschiff, schätzungsweise zwei Meter lang, es ähnelt zwei Eßtellern, die aufeinander sitzen. Seine Oberfläche, glatt wie rostfreier Stahl, hebt sich gegen den plötzlich schwarzen Himmel ab. Rote, weiße und gelbbraune Lichter blinken auf seiner Unterseite. Es ist unirdisch; es ist großartig.

Ich habe völlig freie Sicht. Durch die Windschutzscheibe hindurch beginnen meine Arme, die noch immer über dem Lenkrad verschränkt sind, eine Wärme zu verspüren wie die von der Sommersonne. Ich greife ins Handschuhfach, in dem ich immer eine kleine Kamera aufbewahre, denn ich denke, daß ich ein Foto davon machen muß, da mir sonst niemand glauben wird. Die Kamera ist weg. Schwach höre ich durch das geschlossene Fenster ein Summgeräusch, das von dem schwebenden Raumschiff kommt. Ich kurble das Autofenster herunter, damit ich besser hören kann. Das Autoradio ist an. Ohne meine Augen vom Raumschiff abzuwenden, lange ich mit meiner rechten Hand nach dem Radio, um es leiser zu stellen. Im selben Moment, in dem ich den Lautstärkeknopf berühre, beginnt das Raumschiff sehr langsam nach oben zu steigen.

Ich bin nicht auf der Straße. Ich bin nicht auf dem leeren Parkplatz an der Kirche. Ich bin nicht einmal auf dem Boden. Durch das Seitenfenster des Autos sehe ich auf dem leeren Pflaster, das sich unter mir entfernt, einen hellen Kreis aus Licht, der die Stelle markiert, an der das Auto, wie ich glaube, angehalten hat. Und dann stoppt das Auto.

Ich bin irgendwo anders, im Inneren des Autos, in einem dunklen geschlossenen Raum. Ein schwaches Licht dringt aus einem Flur, der zu einem anderen Raum führt. Obwohl es hell ist, reicht es nicht aus, die unmittelbare Umgebung außerhalb meines Autos zu erleuchten, doch drei Gestalten heben sich ab. Ihre Umrisse sind menschlich, aber klein. Sie sind vielleicht ein Meter zwanzig groß. (Tatsächlich scheint die Gestalt in der Mitte etwas größer als die anderen beiden zu sein.) Ihre Arme scheinen lang zu sein und ihre Köpfe im Verhältnis zum übrigen Körper groß. Ihre Köpfe sind am Scheitel rundlich und dort, wo bei Menschen das Kinn wäre, ein wenig schmal.

Sie sprechen nicht. Und doch weiß ich, daß ich aus meinem Auto aussteigen muß. Ich weiß, daß ich den erleuchteten, jenseits gelegenen Raum betreten muß. Ich weiß, daß ich das nicht will - ich habe Angst -, doch ich weiß, daß ich müssen werde, weil ich ihrem Willen nicht widerstehen kann, und daß sie mich zwingen werden. Sie zu beobachten ist eine Sache, doch wenn sie deinen Körper kontrollieren, mit ihrem Geist in dich eindringen, ... das ist eine andere Sache.

Ich bin in einem anderen Raum. Der Raum ist ganz weiß. Dort ist ein Tisch. Ich liege auf einem sehr glatten Tisch in einem ganz weißen Raum. Eine Gestalt, die so groß ist; eine sehr große und sehr dünne außerirdische Gestalt steht am Fußende des Tisches. Obwohl keinerlei Anzeichen oder besondere Merkmale darauf hindeuten, habe ich aus unerklärlichem Grund oder aufgrund so etwas wie Intuition, den Eindruck, daß dieser Außerirdische weiblichen Geschlechts ist.

Seine (ihre?) Haut ist dem Anschein nach dunkel und bräunlich, ledrig. Der Körper ist starr. Der Kopf ist mit nichts zu vergleichen, das ich auf der Erde gesehen habe, höchstens vielleicht mit dem Kopf einer Gottesanbeterin, wenn man ihn auf das Maß eines menschlichen Kopfes vergrößern würde. Oben breit, verjüngt er sich unten zu einem punktförmigen Kinn. Der Kopf sitzt einfach auf dem Körper - es ist kein Hals zu sehen - und bewegt sich mit schnellen, ruckartigen, insektenartigen Bewegungen. Die Augen, riesig, leuchtend, feucht und schwarz, sind nur auf mich gerichtet.

Ich liege auf einem Tisch in einem weißen Raum. Eine starre, dünne, ein Meter achtzig große Gestalt steht am Fußende des Tisches und starrt mich an. Die riesigen schwarzen Augen sind von Neugier erfüllt, so wie Staunen die Augen eines kleinen Kindes weitet, das die Objekte in einem Raum zum ersten Mal erforscht. Mit gebannter Aufmerksamkeit blickt es mich über die Länge des Tisches an. Es wendet mir herausfordernd seinen halslosen Kopf zu; obwohl vertraut, erscheint mir die Geste fremd und unmenschlich, kalt.

Ich liege auf einem Tisch und beobachte, wie diese neugierige Kreatur mich neugierig beobachtet. Ich beobachte. Ich warte. Ich bin nicht so neugierg. Vielleicht habe ich Angst. Doch in erster Linie warte ich bloß, warte, um zu sehen, wozu dieser Geist den meinen bewegen wird.

1
Debbie
1983

Dies war der Anfang der Odyssee, die später mein Leben werden würde. Die Geschichte wurde zuerst von Budd Hopkins in seinem Buch *Eindringlinge: Die unheimlichen Begegnungen in den Copely Woods,* berichtet.

Als ich die riesige, merkwürdig geformte Stelle im Garten meiner Eltern betrachtete, schossen mir Millionen von Gedanken durch den Kopf. Irgendwie wußte ich, was sie zu bedeuteten hatte, ich wußte, wie sie dorthin gekommen war, und doch konnte ich meinen eigenen Augen, meinen eigenen Gedanken immer noch nicht trauen. Bilder von großen schwarzen Augen, Gefühle von Panik und Verwirrung erfüllten mein Bewußtsein. Als ich das nervöse Lachen meiner Mutter und ihre Worte hörte: „Dort ist unser UFO gelandet", wurde ich zurück in die Wirklichkeit geworfen, schockiert über das, was ich aus ihrem Munde gehört hatte. Insgeheim machte mein Herz einen Satz. Laut fragte ich: „Von welchem Planeten kommt ihr?" Zu mir selbst sagte ich: Was zum Teufel ist los mit mir?

Mein Vater schimpfte, weil sein wunderschöner Garten nun aufgewühlt war, und er fragte sich laut, ob er das Gras zu kurz gemäht hätte. Das war typisch für meinen Vater. Er hatte einen Tick mit seinem Rasen. Seit wir in dieses Haus gezogen waren, hatte er seinen geliebten Rasen gehätschelt und gepflegt wie eines seiner Lieblingskinder. Ich schwöre, manchmal glaubte ich, ihn nachts draußen zu hören, wie er liebevoll mit den Grassamen sprach, als ob es ihnen helfen würde, besser zu wachsen. Gnade Gott denen, die für dieses Bild des Jammers verantwortlich waren!

Inzwischen fing ich bereits an, mich zu erinnern, wie der Garten so übel zugerichtet worden war. Und sicherlich gefiel mir das, an was ich mich erinnerte, nicht. Es war den Alpträumen zu ähnlich, die ich kürzlich hatte. Und es war einfach unvorstellbar.

Es war das Wochenende des 4. Juli 1983. Die ganze Familie war zusammengekommen, um ein kleines Festtags-Picknick zu veranstalten und schwimmen zu gehen. Später brannten wir ein Feuerwerk ab. Dies war so etwas wie eine Familientradition geworden, seit wir eingezogen waren. Unser Haus war das einzige, das groß genug war, die ganze Familie zu beherbergen. Hinzu kam, daß wir uns in einem Gebiet befanden, in dem die Häuser weit genug voneinander entfernt lagen, so daß keine Gefahr bestand, die Nachbarschaft mit unserer spektakulären Feuerwerks-Show in Brand zu stecken. Dies war auch das erste Mal, daß jemand im Garten war, seit der Nacht vom 30. Juni, in der ich das Licht im Garten sah, die Nacht, in der, wie ich glaube, die Bodenmarkierung im Garten auftauchte.

An diesem Abend hatte ich mich gerade fertig gemacht, zu meiner Freundin zu gehen, um etwas zu nähen. Ich war geschieden und lebte mit meinen beiden Söhnen im Haus meiner Eltern. Meine Freundin hatte einen lukrativen kleinen Nähbetrieb für Kostüme, und ich war ihre Assistentin. Zu dieser Zeit meines Lebens war dies meine einzige, wenn auch sehr bescheidene Einkommensquelle.

Ich stand am Küchenfenster und wusch gerade Hühnerfett von meinen Händen. Irgendetwas im Garten nahm meinen Blick gefangen. Ich bemerkte ein merkwürdig aussehendes Licht, das von dem Häuschen kam, in dem sich die Umwälzpumpe für den Swimmingpool befand. Nun, das Licht an sich war vielleicht nicht so merkwürdig. Doch, da ich bereits zuvor an diesem Tag dort gewesen war, um Chlor in den Pool zu kippen, und ich mich genau erinnerte, wie ich mich mit dem verrosteten Schieberiegel an der Tür des Pumpenhauses abgemüht hatte, wußte ich, daß die Tür eigentlich nicht offen sein konnte. Später fand ich heraus, daß die Glühbirne in der Lampe im Pumpenhaus seit mehreren Jahren kaputt war.

Ich rief meine Mutter, sich dieses seltsame Licht anzusehen. Sie kam mit mir ans Fenster und bemerkte, daß es in der Tat merkwürdig war, obwohl sie von dem, was sie gesehen hatte, nicht allzu beeindruckt zu sein schien. Es war ein sehr helles weißes Licht, das ein Eigenleben zu haben schien. Es schien fast so, als ob es in Intervallen durch die offene Tür strahlte. Ich dachte zu diesem Zeitpunkt nicht darüber nach, doch später wurde mir klar, daß das Licht einer gelben Glühbirne wahrscheinlich unter keinen Umständen so ausgesehen hätte.

Ich hatte das merkwürdige Gefühl, daß ich besser zu Hause bleiben sollte, doch ich schüttelte es ab und ging doch. Als ich in meinem Auto saß, beschloß ich, zum Wendeplatz hinter dem Haus zurückzufahren, nur um sicherzustellen, daß dort keine Herumtreiber lungerten - das heißt menschliche. Als ich wendete und auf die Hinterseite des Hauses zufuhr, sah ich, daß das Licht weg war und daß zu meiner Überraschung nun die Hintertür zur angebauten Garage offenstand. Ich weiß nicht, warum ich damals nicht direkt anhielt, doch ich tat es nicht. Ich fuhr zum Haus meiner Freundin, das höchstens zwei Minuten entfernt an der Straße direkt hinter unserer liegt.

Sobald ich bei ihr ankam, rief ich meine Mutter an. Ich erzählte ihr, was ich gesehen hatte, und fragte sie, ob sie wolle, daß ich nach Hause komme. Ich dachte an Einbrecher, nicht an Aliens! Mom bestand darauf, daß alles in Ordnung sei. Sie sagte, sie würde die Türen verschließen und das Licht auf der Veranda für mich anlassen, und sie meinte, ich solle mir keine Sorgen machen. Ich hängte den Hörer ein, dachte, daß alles in Ordnung sei, und begann, meiner Freundin zu erzählen, was ich gesehen hatte. Kaum daß ich eingehängt hatte, klingelte das Telefon wieder. Instinktiv griff ich nach dem Hörer. Es war meine Mutter, und sie klang sehr merkwürdig. Sie bat mich, „auf der Stelle" nach Hause zu kommen. Sie klang irgendwie ängstlich und unheilvoll, überhaupt nicht wie meine Mutter, die sich nie vor irgendetwas fürchtete. Der Mann meiner Freundin bemerkte meine Besorgnis, als ich mit meiner Mutter sprach, und er rief aus dem Schlafzimmer: „Warum rufst du nicht die Polizei? Die werden für so was bezahlt." Meine Mutter hörte das und entgegnete: „Ich will niemanden außer dir hier haben."

Was meine Mutter mir nicht gesagt hatte, war, daß sie, nachdem ich gegangen war, um zum Haus meiner Freundin zu fahren, gesehen hatte, wie das Licht, das ich ihr gezeigt hatte, ausging. Und bald darauf erschien ein sanftes weißes Licht, das das Vogelhäuschen direkt vor dem Küchenfenster umgab. Das Licht schien die Größe eines Basketballs zu haben. Sie sagte, daß sie versuchte herauszufinden, woher das Licht kam, und hielt nach einem Auto oder irgendetwas mit einem Scheinwerfer auf der hinteren Zufahrt Ausschau. Sie merkte bald, daß ein Auto oder sonst irgendeine Art von Scheinwerfer unmöglich einen solchen Lichtball hervorrufen und das Vogelhäuschen auf diese Weise beleuchtet haben könnte. Es gab keinen Strahl, und selbst, wenn da ein Auto gewesen wäre, hätte es nicht in dem Winkel stehen können, der nötig war, um diesen Lichtball zu for-

men, ohne einen Strahl abzugeben. Sie erzählte mir, daß während sie dastand und dieses Licht beobachtete, es allmählich schwächer und
schwächer wurde, bis es schließlich verschwand. In dem Moment kam sie
auf die Idee, mich von meiner Freundin nach Hause zu rufen. Das Beste
davon war, daß sie sich erst nahezu eine Woche danach an diese ganze
kleine Episode erinnerte. Eines Tages sagte sie zu mir: „Ach, übrigens,
Debbie, mir fiel gerade ein, warum ich dich in jener Nacht nach Hause
rief." „Huch, besten Dank, Mom. Wenn ich das gewußt hätte, wäre ich nie
wieder nach Hause gekommen!"

Ich sprang in mein Auto und raste nach Hause. Die Fahrt dauerte ganze
zwei Minuten. Als ich dort ankam, parkte ich neben dem Haus und rannte
aus meinem Wagen direkt zur Hinterhoftür, packte mir das Schießgewehr
meines Vaters, das nicht geladen war, und rannte zurück durch die Küche
zur hinteren Veranda. Mom bemerkte, das Gewehr sei nicht geladen, deshalb sagte ich zu ihr: „Also, wenn es sein muß, schlage ich sie tot."

Daß ich an diesem Abend überhaupt ausgegangen, war merkwürdig,
völlig untypisch für mich. Ich bin der größte Feigling, den man sich vorstellen kann, und normalerweise wäre ich genau in die entgegengesetzte
Richtung gerannt. Außerdem haßte ich Gewehre wie die Pest und beschwerte mich immer bei meinem Vater, daß wir überhaupt welche im
Hause hatten. Tatsächlich zu einem zu greifen, in der Absicht, es zu benutzen, war in jeder Hinsicht absolut „nicht meine Art".

Ich machte weiter und ging von der Küchenhintertür zum Pumpenhaus
draußen beim Pool. Ich erinnere mich nicht, zu dieser Zeit irgendetwas
Merkwürdiges im Garten gesehen zu haben. Ich zwängte das verrostete
Schloß auf und steckte das Gewehr durch die kleine Öffnung, die ich ge-
schaffen hatte. Ich brüllte ein paar zotige Drohungen und stieß dann die of-
fene Tür mit meinem linken Fuß auf. Da drinnen war bei dem matten
Mondlicht nichts zu sehen. Als ich mich umdrehte, um nach der offenen
Hintertür der angebauten Garage zu schauen, merkte ich, daß mein Hund
Penny da drin gewesen war. Sicher war sie draußen, jetzt, da die Tür of-
fenstand.

Wir hielten sie nachts in der Garage, da sie läufig war und wir nicht wieder einen Wurf unerwünschter junger Hunde loswerden müssen wollten.
Sie war die Irma la Douce der Nachbarschaft.

Ich beschloß, sie hinter unserem Grundstück zu suchen. Es war ein wenig merkwürdig, daß sie mich nicht bereits gefunden hatte. Normalerweise, wenn ich rausgehe und sie ist draußen, klebt sie wie eine Klette an

mir. Sie hielt mich für ihre „Mama". Tatsächlich war ich diejenige, die sie fütterte.

Ich hörte, wie unter Papas altem Lastwagen ein Winseln hervordrang. Er parkte vor dem Arbeitsschuppen im hinteren Teil des Grundstücks. Ich sah unter dem Lastwagen nach, und dort lag Penny. Ich rief sie mehrere Male, doch sie wollte absolut nicht herauskommen, um mich zu begrüßen. Das war wirklich merkwürdig. Ich packte sie an den Beinen, um sie herauszuziehen, und sie schnappte nach mir wie ein verrückter Hund. Ich gab es schließlich auf, sie herauszubekommen. Und ich bekam bei der ganzen Sache allmählich ein wirklich unbehagliches Gefühl. Es war wie ein weiterer schlechter Traum.

Ich beschloß, zurück zum Haus zu gehen und die angebaute Garage zu überprüfen. Jemand konnte sich dort versteckt haben. Ich näherte mich der Garage auf dieselbe Weise wie zuvor dem Pumpenhaus. Ich schrie ein paar obszöne Bemerkungen und stieß die Tür in dem Moment auf, als ich den Lichtschalter anmachte. Nichts, nicht eine Sterbensseele war zu sehen. Ich ging eine Minute oder so herum, schaute hinter Kisten und alte Matratzen. Plötzlich wurde mir sehr heiß. Es fühlte sich an, als ob die Haut an meinem Körper verbrennen würde. Ich fühlte, wie mich Panik überkam, und ich dachte: Verdammt, ich muß hier raus, sofort! Als ich mich umdrehte, um aus der Tür zu laufen, fror ich. Der nächste bewußte Gedanke danach war der, die Hintertreppe hochzugehen und an meine Kinder zu denken. War mit ihnen alles in Ordnung? Ich sah, wie meine Mutter in der offenen Fliegengittertür stand, und ich erinnere mich, daß ich zu ihr sagte: „Es ist kalt". Dann erinnere ich mich, daß sie sagte: „Gut, nun kann ich wieder schlafen gehen."

Nach diesem Vorfall wollte ich nicht mehr nähen. Aus irgendeinem unerfindlichen Grund hatte ich das Bedürfnis, mich naß zu machen. Ich fühlte mich schmuddelig, und mir war heiß. Ich beschloß, meine Freundin hierher zu bitten, um mit mir zu schwimmen. Ich fuhr zurück zu ihrem Haus, um sie abzuholen, und innerhalb von zwanzig Minuten befanden wir uns auf dem Rückweg zu unserem Haus, um schwimmen zu gehen. Es wurde niemals erwähnt, wie lange ich weggewesen war. Später erkannten wir alle, daß ich viel länger weggewesen war, als ich dachte, und ich glaube, daß sie sich vielleicht schuldig dafür gefühlt hatten, daß sie es nicht bemerkt haben. Eine Fahrt, die höchstens fünfzehn Minuten hätte dauern sollen, dauerte in Wirklichkeit länger als eine Stunde.

Als wir bei unserem Haus ankamen, sprangen wir sofort in den Pool. Als wir durch den Garten gingen, sprang die Tochter meiner Freundin plötzlich auf und schrie: „Autsch!" Sie sagte, als sie über eine Stelle im Garten gegangen sei, sei sie offensichtlich auf etwas getreten, das ihr den Fuß verbrannt habe. Sie sagte, daß es sich stechend anfühle und daß ihr Fuß dann anfing, ein wenig taub zu werden. Wir waren wahrscheinlich ungefähr zehn bis fünfzehn Minuten im Pool, als uns plötzlich vom Magen her übel wurde. Kurz davor hatte ich bemerkt, daß meine Augen zu brennen begonnen hatten und alles weiß wurde. Alle Lichter, die ich ansah, hatten so etwas wie weiße Halos um sich, und es fühlte sich an, als hätte ich Glas in den Augen. Das Ganze war so ähnlich, wie wenn man zuviel Chlor in die Augen bekommt, nur daß mir kein Wasser in die Augen gekommen war. Und das hier fühlte sich noch viel intensiver an. Uns allen war unheimlich zumute. Meine Freundin bemerkte sogar, sie hätte das Gefühl, als ob jemand uns beobachten würde, wir gaben deshalb schließlich auf und beendeten für diese Nacht das Schwimmen.

Am nächsten Morgen wachte ich mit den häßlichsten Augen auf, die je gesehen. Sie waren zugeschwollen und liefen wie ein Wasserhahn. Der Schmerz war so stark, daß meine Mutter mich zur Notaufnahme im örtlichen Krankenhaus brachte. Die Ärzte dort schickten mich sofort zum Augenspezialisten direkt neben dem Krankenhaus, und seine Mädchen sorgten dafür, daß ich innerhalb von zehn Minuten drankam.

Als der Arzt meine Augen untersuchte, konnte ich die Verwirrung und Besorgnis in seinem Gesicht ablesen. Er fragte mich mehr als einmal, ob ich in den Lichtbogen eines Schweißbrenners geschaut hätte. Als er mich dies das dritte Mal fragte, wurde ich regelrecht von Haß erfüllt. Ich fühlte mich, als ob ich unter einen Zug gekommen wäre, und meine Augen brachten mich um. Ich fuhr ihn an, daß ich keineswegs irgendein Dummerchen sei und daß ich mir etwas Besseres vorstellen könnte, als etwas dergleichen zu tun. Meine Augen seien offensichtlich verbrannt worden, soweit er dies sagen könne. Er verschrieb mehrere Medikamente und gab mir Anweisungen, wie ich meine Augen pflegen sollte. Es dauerte mehrere Wochen, bis sie heilten, und ich mußte noch einmal zu einer Nachuntersuchung gehen. Seitdem sind meine Augen nie mehr ganz in Ordnung gekommen. Sie sind sehr lichtempfindlich und schwach. Ich habe Schwierigkeiten, nachts zu sehen, und manchmal tränen meine Augen, schmerzen und brennen ohne irgendeinen Grund.

Das war jene merkwürdige Nacht, an die ich immer denken mußte, als ich diese Stelle im Garten betrachtete. Ich dachte an meine Schwester Kathy und an das, was sie 1965 gesehen hatte, und wie wir sie damit bis zum

Gehtnichtmehr aufgezogen hatten. Ich dachte an das Buch, das mich so sehr ängstigte und das ich zuvor einen Monat lang oder so, versucht hatte zu lesen. (Das Buch war *Fehlende Zeit* von Budd Hopkins.)

In letzter Zeit hatte ich es mir zur Gewohnheit gemacht, häufig in die Bibliothek zu gehen. Es war eine preiswerte Form der Unterhaltung, und eine der besseren Bibliotheken der Stadt befand sich direkt gegenüber auf der anderen Straßenseite. Meine Kinder wollten, daß ich sie ein- oder zweimal die Woche dorthin zur Erzählstunde mitnahm. Um die Zeit totzuschlagen, schaute ich die Regale nach etwas Interessantem durch.

Ich war auf ein bestimmtes Buch gestoßen, dessen leuchtend oranges Cover mit seinem großgeschriebenen, gewagten Titel meinen Blick gefangennahm. Ich hatte den Titel *Fehlende Zeit* gelesen, und das Wort „Entführung" auf dem Cover deutete auf irgendeine Art von Kriminalrätsel hin. (Nun ja, in gewisser Weise tat es das, schätze ich!)

Ich habe eine ziemlich ungewöhnliche Art, Bücher zu lesen. Ich lese die letzte Seite zuerst und suche dann nach irgendwelchen Zeichnungen oder Fotos, die vielleicht enthalten sind. Dann blättere ich wahllos durch den Rest, bis ich auf etwas stoße, an dem mein Blick hängenbleibt.

Ich bemerkte, daß am Ende des Buches eine Notiz stand, die besagte, daß man, wenn man das Gefühl habe, eine ähnliche Erfahrung gemacht zu haben wie die, über die der Autor geschrieben hatte, ihm zu Händen an den Verlag schreiben könne, und daß er dann versuchen würde, auf einen zuzukommen. Ich fand das merkwürdig. Warum sollte jemand, der entführt worden war, diesem Typ davon erzählen? Würde er nicht einfach die Polizei rufen? Ich erkannte nicht, über was für eine Art von Entführung Budd sprach. Als ich anfing, die Bilder in der Mitte des Buches durchzusehen, begann meine Haut zu kribbeln. Mein erster Impuls war, das Buch zurück ins Regal zu stellen, und genau das tat ich. Während des Nachmittags fühlte ich, wie ich wieder von diesem Regal angezogen wurde. Ehe ich mich also für diesen Tag ausstempelte, ging ich zurück, nahm das Buch und legte es auf den Stapel, den ich mitnehmen wollte.

Später am Abend, nachdem ich meine Kinder ins Bett gebracht hatte, nahm ich das Buch erneut zur Hand und begann, die Bilder durchzusehen. Irgendetwas an diesen Bildern war mir so quälend vertraut. Jedes Mal, wenn ich versuchte, mir das Bild mit den Kreaturen mit den großen schwarzen Augen anzusehen, bekam ich Panik. Ich versuchte, ein paar Male zu lesen, doch ich mußte aufhören. Ich merkte, daß ich jedes Mal, wenn ich versuchte zu lesen, zu hyperventilieren begann und mir schwindelig wurde. Das ging mehrere Tage so weiter, bis ich schließlich aufgab und das Buch ein für allemal zur Seite legte, wie ich dachte.

Dieses Buch handelte von Menschen, die von Außerirdischen in UFOs entführt worden waren. Richtig! UFOs! Ich dachte bei mir, warum zum Teufel verbinde ich diese Stelle in unserem Garten mit UFOs? Warum? Warum sagt meine Mutter das? Und warum ängstigte mich dieses Buch so sehr?

Ich fing an, einen meiner Alpträume genau dort im Garten zu erleben. Alles, was ich sehen konnte, waren zwei riesige schwarze mandelförmige Augen, die die Markierung überlagerten. Es war so lebhaft, so real. Und es war, als ob sie versuchten, mir etwas mitzuteilen. Ich versuchte, mich krampfhaft zu erinnern, doch das machte mich krank.

Ich fühlte mich ohnehin physisch nicht sehr wohl, und sicherlich hatte das mir gerade noch gefehlt. Mein Magen neigte häufig zu Übelkeit, und ich hatte ziemlich heftigen Durchfall gehabt. Mein Kopf schmerzte, und ich war nicht in der Lage, viel zu schlafen oder zu essen. Mein ganzer Körper schmerzte. Ich fühlte mich verrückt. Ich hatte das Gefühl, meinen Verstand zu verlieren. Ich hatte so also bereits genug Streß. Ich war im Jahr zuvor geschieden worden, mit meinen beiden kleinen Jungen zurück ins Haus meiner Eltern gezogen, versuchte herauszufinden, was ich mit meinem Leben anfangen sollte, und bemühte mich, es hinzubekommen, daß zwei Familien im selben Haus miteinander auskamen. All dies nahm uns alle allmählich arg mit.

Ich hatte mich zu einer Gruppentherapie im örtlichen Krankenhaus angemeldet, um zu lernen, mit meiner Angst und all den Veränderungen, die wir durchgemacht hatten, fertigzuwerden. Ich hoffte, genug Selbstvertrauen zu gewinnen, um in der Lage zu sein, einen guten Job zu bekommen und meine Kinder allein aufzuziehen. Im Nachhinein tut es mir leid um die Leute, die in meiner Gruppe waren.

1983 kämpfte ich mit etwas, das wesentlich größer war, als nur geschieden zu werden. Jetzt verstehe ich, warum ich immer Probleme mit Angst und niedrigem Selbstwertgefühl hatte. Sogar damals schon zeigte ich Symptome von posttraumatischem Streß.

Eines Abends, bei meinem Gruppentreffen, es war um die Nacht des 30. Juni 1983, hörten wir einem armen Kerl zu, der erzählte, wie bestürzt er darüber sei, daß seine Frau ihn verlassen hatte. Er glaubte nicht in der Lage zu sein, ohne sie zu leben. Es kotzte mich wirklich an! Ich erinnere mich, wie ich dachte: Du Schwächling! Du weißt nicht, wie es ist, Angst zu haben. Du hast keine Ahnung! Du glaubst, daß du ohne sie nicht auskommst? Du hast Angst, allein zu sein? Laß mich dir mal was sagen, Freundchen, du weißt nicht, was es bedeutet, Angst zu haben, bis du die Art von Angst erlebt hast, mit der ich jeden Tag lebe. Ich bewies unglaubliche Unsensibilität, indem ich aufsprang und ihm genau das direkt ins Gesicht schrie und dann, wie eine wild gewordene Furie, aus dem Raum rannte. Ich ließ mich auf der Veranda vor dem Haus fallen, in dem wir unsere Treffen abhielten und weinte mir die Augen aus.

Ich fühlte mich wie ein Idiot. Ich wollte die Gefühle dieses Mannes nicht verletzen oder herabsetzen, was er durchmachte. Ich konnte es nur einfach nicht mehr länger aushalten. Mein Berater kam heraus auf die Veranda und legte seinen Arm um mich, wie ich dort so dasaß und schluchzte. Ich werde nie den Blick im Gesicht der anderen vergessen, als ich wetterte und tobte. Und es war mir so peinlich. Er sagte mir, daß er mir helfen wolle, daß ich mich aber an das erinnern müsse, was es sei, das mich so sehr beunruhigte, und daß ich es ihm erzählen müsse. Ich konnte mich an nichts erinnern, was ich den Nerv gehabt hätte, ihm zu sagen, ich konnte ihm also nichts erzählen. Ich fragte ihn, wie es sich anfühlt, wenn man verrückt wird.

Ich möchte etwas Wichtiges festhalten. Sobald ich anfing, mit Budd und all den anderen Forschern und Ärzten zu arbeiten, begann ich zu lernen, mit meinen Gefühlen umzugehen, und mir ging es besser. Das ist mehr als ich über irgendetwas sagen kann, das ich oder irgendjemand anders je ausprobiert hat. Ich denke, das sagt eine Menge aus über das, was Budd macht, wie er es macht und was er während einer Untersuchung entdeckt. Was auch immer er tat, es funktionierte. Und ich bin ziemlich anders heute.

Doch damals machten meine Kinder meine Eltern verrückt, und meine Eltern und mein Leben machten mich verrückt. Diese Stelle im Garten fing an das zu sein, was das Faß zum Überlaufen bringt. Und ich verstand nicht einmal, warum. Das machte es nur noch schlimmer, denn ich hasse es, nicht in der Lage zu sein, etwas zu verstehen.

Ich habe diesen Tick, Dinge rational einordnen zu wollen, deshalb entschied ich, daß es eine vernünftige Erklärung geben müsse für das, was in unserem Garten passiert war. Ich war nicht in der Lage, es einfach auf das zu schieben, was ich für ein paar schlechte Träume hielt und ein paar verrückte Dinge, von denen ich annahm, daß sie jedem passieren. Ich konnte es einfach nicht.

Ich grub die zuverlässigen alten *Gelben Seiten* aus und fing an, jeden anzurufen, von dem ich mir vorstellen konnte, daß er es vielleicht wegerklären konnte. Ich rief den zuständigen Landwirtschaftsvertreter für den Staat Indiana an, erfuhr aber, daß er für eine Weile nicht im Büro war.

Ich rief mehrere lokale Universitäten an und bat, mit deren landwirtschaftlichen Abteilungen zu sprechen. Ich erklärte ihnen, daß diese Markierung (mangels eines besseren Begriffs) einfach aus dem Nichts heraus in unserem Garten aufgetaucht sei. Ich sagte ihnen, daß es ein Kreis von zweieinhalb Metern im Durchmesser sei, mit einem vierzehneinhalb Meter langen, zwei Fuß breiten Streifen, der vom östlichen Ende des Kreises komme. Der Streifen breite sich nach Süden vom Kreis aus und ende in einer geometrisch perfekten Rundung. Die Ränder seien sehr klar gezeichnet, und die Markierung habe ihre Form seit ihrem Auftauchen nicht geändert. Das Gras innerhalb der Formation sei in sich zusammengefallen, als ob es zusammengepreßt worden wäre. Und die Erde habe einen besonders stechenden, bitteren Geruch. Ich erklärte auch, daß das Gras außerhalb der Markierung normal zu sein scheine, bis auf eine Zone direkt westlich. Diese Zone befinde sich nahe der angebauten Garage und sehe aus, als ob sie mit etwas bestäubt worden sei, das nur die Spitzen des Grases angesengt hätte, doch es sei nicht verbrannt oder zerdrückt wie in der Markierung selbst. Ich erzählte ihnen auch von einer Gruppe von Bäumen direkt nördlich des Kreises, die geschädigt worden waren. In einem etwa drei Meter breiten Streifen mit Bäumen seien die Blätter gelb geworden und vom Stamm bis zur Spitze verwelkt. Natürlich ließ ich die unheimlichen Schreckgespinste aus, wie das Licht, das ich im Pumpenhaus sah, und daß ich krank wurde. Ich erzählte ihnen nicht, daß sich die Tochter meiner Freundin den Fuß verbrannt hatte, als sie in jener Nacht über den Streifen lief, und daß ihr übel wurde und sie spürte, daß ihr Bein bis zum Knie taub wurde. Innerlich wußte ich, daß all das zusammenhing und daß irgendwie UFOs damit etwas zu tun hatten. Doch ich spürte, daß ich nie in der Lage sein würde, sie davon zu überzeugen. Und außerdem wollte ich eine echte Antwort haben, nicht irgendetwas Zusammengebrautes, um eine verrückte Frau zu beschwichtigen!

Die Antworten, die ich von zahlreichen Vertretern verschiedener Schulen bekam, waren praktisch die gleichen. Sie erklärten mir, daß es kein Schimmelpilz oder irgendeine Art von Pilz gewesen sein könne, weil sie im allgemeinen nicht alle auf einmal auftauchten, sondern wuchsen und die Form bis zu einem gewissen Maß veränderten. Außerdem stimmten sie alle darin überein, daß sie noch nie von irgendetwas gehört hätten, das die Erde so befalle wie in unserem Fall.

Die lockere Erde hielt nicht einmal das Wasser. Es perlte einfach von ihr ab wie von einem Stein, und die Erde war bis zu einer Tiefe von einigen Zentimetern so. Sie hatten keinerlei Erklärungen. Jedermann konnte mir sagen, was es nicht war, doch niemand konnte auch nur eine Vermutung anbieten, was es sein könne. Und keiner war bereit, überhaupt herauszukommen und es zu prüfen. Ich fand das irgendwie merkwürdig.

Ich rief die örtlichen Elektrizitätswerke an, die örtlichen Gaswerke und sogar ein paar örtliche Gartenservices. (Zu dieser Zeit suchte ich verzweifelt nach irgendeiner Art rationaler Erklärung!) Ich überprüfte beim Wetterdienst, ob es in jener Nacht irgendwelche Blitze in unserer Gegend gegeben hätte, die vielleicht in den Boden eingeschlagen waren und diesen Fleck verursacht hatten. Ich fragte sie auch, ob Blitze so etwas in einem Garten anrichten könnten. Ich glaube, sie dachten, ich sei verrückt.

Ich muß meinen Hang, die Dinge „passend" zu machen, von meinem Vater geerbt haben. Auch er betrieb bezüglich des Auftauchens der Markierung seine eigene Art von Untersuchung. Er entdeckte, daß unter der Markierung die Drainagerohre aus Ton an vielen Stellen gebrochen waren. Kurz nach der Nacht vom 30. Juni 1983 explodierte der Transformator auf dem Versorgungsmast neben der Markierung. Als die Licht-und Kraftwerk-Leute herauskamen, um den Schaden zu reparieren, waren sie verblüfft festzustellen, daß all die Drähte, die zum Transformator führten, zusammengeschmolzen waren. Der Mann, mit dem mein Vater sprach, konnte sich nicht erklären, wie das passiert sein konnte, und er war ebenso perplex wie mein Vater, der 35 Jahre lang Elektriker war.

Mein Vater ist auch Amateurfunker, und er bemerkte, daß der Antennenschalter im Haus zerstört worden war, offensichtlich durch dasselbe, was die Kabel draußen zerstört hatte.

Mehrere Tage waren vestrichen, und jedes Mal, wenn ich auf diese Stelle im Garten schaute, merkte ich, wie ich immer mehr Angst bekam. Ich hatte es fast aufgegeben, eine Erklärung dafür zu finden. Meine Gedanken drifteten ständig zurück zu dem Buch, in das ich einen Monat oder so vor dem Auftauchen der Markierung geschaut hatte, vor der Nacht, in der ich die seltsame Begegnung mit den Lichtern im Garten hatte - dieses Buch *Fehlende Zeit*.

Ich erinnerte mich, daß da im hinteren Teil des Buches eine Adresse stand, und beschloß, dem Autor zu schreiben. Ich spürte allmählich, daß vielleicht in unserer Familie etwas vor sich ging, das ihn vielleicht interessieren könnte. Meine Alpträume hatten begonnen, in meine Wachzustände durchzusickern, und ich fing an, das zu bekommen, was ich „Flashbacks" nenne. Ich konnte mit höchst profanen Aufgaben beschäftigt sein, den Kopf leer haben, und plötzlich begannen ganze Szenen vor meinen Augen vorbeizusausen, als ob ich sie auf einer Kino-Leinwand beobachten würde. Und ich war der unfreiwillige Star. Manchmal sah ich nur Augen, diese riesigen feuchten schwarzen Augen, die ein Loch in mich starrten. Andere Male sah ich ganze Gesichter, graue Gesichter mit Schlitzen als Münder. Ich begann mich zu erinnern, helle, blitzende Lichter zu sehen, und Hände, komische Hände, die sich über mir bewegten. Ich konnte diese Gesichter fast wiedersehen, wie sie mir so nahe kamen, wie sie nur konnten, wie sie auf seltsame Weise zu mir „sprachen". Ich konnte Lichtbälle sehen, die sich überall um mich herum bewegten, und schwarze Schatten, die sich im Garten meiner Eltern bewegten. Ich hatte Erinnerungen daran, wie ich durch „Blitze" verletzt wurde, direkt in der Brust. Und ich dachte, daß ich sterben würde. Versuchen Sie mal zu spülen, während Sie von Blitzen getroffen werden! Ich konnte den Schmerz wirklich überall spüren. Jedes Mal, wenn ich dies durchlebte, durchlebte ich es real, fühlte, hörte, spürte. Ich bin sicher, daß jeder, der mich beobachtet hätte, als dies passierte, gedacht hätte, daß ich total verrückt sei. Ich begann zu spüren, daß da etwas direkt an der Oberfläche meines Unterbewußtseins war, an das ich mich nicht erinnern konnte, daß ich jedoch zerbrechen würde, wenn ich es nicht täte. Es war, wie wenn man sich an den Namen eines Liedes zu erinnern versucht, der einem auf der Zunge liegt, doch er fällt einem nicht ein. Jedes Mal, wenn man denkt, man hat ihn, ist er weg. Und man kann nicht aufhören, darüber zu grübeln.

Ich ging zurück in die Bibliothek und holte dieses Buch. Ich raste damit nach Hause, fand prompt die Adresse am Ende und schrieb sie auf einen Umschlag. Dann begann ich einen Brief zu schreiben - ein Brief, der mein Leben für immer verändern sollte. Hätte ich gewußt, was ich da lostrat, als ich diesen Brief schrieb, weiß ich nicht, ob ich ihn geschrieben hätte. An diesem Punkt meines Lebens war ich nicht annähernd bereit, durch das durchzugehen, was ich während der Untersuchung durchmachte. Obwohl ich sagen muß, daß ich heute froh bin, es getan zu haben.

Ich hatte keine Ahnung, was ich von Budd Hopkins erwartete, was er für mich tun könne. Ich weiß nicht, ob ich wollte, daß er meinen Verdacht in Bezug auf jene Nacht im Garten und auf das Zeichen, das dort auftauchte, bestätigte, oder ob ich wollte, daß er mir sagte, daß alles bloß ein schlechter Traum gewesen sei, der vorbeigehen würde, und daß ich überhaupt nicht verrückt sei. Vielleicht wollte ich nur wissen, daß ich nicht ganz so allein war, wie ich mich damit fühlte. Was auch immer die Gründe waren, später merkte ich allmählich, daß es meine Bestimmung gewesen sein muß. Als ich eines Tages in Budds Büro saß und die Hunderte von Briefen überschaute, die so wie meiner waren, fiel mir auf, daß mein Brief sich mit den übrigen in diesem Durcheinander befunden hatte. Wie um alles in der Welt kam es, daß der meine einer der wenigen war, den er sich tatsächlich vornahm und beantwortete?

Ich hatte keine Erfahrungen damit, Briefe dieser Art zu schreiben, so wie ich keine Erfahrungen damit habe, ein Buch zu schreiben. Überflüssig deshalb zu sagen, daß mehrere Entwürfe geschrieben wurden und im Papierkorb landeten. Ich hatte einen Weg zu schreiben herausgefunden, ohne die ganze Verantwortung für all die Verrücktheit auf mich zu nehmen, von der ich diesem Mann versuchte zu berichten. Ich konzentrierte mich stark auf die Erfahrung meiner Schwester 1965, als sie Mom zu einem Bingospiel gebracht und auf ihrem Heimweg ein UFO gesehen hatte. Ich konnte eigentlich nicht sagen, daß ich selbst eins gesehen hatte, weil ich mich nicht an all das erinnern konnte, was mir in jener Nacht passierte. Deshalb beschloß ich, ihm zu Anfang von ihr zu erzählen, weil ich dachte, daß er den Brief vielleicht nicht wegwerfen würde, wenn ich ihm zunächst von ihrer tatsächlichen UFO-Sichtung erzählen würde. Dann könnte ich mit dem verrückteren Stoff später im Brief herauskommen. Ich dachte auch daran, daß meine Schwester mich umbringen würde, wenn sie je herausfinden würde, daß ich einem total Fremden von dieser Nacht im Jahre 1965 erzählt hatte. Sie war hinsichtlich dieses besonderen Ereignisses wirklich empfindlich. Wir zogen sie jahrelang ziemlich damit auf.

Als ich endlich einen annehmbaren und lesbaren Brief zustande gebracht hatte und die fünfzehn Fotografien, die ich von der Markierung gemacht hatte, aus der Entwicklung zurückbekam, bat ich Mom, das Päckchen abzuschicken. Sie erzählte mir später, daß sie nicht die Absicht hatte, es abzuschicken, doch als sie zum Briefkasten ging, um einige Schecks einzuwerfen, erinnerte sie sich, daß sie den Brief in ihrer Tasche hatte, und warf ihn einfach ein. Sie weiß nicht, warum sie es tat, nachdem sie sich bereits entschlossen hatte, es nicht zu tun. Ich schätze, ich bin heute froh, daß sie es tat.

Ab da, als der Brief abgeschickt wurde, bis zu der Zeit, als ich tatsächlich von Budd hörte, ging es mir stetig schlechter. Physisch war mir jeden Tag schlecht. Ich bekam einen rätselhaften Ausschlag und bemerkte, daß meine Haare abbrachen und in alarmierendem Tempo mit der Wurzel ausfielen. Ich fürchtete mich sehr davor, mein Haar morgens zu waschen, denn ich konnte nicht glauben, wie oft ich den Abfluß von den Haaren befreien mußte, damit das Wasser abfließen konnte. Es wurde auch schwieriger, es nach etwas aussehen zu lassen, und ich kam allmählich an den Punkt, an dem es mir egal war, ob es gut aussah. Ich hatte angefangen, viel am Tage zu schlafen und die ganze Nacht aufzubleiben, denn ich fühlte mich tagsüber sicherer, wenn andere Menschen auf waren. Nachts sah ich mehrere Male nach meinen Kindern, saß manchmal stundenlang an ihrem Bett und beobachtete sie.

An diesem Punkt wußte ich immer noch nicht, was es war, wovor ich mich so sehr fürchtete, doch ich wußte, daß ich meine Wachsamkeit nie aufgeben durfte, anderenfalls würden „sie" meinetwegen oder der Kinder wegen zurückkommen. Ich merkte, daß ich mich sehr unbehaglich fühlte, wenn ich in die Nähe eines dunklen Fensters kam, besonders in die Nähe des Badezimmerfensters im ersten Stock, von wo aus man die Markierung im Garten sehen konnte. Ich weigerte mich, nach Einbruch der Dunkelheit im Pool zu schwimmen, und dies war etwas, das ich bis zu der Nacht, in der das Licht kam, geliebt hatte. Ich hatte auch begonnen, abends auszugehen, wenn ich es einfach nicht mehr aushalten konnte. Ich schätze, ich mußte von dem Haus und diesen unbewußten Erinnerungen wegkommen, die mich innerlich auffraßen. Ich ging nicht so oft aus, wie ich es gerne getan hätte, da die Kinder noch so klein waren, doch ich ging, wann immer es möglich war. Ich hatte eine Freundin, mit der ich ausging. Wie sich herausstellte, war sie auch eine von den Menschen, mit denen ich eine Begegnung hatte, damals 1977, bevor ich meinen ersten Mann heiratete.

Viele Male wünschte ich mir auszugehen, fühlte mich aber nicht gut genug, um mich anzuziehen, geschweige denn, mich herauszuputzen. Drei Mal in einer Woche ging ich zur örtlichen Notaufnahme, weil ich dachte, daß ich einen Herzinfarkt hätte. Natürlich hatte ich keinen Herzinfarkt, doch ich hatte massive Angstattacken. Es ist ziemlich schlimm, wenn die Angestellten des örtlichen Krankenhauses anfangen, dich beim Vornamen zu nennen, wenn du durch die Tür kommst. Ich fing an, unregelmäßige Herzschläge zu haben, was so schlimm wurde, daß ich eines Nachts in der kardiologischen Intensivabteilung landete. Dieser Zustand wurde als „nervöses Herzsymptom" diagnostiziert. Ich wurde unter eine Reihe von Betablockern gesetzt, und der Zustand ist heute unter Kontrolle. Im Grunde war ich in einem schlimmen Zustand.

Nie in meinem Leben war ich so überrascht, wie in dem Moment, als meine Mutter mir sagte, daß „der Typ, der dieses Buch geschrieben hat", angerufen hätte. Ich hätte nie erwartet, überhaupt von ihm zu hören! Im Höchstfall erwartete ich irgendeinen förmlichen Brief, der erklärte, daß das, was ich geschrieben hatte, interessant sei, daß er aber leider momentan keine Zeit hätte, sich das Ganze näher anzusehen. Doch ein Anruf - wow!

Wollte ich wirklich mit ihm sprechen? Würde er denken, daß ich bloß eine weitere Spinnerin sei? Was zum Teufel sollte ich sagen? Vielleicht würde sich herausstellen, daß er derjenige war, der verrückt war, und an wen sollte ich mich dann wenden?

Budd war sehr höflich am Telefon. An der Art, wie er mit mir sprach, merkte ich, daß er versuchte, mich dazu zu bringen, ihm mehr über mich und die Nacht zu erzählen, die mich veranlaßt hatte, ihm zu schreiben. Ich versuchte, das Thema auf die Erfahrung meiner Schwester im Jahre 1965 zu lenken. Ich glaube, ich habe ihm an diesem Abend mehr Fragen beantwortet, als ich je in meinem ganzen Leben gefragt worden bin! Er war wirklich sehr gründlich.

Bald nachdem ich mit Budd gesprochen hatte, rief ich meine Schwester an. Ich erzählte ihr, daß ich von dem Typ gehört, der das Buch geschrieben hat, und ich gestand ihr, daß ich ihm von ihrer Sichtung 1965 erzählt hatte. Ich konnte mir vorstellen, daß sie sauer auf mich sein würde, aber wie! Doch ich wußte, daß Budd mit ihr darüber würde sprechen wollen, deshalb sagte ich ihr, daß sie mit einem Anruf von ihm rechnen müsse. Es war zu spät zurückzunehmen, was ich ihm geschrieben hatte. Nun mußte ich ihr gegenüber dafür geradestehen. Na gut, dachte ich, sie wird darüber hinwegkommen. Typische Reaktion einer Schwester.

2
Kathy
Der Anfang

Als ich mir den zweieinhalb Meter-Kreis ansah, der im Garten eingebrannt, war die kleine Stimme in meinem Kopf zum ersten Mal sprachlos.
Als ich mit den Augen den vierzehneinhalb Meter langen Pfad verfolgte,
der vom Kreis ausging, konnte ich die Realität dieser Situation einfach
nicht fassen. Kaum jemand in der Familie wußte, daß der Kreis der Anfang
einer erstaunlichen Reise zu uns selbst sein würde. Diese Reise würde uns
bei unserer Suche nach Antworten bezüglich unserer Vergangenheit und
Zukunft entweder zusammenbringen oder auseinanderreißen.

Uns war damals auch kaum bewußt, daß der Kreis in drei Generationen
von UFO- und ungewöhnlichen Poltergeist-Phänomenen unser einziger
Beweis sein würde.

Der Kreis erschien am 30. Juni 1983 im Garten meiner Eltern in einem
Vorort von Indianapolis, wenige Tage nach einer Nacht mit bizarren Vorfällen, an die wir uns nur halb erinnerten. Da ich zu jener Zeit nicht im
Haus zugegen war, weiß ich nur die Einzelheiten, die mir von anderen, die
da waren, erzählt worden sind. Ich habe bald darauf alles kurz aufgeschrieben. Dies schrieb ich 1985 nieder, als ich versuchte, eine Geschichte
unserer Familie zu verfassen:

> Meine Mutter und meine Schwester waren eines Abends allein zu
> Hause und sahen ein Licht im Pumpenhaus beim Swimmingpool im hinte-
> ren Teil des Gartens. Mom wurde auch Zeugin eines leuchtenden Lichts,
> das das Vogelhäuschen im Vorgarten vor dem Küchenfenster kreisförmig
> umgab. Dann rief sie Debbie an, nach Hause zu kommen. Zu dieser Zeit
> konnte sie die Lichtquelle nicht ausfindig machen. Sie konnte feststellen,
> daß es kein Lichtstrahl war, und es war sehr sanft und glühend - nicht grell

oder leuchtend. Es war einfach ein perfekt glühender Kreis aus Licht, ungefähr von der Größe eines Basketballs. Kein anderer Teil des Gartens in der Nähe des Vogelhäuschens war in irgendeiner Weise erleuchtet. Und sie konnte sich an diesen Vorfall nicht einmal erinnern, erst eine Woche oder so danach. Debbie kehrte nach Hause zurück, um das Grundstück zu untersuchen. Sie nahm ein Gewehr mit. Das Gewehr war nicht geladen, hätte aber jeden, auf den sie gezielt, ausreichend beeindruckt. Sie untersuchte den Garten und das Pumpenhaus, fand aber nichts oder niemanden, jedenfalls erinnert sie sich nicht daran. Die Tatsache, daß sie allein nach draußen ging und dachte, daß irgendwo ein Herumtreiber lungerte, ist für mich völlig unglaublich. Sie müßten Debbie kennen. Sie ist, wie ich, im Grunde ein totaler Feigling. Wenn ich mir sicher wäre, daß sich dort irgendwo jemand herumtrieb, würde ich so weit weg wie möglich bleiben. Daß sie freiwillig allein nach draußen ging, beweist für mich, daß irgendjemand oder irgendetwas sie anlockte, gegen ihren Willen die Sicherheit des Hauses zu verlassen und allein in die Dunkelheit der Nacht hinauszugehen. Es wird Monate dauern, bis wir in der Lage sein werden, den Rest der Geschichte aufzudecken. Mehrere Tage später bemerkten sie im hinteren Garten einen zweieinhalb Meter-Kreis aus totem Gras mit einem schätzungsweise zwei Fuß breiten und vierzehneinhalb Meter langen Streifen aus totem Gras, der schnurgerade vom Kreis ausging. Am 4. Juli, als mein ältester Sohn fragte, was in ihrem Garten passiert sei, entgegenete Mom scherzhaft, dort sei eine kleine fliegende Untertasse gelandet. Später wunderte sie sich selbst, warum sie eine solche Bemerkung gemacht hatte, da es zu jener Zeit sicherlich etwas merkwürdig war, so etwas zu sagen. Der tote Kreis und der lange Streifen aus totem Gras im Garten blieb noch monatelang unverändert, auch nachdem er gedüngt, bewässert und neugesät worden war. Mit den Markierungen im Garten ging ein unbewußtes Unbehagen bezüglich der Ereignisse in der fraglichen Nacht einher. Der Boden im Kreis und im Streifen stieß nicht nur das Wasser ab, sondern auch jedes neue Leben einschließlich Unkraut. Der Hund unserer Familie weigerte sich, in die Nähe der Stelle zu gehen, und zwei Jahre später waren ihm alle Haare ausgefallen. Seine Haut war aufgeplatzt und blutete. Er war erblindet, buchstäblich vom Krebs zerfressen, und er litt solche Höllenqualen, daß er schließlich eingeschläfert werden mußte. Die Erde in der betroffenen Zone war wie zerriebener Zement.

Die Markierung im Garten sollte in den nächsten fünf Jahren winters wie sommers völlig unverändert bleiben.

Ich untersuchte die kreisförmige Formation zahlreiche Male in diesen fünf Jahren, vermied es aber, die Erde zu berühren oder gar über sie zu laufen. Sie vermittelte mir ein sehr beklemmendes Gefühl, und ich spürte, daß sie womöglich ziemlich ungesund, vielleicht radioaktiv sei. Ich bin kein

Raketenspezialist, doch ich weiß zumindest so viel, daß ich mich von einem Glühen im Dunkeln fernhalte.

Mein Vater hatte vor mehreren Jahren von meinem Onkel einen neuen Geigerzähler geschenkt bekommen. Irgendwann packte er ihn aus und testete ihn an der Markierung im Garten. Er konnte das Ding nicht einmal auf Null bringen, geschweige denn etwas ablesen. Er nahm ihn mit zu seiner Arbeitsstelle, um ihn zu testen, und er funktionierte gut. Als er ihn wieder mit nach Hause brachte, um ihn auszuprobieren, war er immer noch nicht auf Null zu bringen, die Nadel klebte am maximalen Ausschlagspunkt. Er gab es auf, und ich mied die Stelle von da an.

Debbie hatte vor der Nacht, in der sie und Mom das Licht im Garten sahen, versucht, ein Buch namens *Fehlende Zeit* von Budd Hopkins zu lesen. Das Buch handelte von UFO-Entführungen und nannte die Adresse des Autors, so daß Leute, die das Gefühl hatten, Zeugen merkwürdiger UFO-Sichtungen oder Vorkommnisse geworden zu sein, ihm schreiben konnten. Die Markierungen im Garten, die Begegnung mit einem UFO, die ich 1965 hatte, die vielen schaurigen Träume und all die verschiedenen merkwürdigen Ereignisse, die unsere Familienmitglieder begleiteten, hatten Debbie veranlaßt, Budd einen langen Brief zu schreiben.

Sehr zum Erstaunen von uns allen, nahm er Kontakt mit ihr auf, und damit begannen die Untersuchungen, die eine Reihe bestürzender Fakten zutage förderten. Träume, Gefühle und zahlreiche bezeugte Ereignisse begannen drei Generationen von Familienmitgliedern miteinander zu verbinden.

Ich möchte Budds Befunde nicht wiederholen. Er wandte mehrere Jahre und eine beträchtliche Summe persönlicher Gelder auf, um die Fakten, die er in *Eindringlinge* enthüllt, zu untersuchen und wissenschaftlich zu beweisen. Ich lege hier nur seine Schlußfolgerungen dar:

Das glühende Licht, das meine Mutter und meine Schwester in der fraglichen Nacht des 30. Juni 1983 sahen, stammte offenbar von einem unidentifizierten Flugobjekt, das aus unbekannten Gründen in ihrem Garten landete.

Debbie war offenbar von Wesen aus einem Raumschiff entführt worden, das im Zentrum dessen landete, was zu einem Kreis aus totem Gras wurde. Zur selben Zeit war meine Mutter während der Entführung in eine Art Trance versetzt worden.

Es tut mir leid, daß ich nicht dort war, um all dies mitzuerleben. Bis dahin war ich das einzige Familienmitglied gewesen, das ein wirkliches UFO gesehen hatte oder sich zumindest daran erinnerte, eins gesehen zu haben. Ich hatte nur dem engsten Familienkreis davon erzählt, und zwar wiederholt in den letzten zwanzig Jahren. (Ich werde Ihnen davon in einem späteren Kapitel erzählen.) Meine Begegnung hinterließ bei mir ein Gefühl, etwas Besonderes oder „auserwählt" zu sein.

Meine Familie wird wahrscheinlich für offener gehalten als eine durchschnittliche Familie aus dem mittleren Westen, und wir hatten immer geglaubt, daß wir, die menschliche Rasse, nicht allein in diesem riesigen Universum sind. Wir dachten, daß dies die einzig intelligente Schlußfolgerung sei.

1965 hatte ich tatsächlich ein UFO verschwinden sehen und war ohne einen Kratzer davongekommen - zumindest ohne äußerlich sichtbare Kratzer. Jetzt, fast zwanzig Jahre danach, stand ich damit nicht mehr allein, ich war nicht länger die einzige, die Zeugin eines UFOs wurde, die einzige, die all die Kritik einstecken mußte. Nicht nur ein, sondern zwei Familienmitglieder sollten nun diese Bürde mit mir teilen. Klasse! Auf ihre Erfahrung sollte eine unangenehme weitere folgen.

Den einzigen Beweis, den ich für meine Begegnung hatte, war mein Wort. Meine einzigen Zeugen flogen in dem UFO davon. Das einzige „Souvenir", das ich mit zurückbrachte, war in meinem Geist verschlossen. Debbie und Mom hatten zumindest den Kreis und die „Landebahn", um ihre erstaunliche Begegnung zu stützen.

Der Kreis sollte sie täglich daran erinnern, daß tatsächlich „irgendetwas" in jener Nacht 1983 geschah. Ohne diesen zurückbleibenden Kreis, der einer Erklärung trotzte, hätte die fragliche Nacht einfach als ein weiterer schlechter Traum wegerklärt werden können, genauso wie unsere Familie viele der anderen „schlechten Träume", die wir hatten, wegerklärt hat.

Als Debbie mir sagte, daß jemand namens Budd Hopkins mich aus New York anrufen würde, um mit mir über meine Sichtung im Jahre 1965 zu sprechen, stellten sich bei mir die Haare an den Armen auf. Ich konnte nicht glauben, daß sie nicht nur ihr Leben einem total Fremden eröffnete, sondern unaufgefordert auch mein Leben. All das zwanzig Jahre lang der Familie zu erzählen, ist eine Sache, doch es einem total Fremden zu erzählen, ist etwas anderes. Ich hatte nur einer Handvoll Leuten von meiner Erfahrung erzählt.

Es bedurfte nur eines einzigen Menschen, der mich verspottete, bis ich merkte, daß das UFO-Thema sich nicht leicht in die alltägliche Unterhaltung einbauen läßt. Derjenige, der mich zu dieser Zeit am schlimmsten piesackte, war mein Mann Johnny.

Johnny stammte aus dem Süden, und er wuchs in einer sehr ärmlichen Gegend auf, in der das Hauptinteresse einer Familie der nächsten Mahlzeit gilt. UFOs waren sicherlich das letzte, was sie im Kopf hatten. Sein Motto war immer: „Was ich nicht sehen kann, existiert auch nicht."

Folglich dachte er, als ich ihm von meiner Sichtung als Teenager erzählte, es sei lediglich ein witziger Einfall von mir. Wenn die Familie sich in eine ernste Diskussion darüber verstrickte, schüttelte er bloß den Kopf. Das ergab für ihn keinen Sinn. Neben seiner Meinung ließ er keine andere gelten. Nach seiner Ansicht konnte nur ein Idiot jemandem etwas derartiges erzählen.

Nun, dies würde sich nur noch steigern, wenn ich ihm erzählte, daß irgend so ein feiner Großstadtpinkel bei uns anrufen würde, um mit mir über UFOs zu sprechen.

Bevor ich Johnny überhaupt sagte, daß Budd anrufen würde, fing ich an, die Pein zu spüren, die man hat, wenn man zwischen zwei Stühlen steht - links die Yankees, rechts die Konföderierten -, und jeder zerrte sachte an einem Arm. Mit der Zeit sollte das Zerren stärker werden. Ich sollte in der Mitte eingekeilt werden, indem mein Herz das eine tun wollte, mein Verstand mich jedoch zurückhielt. In diesem psychologischen Dilemma sollte ich mehrere Jahre bleiben. Ich baute einen Schutzschild um meinen Geist und besserte die Risse aus, damit nichts nach außen dringen würde. So wie es aussah, hatte ich nicht viel zu verlieren.

Ich bereitete mich auf den Anruf vor und begann mir geistig den Verlauf meiner Sichtung ins Gedächtnis zurückzurufen, um sicherzugehen, daß ich jede Einzelheit in der richtigen Reihenfolge parat hatte. Ich hatte das Bild in meinem Kopf seit 1965 hunderte Male durchgespielt. Ich erzählte die Geschichte, die Teile, an die ich mich wirklich erinnerte, bei Familientreffen so oft, daß sie ohne Anstrengung aus meinem Munde zu kommen schien wie ein Treueschwur. Ich hatte eigentlich nie nach den fehlenden Teilen der ungewöhnlichen Umstände gefragt. Ich hatte mich nie gewundert, warum es heller Tag war, als meine „fünfminütige" Sichtung begann, und stockdunkel, als sie endete. Ich hatte nie eine der Unstimmigkeiten hinterfragt, ebensowenig wie irgendjemand sonst.

Nun, nach zwanzig Jahren war ein Fremder an meiner Geschichte interessiert, und ich hatte das beunruhigende Gefühl, daß er nach all den fehlenden Teilen fragen würde, all den Teilen, über die ich nicht nachdenken wollte. All die Teile zusammen sollten diese Nacht von einem interessanten Salon-Gesprächsthema in einen Alptraum verwandeln. Alles, was ich tun konnte, war die Hände in den Schoß zu legen und auf Budds Anruf zu warten.

3
Debbie
Das Treffen mit Budd Hopkins

Mein Herz klopfte, als ich Budds Telefonnummer wählte. Als er antwortete, hätte ich fast wieder eingehängt. Nervös stellte ich mich vor und erklärte ihm, daß ich ihm geschrieben hätte, daß er angerufen hätte, als ich nicht da war, und daß ich auf seinen Anruf hin zurückriefe. Dann hoffte ich, er würde für den Rest des Gesprächs reden! Dieser Anruf schien ewig weiterzugehen. Ich versuchte weiterhin den Fokus auf die Fotos, die Markierung im Garten und die Begegnung meiner Schwester im Jahre 1965 zu legen. Er versuchte weiterhin, mich dazu zu bringen, über mich zu sprechen. Ich fühlte mich wie ein Trottel.

Dieser Anruf erwies sich als der erste in einer langen Reihe von Anrufen, die während der nächsten paar Monate stattfanden. Um das Geld für die Telefonrechnungen zu sparen, begann ich außerdem, Budd zu schreiben. Er war für mich da wie ein Freund, jemand, den ich anrufen und dem ich erzählen konnte, was passiert war und wie ich mich fühlte.

Ich mochte Mary (ein Pseudonym) wirklich sehr. Es schien, daß wir uns auf Anhieb verstanden. Mary war angewiesen worden, mir nicht zuviel über das zu erzählen, was sie durchgemacht hatte, um mein Unterbewußtsein nicht zu „infiltrieren". Trotzdem fehlte es uns nie an Gesprächsstoff.

Im Laufe von Wochen begann ich mich an Dinge zu erinnern, die sich ereigneten, als ich ein Kind war, Dinge, die mir zu dieser Zeit normal erschienen, im Rückblick jedoch in der Tat merkwürdig waren. Ich konnte nicht glauben, daß ich diese kleinen Zwischenfälle vergessen hatte. Ich denke, es sagt eine Menge über die Zwischenfälle aus, daß ich mich an sie erinnerte, während ich über das UFO-Thema sprach.

Ich erinnerte mich daran, wie ich als Kind von vier oder fünf Jahren von einem Traum erschreckt wurde, in dem ich dachte, daß ein gigantischer Flugsaurier über unser Haus fliege und nach mir suche. Ich erinnerte mich an einen Ausflug, den ich mit meiner älteren Schwester unternommen hatte, als ich ungefähr sechs war, und wie ich mich verirrte. Während ich versuchte, den Weg zurückzufinden, dorthin, wo ich sein sollte, rannte ich in ein fremdes Haus und traf einen kleinen Jungen mit großen schwarzen Augen, der mich in etwas hineinlockte, das ich für ein Spielzimmer hielt. Er machte Experimente mit mir und verletzte mein Bein, indem er etwas hineinstach. Ich erinnerte mich daran, daß ich eines Nachts aufwachte und eine große Gestalt sah, die neben dem Bett meines Bruders stand und ihn sehr aufmerksam betrachtete. Dann schloß ich schnell meine Augen und spürte, wie sie dasselbe mit mir tat, ihr Gesicht ganz nahe an meinem. Ich war wie versteinert! Ich erinnere mich, daß ich eines Nachts in meinem Bett aufwachte, als ich wirklich noch sehr klein war, und sah, daß jemand neben mir lag und versuchte, mir durch meinen Mund den Atem auszusaugen. Was oder wer auch immer es war, es war nicht viel größer als ich, hatte jedoch einen seltsam geformten Körper und einen großen Kopf. Ich konnte nicht glauben, daß ich all diese seltsamen Erinnerungen vergessen hatte! Und irgendwie schienen sie jetzt viel mehr Sinn zu machen.

Eines Nachts, ich war in meinem Zimmer und sah fern, hörte ich etwas in meinem Kopf - ein vages, summendes Geräusch -, und dann hörte ich, wie mein Name von mehreren Stimmen unisono gerufen wurde. Sie waren weder männlich noch weiblich. Es dröhnte aus dem Nichts durch all meine irdischen Gedanken. Es war nur allzu vertraut, und es erschreckte mich halb zu Tode. Ich stürzte aus meinem Bett und rannte ins Badezimmer. Dort saß ich einen Moment lang und versuchte meine Fassung wiederzufinden, indem ich mir sagte, daß ich mir dies nur eingebildet hätte. „Geh zurück ins Bett und entspanne dich. Du bildest dir Dinge ein", sagte ich mir selbst. Als ich zurück in mein Zimmer ging, sauste quer durch den Flur vom Badezimmer ein kleiner Ball aus hellem weißem Licht hinter meinem Kopf vorbei. Er war von der geschlossenen Schlafzimmertür meines Sohnes gekommen und flog in Richtung Treppe. Er verschwand, als er die Treppe hinunter zu wandern begann. Ich sprang auf, stürzte ins Zimmer meiner Eltern und erzählte meiner Mutter, die gerade versuchte einzuschlafen, daß meine Brust wieder anfange zu schmerzen. (Ich wollte ihr nicht von den Stimmen erzählen, die ich gehört hatte. Ich versuchte immer noch zu leugnen, daß ich sie gehört hatte, weil es einfach zu verrückt klang.) Ich fragte sie, ob sie den Lichtball gesehen hätte, und ihr Kommentar war: „Es muß ein Blitz gewesen sein. Geh, nimm ein Aspirin und leg dich wieder ins Bett. Es wird dir gleich besser gehen."

Ich wußte, daß es kein Blitz gewesen war, denn es gab keine Fenster im Flur, und außerdem war das Wetter den ganzen Tag schön gewesen. Ich beschloß, daß es nutzlos und rücksichtslos war, sie dauernd wach zu machen, ich ging deshalb nach unten, um ein Aspirin zu nehmen. Als ich das Wohnzimmer durchquerte, um in die Küche zu gelangen, bemerkte ich ein helles weißes Licht direkt draußen vor dem Wohnzimmerfenster, und ich glaubte, die Silhouette eines kleinen Mannes zu erkennen, der in dem Licht stand. Ich griff zum Telefon und rief meine Freundin Mary an. Gott segne sie. Es muß ein Uhr morgens gewesen sein, und sie war so nett, wie sie nur sein konnte. Ich war hysterisch. Sie sprach eine gute dreiviertel Stunde mit mir. Alle paar Minuten fragte sie mich: „Wie fühlst du dich? Kannst du das Licht noch sehen? Hörst du irgendetwas? Hast du ein paar Valium oder etwas Wein?"

Ich weiß nicht, wie ich diese Nacht überstand, doch mit Marys Hilfe ging es. Wir redeten, bis ich nicht mehr reden konnte. Wir sprachen über alles Mögliche, alles Erdenkliche, um mich von dem abzulenken, was ich fühlte. Ich weiß nicht, ob etwas passierte, nachdem wir auflegten, doch ich überschlief es, was immer es war, und das war gut für mich.

Budd beschloß schließlich, daß ich nach New York kommen solle, wo er lebte, damit ich von einer Psychiaterin hypnotisiert werden könne, von der er wußte, daß sie bereit war, mir kostenlos zu helfen. Ich betete, daß sie mir sagen würde, ich sei verrückt. Zumindest konnte man das behandeln. Budd stellte allmählich fest, daß mein Zwischenfall vom 30. Juni und die UFO-Sichtung meiner Schwester 1965 nur die „Spitze des Eisberges" waren, flüchtige, verräterische Anzeichen von etwas viel Größerem und Unglaublicherem, als sich irgendjemand je hätte vorstellen können. Ich brauchte so dringend irgendeine Hilfe, daß ich einwilligte zu kommen.

Natürlich war ich selbst dafür verantwortlich, meine Fahrt dorthin zu bezahlen, und ich war fast pleite. Ich beschloß, meine Waschmachine und meinen Trockner zu verkaufen, um die Busfahrkarte und meine Verköstigung zu finanzieren. Meine Waschmachine und mein Trockner waren die einzigen Dinge, die ich besaß, die mehr als zwei Pfennige wert waren. (Ich muß wohl einen Schutzengel für Finanzen haben, denn ich hatte noch genau vierzig Pfennig in der Tasche, als ich mit dem Bus wieder zurück nach Indianapolis kam. Das war ziemlich scharf kalkuliert, nicht wahr!)

Im Oktober 1983 fuhr ich nach New York. Ich starb fast vor Angst. Dies war meine erste Reise, die ich je allein unternommen hatte, und ich fürchtete, mich zu verlaufen und am falschen Ort zu landen. (Damit habe ich heute immer noch Probleme.) Verdammt, ich hatte im Auto auf dem Weg zum Busbahnhof fast eine Panikattacke! Ich wußte einfach nicht, ob ich wirklich durch all das durchgehen wollte. Ich hatte Angst vor dem, was ich herausfinden würde, und ich machte mir Sorgen darum, wie ich damit fertigwerden sollte. Ich war beunruhigt darüber, meine Kinder zu verlassen. Was würde mit ihnen geschehen, wenn ich nicht mehr da war, um über sie zu wachen? Was würde mit mir geschehen, wenn „sie" herausfanden, was ich tat? Was würde mit mir und meiner Familie geschehen, wenn irgendjemand anders dies herausfand? Würden wir zum Gelächter von Indiana werden? War dieser Typ, zu dem ich fuhr, in Ordnung, oder war er sogar noch verrückter als ich? Er hätte ein Psychofanatiker sein können, nach allem, was ich wußte. Ich ging ein großes Risiko ein, diesen Mann zu treffen, doch ich mußte daran glauben, daß alles in Ordnung sein würde. Ich war so verzweifelt, daß ich bereit war, alles zu riskieren, in der Hoffnung, einen Weg zu finden, mit der Situation zu leben - oder sie ein für allemal loszuwerden. Ich mußte es tun, für mich und für meine Kinder.

New York zu erleben, war eine Hölle für sich. Ich war in Indiana geboren und aufgewachsen und nie weiter östlich als bis Ohio gekommen. Deshalb traf mich der Kulturschock von dem Moment an, als ich die riesige Skyline der New Yorker City am Horizont sah. Die Busreise dauerte ganze siebzehn Stunden, und nach den ersten paar Stunden war ich bereit, fast überall auszusteigen. Für einen kurzen Moment, als die Stadt größer und größer auszusehen begann, überlegte ich ernsthaft umzukehren und nach Hause zu fahren. Ich war gelinde gesagt überwältigt.

Als ich aus dem Bus stieg, war Budd da, um mich zu begrüßen. Ich erkannte ihn nach dem Foto auf seinem Buch sofort. Ich war sehr erleichtert, in dieser Menge ein vertrautes Gesicht zu sehen, doch ich konnte nicht anders, als bei mir selbst zu denken: Was zum Teufel tue ich hier? Das ist verrückt. Ich muß verrückt sein!

Eine Zeitung unter dem Arm und einen starken Kaffee und Kekse in den Händen, führte mich Budd durch den Busbahnhof und dann in die U-Bahn, die zu seiner Wohnung fuhr. Meine erste U-Bahn-Fahrt war ein Erlebnis für sich. Da ich von der langen Busfahrt so zittrig war und all das Zeug in meinem Kopf hatte, ging ich fast die Wände hoch, als die Lichter in der U-Bahn zum ersten Mal ausgingen. Niemand hatte mir gesagt, daß dies normal sei. Budd muß sich zumindest über meine Reaktion ein wenig amüsiert haben. Ich denke, es half ihm auch zu sehen, in was für einem Zustand ich mich zu dieser Zeit befand.

Sowohl er als auch seine Familie waren die ganze Zeit, die ich mit ihnen zusammen war, sehr nett zu mir. Ich weiß von keinem anderen Forscher, der für sein Thema auch nur annähernd so viel Zeit und Engagement aufbringt, wie Budd dies während der Untersuchung meines Falles tat. Ich bin sehr glücklich, ihn gefunden zu haben.

Sobald ich mein Gepäck in meinem Zimmer abgestellt hatte, war es Zeit, in die Arztpraxis zu gehen. Während der ganzen Zeit, die ich in New York war, wurde nicht ein Augenblick verschwendet. Schließlich hatte ich nur eine Waschmachine und einen Trockner. Wer wußte, wann ich in der Lage sein würde, dies wieder zu tun.

Meine allererste Hypnose-Sitzung war sehr nervenaufreibend für mich. Ich war von der langen holprigen Busfahrt erschöpft und hatte Angst vor dem, was unter Hypnose herauskommen könnte. Auch meine Schwester hatte mehrere Jahre zuvor eine unangenehme Erfahrung mit Hypnose gemacht, als sie versuchte abzunehmen. Ich fürchtete, ebenfalls eine schlechte Erfahrung damit zu machen, und gerade damals konnte ich das nicht gebrauchen, besonders nicht so weit weg von zu Hause!

Bei dieser ersten Sitzung kam nicht allzu viel heraus, doch es war genug, um mir eine Vorstellung davon zu vermitteln, was es mit der Hypnose auf sich hat. Als ich für den Tag fertig war, war ich in dieser Beziehung ein wenig beruhigt und nach einem längeren Nickerchen bereit zu mehr.

Wie sich herausstellte, wurde bei dieser Reise und den vielen, die folgten, eine Menge erreicht. Bewußt erinnerte ich mich an die Nacht im April 1978, in der ich in meinem Schlafzimmer zwei graue Kreaturen mit großen Augen gesehen hatte, die neben meinem Bett standen. Ich erzählte meinem Mann am nächsten Morgen von ihnen, und er fragte mich, was ich am Abend zuvor gegessen hätte. Er erinnerte sich an gar nichts, obwohl er während des ganzen Ereignisses im Bett direkt neben mir gelegen hatte. Und ich hatte nicht einmal die Geistesgegenwart besessen, ihn aufzuwecken. Ich glaube, wir erkannten damals, daß ich mich bewußt nur an das Ende eines wesentlich länger dauernden Szenarios erinnerte. Bis zu diesem Tage erinnere ich mich an das meiste davon nicht bewußt. Unter Hypnose hatte ich mich erinnert, einen stechenden Schmerz in meinem Kopf direkt hinter der Nase zu spüren. Ich erinnerte mich, Blut im Mund zu schmecken, und an ein Gefühl, als ob irgendetwas durch meine Nasenlöcher hochwandere. Mir war sehr kalt, und ich mußte auf die Toilette. Ich sah auch diese Augen wieder - diese riesigen, schwarz glänzenden Augen, die ich nie vergessen konnte. Die Wesen, die in dieser Nacht im April 1978 in meinem Zimmer waren, hatten solche Augen.

Ich hatte auch Gelegenheit, meine Freundin Mary persönlich kennenzulernen. Das erste, was ich tat, war mich für die nächtlichen Telefonanrufe zu entschuldigen. Ich war froh zu sehen, wie sie mich anlächelte, als wir uns die Hände schüttelten!

Eines Abends lud sie mich in ihre Wohnung zum Essen ein, und ich erlebte eine Art Durchbruch bei meinen Erinnerungen, während ich Gemüse schnitt. Ich begann mich plötzlich an alle möglichen kleinen Details zu erinnern, die in meinem Unterbewußtsein viele, viele Jahre verschlossen waren. Ich bekam immer mehr Angst, als ich ihr von all den Dingen berichtete, an die ich mich erinnerte. Auch sie selbst bekam ziemliche Angst. Sie war froh, daß ich mich an Einzelheiten erinnerte, an die ich mich offensichtlich erinnern mußte, doch gleichzeitig hatte ich das Gefühl, daß meine spontane Erinnerung sie auch ein wenig ausflippen ließ. Dennoch hielt sie weiter zu mir, und ich werde ihr das nie vergessen. Ich kann ihr gar nicht genug danken. Ich glaube, es war jener Abend mit Mary, der mich tatsächlich davon überzeugte, daß meine Familie und ich wahrlich merkwürdige Begegnungen mit etwas Paranormalem hatten. Es war faszinierend zu sehen, wie alles sich einzufügen begann und anfing, eine Art von Sinn zu ergeben. Ich stammte aus einer Familie, der immer seltsame Dinge zu passieren schien, und ich hatte geglaubt, daß jeder so lebte. Junge, was erlebte ich für eine große Überraschung!

Als Budd mich in den Bus nach Hause setzte, verabschiedete er mich mit dem Kommentar: „Wenn wir erst einmal anfangen, uns deinen Fall anzusehen, werden die *Besuche* aufhören." Ich wußte, daß er mich damit aufmuntern wollte, doch ehrlich gesagt, fühlte ich mich bei der Abreise schlechter als bei der Anreise. Ich hatte nun das Gefühl, ein ganz schlimmes Mädchen zu sein, weil ich jemandem, mit dem ich nicht verkehren sollte, etwas erzählt hatte, das ich nicht hätte erzählen sollen, und ich spürte, daß ich bald in großen Schwierigkeiten sein würde, wenn ich nach Hause käme. Ich spürte, daß „sie" bald meinetwegen zurückkehren und wie wahnsinnig sein würden! Ich sollte mich an dieses Zeug nicht einmal erinnern, geschweige denn, jemandem davon erzählen, besonders nicht jemandem, der dafür sorgen würde, daß es nicht noch einmal passierte. Später sollten Budd und ich feststellen, daß das, was er mir an diesem Tag gesagt hatte, weit entfernt von dem war, was wirklich geschah.

4
Kathy
Bekanntschaft mit dem Phantastischen

Mein Herz klopfte, als das Telefon klingelte. Mein Unterbewußtsein wußte, dies würde „der Anruf" sein. Ich ging meine Erinnerungen durch, brachte jede Einzelheit in die richtige Reihenfolge, um diesen Anruf so effizient wie möglich zu gestalten. Ferngespräche machen mich immer ein wenig nervös, selbst wenn ich die Gebühren nicht zahle.

Es war Budd. Er stellte sich vor, und er schien an unserer Familie und unseren Begegnungen wirklich interessiert zu sein. Er sprach ruhig und freundlich, als er nach Einzelheiten über mich und nach anderen Familiengeschichten fragte, an die ich mich erinnern konnte.

Er war sehr liebenswürdig, doch ich bin extrem zurückhaltend, Menschen meine innersten Gedanken anzuvertrauen. Ich bin immer sehr reserviert gewesen, immer freundlich genug, um viele Freunde zu haben, aber ich habe nie jemanden in meine Seele blicken lassen. Wenn jemand beginnt, in mein Innerstes vorzudringen, fange ich an, mich zurückzuziehen und richte meine Barrieren auf.

Als ich mit Budd sprach, waren diese Barrieren bereits aufgerichtet.

Er fragte mich nach meiner Geschichte, und ich fing an, mich an all die schlaflosen Nächte im Laufe der Jahre zu erinnern. Ich war immer eine chronische Schlafwandlerin gewesen und fand mich beim Erwachen in zahlreichen peinlichen Situationen wieder. Manchmal saß ich im Dunkeln allein am Wohnzimmerfenster. Andere Male wanderte ich ziellos umher und empfand eine Leere in einem viel zu vollen Leben. Ich suchte nach Antworten für alle unausgesprochenen Fragen.

In manchen Nächten wachte ich gar nicht auf, schlafwandelte nur herum und hinterließ eine Spur mit Hinweisen darauf, wo ich gewesen war, und wurde am nächsten Morgen gefunden. Halb verspeistes Essen und Kleider, an verschiedenen Stellen des Hauses verstreut, waren verräterische Anzeichen einer ruhelosen Nacht. Eines Nachts fuhr ich erschrocken aus dem Schlaf hoch und fand mich im Wohnzimmer in einem Schaukelstuhl vor dem Fenster wieder. In meiner Hand hielt ich ein Hörnchen Eis, das ich im Traum gesehen hatte. Ich kam mir ziemlich blöd vor, obwohl niemand wach war, der mich sehen konnte. Ich kehrte in mein Zimmer zurück. Die Fensterscheibe der Küchentür reflektierte meinen nackten Körper. Was für ein erschreckender Anblick! Mein Nachthemd lag im Badezimmer auf dem Boden. Irgendwann in der Nacht hatte ich mich entkleidet, mir einen Imbiß bereitet und einen gemütlichen Stuhl am Fenster gefunden - alles während des Schlafs.

Dieser Zwischenfall ließ mich um meinen Geisteszustand bangen. Ich fragte mich, was ich sonst noch für Dinge im Schlaf gemacht haben könnte, ohne aufzuwachen. Zumindest ging ich nicht nach draußen mitten in den Vorgarten, jedenfalls hoffte ich das. Können Sie sich eine nackte Frau vorstellen, die mitten im Vorgarten sitzt und ein Hörnchen Eis ißt? Meine Nachbarn würden sich totlachen. Ich fragte mich, ob meine Haftpflichtversicherung dies abdecken würde.

Meine Schlafwandelei störte nicht nur mich, sondern auch Johnny, der die Folgen zu spüren begann. Viele Male weckte ich ihn zur Arbeit, hatte sein Butterbrot eingepackt, den Kaffee fertig und merkte dann, daß es Mitternacht oder ein Uhr nachts war. Da er nicht vor sechs Uhr ging, war es lächerlich früh. Nachdem dies drei Mal in einer Woche passiert war, machte er es sich zur Gewohnheit, nicht aus dem Bett aufzustehen, ehe er selbst die Uhrzeit kontrolliert hatte.

Ich erinnere mich, wie ich eines Morgens wach wurde und feststellte, daß ich verkehrt herum im Bett lag. Meine Füße lagen auf meinem Kopfkissen und mein Kopf am Fußende. Grashalme und Schmutzspuren waren über das Bettlaken verteilt. Ich erinnere mich, wie ich dachte, daß dies seltsam sei, doch ich verscheuchte diese Gedanken, verschloß sie in meinem Geist und fuhr in meinem Alltag fort.

Als ich weiter mit Budd sprach, fragte er nach einer bestimmten schlechten Erfahrung, die ich vor mehreren Jahren mit Hypnose gemacht hatte. Mein Geist begann wieder zu spulen. Ich bin ein Typ, der jemandem direkt in die Augen sehen kann, in einem Gespräch fortfahren kann, ohne sich an ein einziges Wort zu erinnern, weil mein Geist mit einer Billion Meilen pro Stunde hundert verschiedene Themen durchgeht. Ich habe mentale Listen, die die Kinder, Johnny, Arbeit, Hausreparaturen, Rechnungen und andere verwandte Themen umfassen. Diese Listen verändern sich dauernd. Wenn ein Punkt dringlicher wird, kommt er ganz oben auf die Liste, usw...

Ich ging meine Erinnerungen durch und erzählte ihm von meiner Erfahrung beim Hypnotiseur.

Ich war zu einer Gruppenhypnose-Sitzung gegangen, um abzunehmen. Nach Jahren des Schlafwandelns und des Essens bei Tag und bei Nacht war meine angenehm mollige Figur aufgequollen. Eine meiner Freundinnen war zu einer Gruppenhypnose-Sitzung gegangen und hatte großartig an Gewicht verloren. Meine Freundin hatte fünfundvierzig Kilo verloren, und ich stellte mir vor, da ich nicht ganz so viel abnehmen mußte - nur dreiundvierzig Kilo, - daß mir dies auch gelingen sollte. Ich machte zwei Wochen vorher einen Termin aus und begann die Tage, bis zu einem schlanken neuen Körper zu zählen. Was könnte einfacher sein, als nur darauf programmiert zu werden, nicht zu essen, um dann ohne Schmerzen und Anstrengung sofortige Resultate zu erzielen.

An dem vereinbarten Tag ging ein Platzregen nieder, der stundenlang anhielt. Der Stadtkanal konnte mit solch einer Fülle von Wasser in so kurzer Zeit nicht fertigwerden, und die Straße vor unserem Haus wurde überflutet. Autos waren steckengeblieben, und es schien völlig unmöglich zu sein durchzukommen. Das war enttäuschend, doch ich war entschlossen, mich durch nichts von meiner Sitzung abhalten zu lassen. Ich wagte mich also hinaus. Wasser sickerte durch die geschlossenen Türen in mein Auto, und ich schlug mich zu höher gelegenen Gebieten durch. Mit der Entschlossenheit eines Postboten in einem Schneesturm schaffte ich es schließlich durch die Stadt zu einem neuen Leben.

Dreißig andere Leute trafen ebenfalls mit Geld in der Hand ein und wünschten sich die eine oder andere Selbstverbesserung. Jeder hatte vor der eigentlichen Sitzung ein persönliches Gespräch mit dem Arzt, so daß er sich mit den Problemen oder schlechten Gewohnheiten der einzelnen Personen, die er oder sie ändern wollte, vertraut machen konnte. Die meisten in der Gruppe waren dort, um abzunehmen. Die übrigen wollten das Rauchen aufgeben. Ein Mann rauchte vier Päckchen Zigaretten pro Tag. Eine Frau wollte nur vier Pfund abnehmen. Ich hätte sie erwürgen können. Ich könnte vier Pfund an meinen Augenlidern abnehmen und niemand würde es merken.

Nachdem jeder ein paar aufmunternde Worte bekommen hatte, versammelten wir uns in einem Kreis, dämpften das Licht, zogen die Rouleaus herunter und fingen an.

Mit gesenkten Köpfen und geschlossenen Augen sollten wir uns entspannen und dreimal tief durchatmen. Der Arzt hatte eine tiefe Stimme mit
einem starken deutschen Akzent, die nicht nur überzeugend, sondern irgendwie beruhigend war. Als erstes sollten wir uns auf unsere Füße konzentrieren. Uns wurde gesagt, daß sie sehr schwer wären und daß es unmöglich sei, sie zu bewegen. Genau in dem Moment fühlte sich jeder Fuß
an, als ob er hundert Pfund wiegen würde. Er wies uns an, unsere Aufmerksamkeit weiter zu leiten, die Beine hoch, die sich genauso schwer und
unbeweglich anfühlten, bis der ganze Körper völlig entspannt und unter
seiner Kontrolle sei. Dieser Prozeß dauerte schätzungsweise dreißig Minuten, und ich begann, allmählich unruhig zu werden. Irgendwie hatte ich
mir vorgestellt, während der ganzen Prozedur nicht wach zu sein. Ich
dachte, ich würde einfach einschlafen und mit einem völlig neuen Aussehen aufwachen. Da ich alles mitbekam, was um mich herum vorging, ver-
wirklichte sich meine größte Furcht: Das kann nicht funktionieren. Wie
schrecklich! All das Warten, all meine Hoffnungen, die nun von einem
verdammten Quacksalber zerschlagen wurden. Noch größer war meine
Angst, dreißig Dollar aus dem Fenster geworfen zu haben. Nun schlug
meine Enttäuschung schnell in Wut um. Was für eine Verschwendung! Ich
fühlte mich wie ein Narr. Mein erster Impuls war aufzuspringen und aus
dem Zimmer zu rennen. Ich war mir ziemlich sicher, daß ich meine Beine
und meinen Körper bewegen könnte, doch ich versuchte es nicht. Ich
dachte bei mir, daß er keinerlei Kontrolle über mich hätte, daß er nur
dächte, er hätte sie, und daß ich einfach aufstehen und jederzeit gehen
könnte. Doch ich tat es nicht. Ich bewegte keinen Muskel. Vielleicht sollte
ich besser doch nicht versuchen, mich zu bewegen, dachte ich. Schließlich
war ich nie zuvor hypnotisiert worden. Wenn er mir sagte, daß ich mich
nicht bewegen kann, schätze ich, sollte ich sitzen bleiben. Ich wollte mir
nichts brechen.

Der Raum war dunkel und kühl, und ich konnte die Luft auf meinen
nackten Armen spüren. Ich nahm den Kreis von Leuten um mich herum
wahr. Standen sie alle unter dem Bann dieses deutschen Wundermannes,
diesem Geistprogrammierer, dem Mann, der meine dreißig Dollar hatte?
War ich die einzige, die nicht unter seiner Kontrolle stand? Ich konnte nicht
sicher sein, doch ich glaubte, ihm seinen Willen zu lassen und das Spiel
mitzuspielen. Ich konnte mich wirklich bewegen ..., wenn ich es wollte.

Als der Arzt seine Runde durch den Kreis aus erschlafften Körpern
machte, sprach er mit jedem individuell. Er hatte sich vorher Notizen über

die persönlichen Probleme jedes einzelnen gemacht und ging individuell darauf ein, als er an der Gruppe vorbeiging.

Warum sitze ich hier? Ich möchte nichts von den Problemen anderer Leute hören. All dies beginnt mich zu ärgern. Er pfuscht da herum und macht mich verrückt, und ich werde meinen Fuß bewegen. Ich werde ihm zeigen, daß er gar nicht so gescheit ist. Ich werde meine Arme heben und ihn als Schwindler bloßstellen. Nein, das konnte ich nicht tun, das war nicht meine Art ..., ich war feige. Ich ertrug also die Sitzung bis zu ihrem grauenhaften Ende, doch mit jeder Suggestion, die der Arzt gab, begann ich mich im Geiste lustig über ihn zu machen.

„Sie sind jetzt nicht hungrig und werden es nicht sein, wenn Sie aufwachen", suggerierte der Arzt.

Du Blödmann, dachte ich. Ich komme fast um vor Hunger, was wirklich stimmte. Ich hatte es so eilig gehabt, hierher zu kommen, daß ich keine Zeit gehabt hatte zu essen.

„Sie werden sich sehr attraktiv finden und zufrieden mit sich sein", fügte der Arzt hinzu.

Bist du blind, du Narr? spottete ich in meinem Kopf. Ich habe hundertachtzig schwabbelnde Pfund am Leib. Mein Speck wirft Falten.

„Sie werden grenzenlose Energie haben", fuhr der Arzt fort.

Mensch, ich bin fix und fertig! Dieses Herumgerenne, um hierher zu kommen, hat mich ermüdet, dachte ich insgeheim.

„Sie werden sich physisch besser fühlen als je zuvor in Ihrem Leben", behauptete ein entschlossener Arzt.

Verdammt noch mal, wenn ich meinen Kopf noch eine Minute runterhalten muß, werde ich schreien, jammerte ich still. Ich wurde allmählich sehr verkrampft. Ich konnte mich kaum noch halten. Ich nahm die Leute um mich herum wahr, und ich hatte das Gefühl, daß ich wahrscheinlich der einzige unbefriedigte Mensch hier war. Ich bekomme Kopfschmerzen. Dieser blöde Arzt macht mir Kopfschmerzen, dieser ganze Ort macht mir Kopfschmerzen.

Endlich, nach ein paar weiteren grausigen Minuten, war die Sitzung vorüber. Die Lichter an der Decke gingen an und blendeten alle. Die Gruppe saß da, blinzelte wie Maulwürfe, die aus ihren Löchern kommen. Neunundzwanzig der Teilnehmer waren euphorisch, flitzten herum wie Kinder in einem Süßwarenladen.

„Ich fühle mich großartig", erklärte die Dame, die nach Hershey, Pennsylvania, umziehen wollte.

„War das nicht toll", rief der Kettenraucher. Ein einsames Mauer-
blümchen aus der Gruppe saß allein da, wollte weinen, etwas, was es nie
tut. Hungrig, müde, häßlich, saß es allein da, und sein Herz klopfte. Diese
verlorene Seele war ich. Was für ein Reinfall, dachte ich. Das Leben
stinkt. Ich werde nach Hause gehen und alles essen, was ich finde. Und genau das tat ich.

Die nächsten paar Tage waren sehr schlimm für mich. Ich verfiel in Depressionen. Ich aß den ganzen Tag, alles und jedes. Mein Körper war
schwer von einer Müdigkeit, der ich nicht entrinnen konnte, egal wieviel
ich nachts schlief. Ich fing an zu nuscheln, zuerst nur ein wenig und am
vierten Tag so stark, daß es fast schon komisch war. Ab dem Moment, wo
ich meinen Kopf nach der Gruppensitzung hob, hatte ich Kopfschmerzen.
Diese Kopfschmerzen sollten mich mehrere Jahre lang fast täglich plagen.

Am dritten Tag nach der Sitzung war ich einer Panik nahe. Man
brauchte kein Genie zu sein, um all die Symptome in Zusammenhang mit
meinem Besuch beim Hypnotiseur zu bringen. Am vierten Tag beschloß
ich, den Arzt anzurufen und ihm von meinen neuen Problemen zu erzählen.

Der Hypnotiseur war kein Quacksalber, wie ich ihn insgeheim beschuldigt hatte. Ich hatte das Programm sorgfältig geprüft, bevor ich überhaupt den Termin machte. Er war damals und ist noch heute ein sehr an-
gesehener Arzt, der dieses Programm gestartet hatte, um Menschen mit
schwachem Willen zu fördern, die sich offenbar nicht selbst helfen können. Er schien aufrichtig an den Menschen interessiert zu sein, die an der
Sitzung teilnahmen, aber das Programm war neu, nur ein paar Monate alt,
und ich war in der sechsten Sitzung. Offenbar waren noch nicht alle Fehler ausgemerzt.

Als der Arzt antwortete, spürte ich, wie eine Mischung aus Ruhe und
Furcht mich überkam. Er war sehr nett und bekundete seine Anteilnahme
für meinen bedauernswerten Zustand, doch, da das Programm so neu war,
dachte er, es sei das Beste, es auf sich selbst beruhen zu lassen. Weil er
fürchtete, einem bereits verletzten Unterbewußtsein noch mehr Schaden
zuzufügen, überzeugte er mich, daß die Symptome mit der Zeit verschwinden würden. Das war leicht gesagt von ihm. Er steckte ja nicht in
dem Teufelskreis und hatte den Mund ständig voll mit Essen. Er saß nicht
den ganzen Tag herum und dachte, daß das Leben eine Jauchegrube sei.
Nichtsdestotrotz, er mußte es besser wissen als ich, ich hängte also ein und
glaubte wirklich, daß ich dieses kleine Handicap überwinden könne. Ich

irrte mich. Vierundzwanzig Stunden später wurde ich mit Symptomen eines Schlaganfalls, Sehstörungen, schweren Kopfschmerzen, Desorientie-
rung und heftigem Schwindel in die Notaufnahme eingeliefert. Nach zahlreichen Tests im Krankenhaus wurde ich mit der Diagnose von Migränekopfschmerzen, einer Spritze, Rezepten für Schmerzmittel und Antide-
pressiva nach Hause geschickt. Nun hatte ich wirklich das Gefühl, als ob
ich mich in einen geistigen Krüppel verwandelt hätte. Ich hatte doch nichts
anderes gewollt, als etwas Gewicht zu verlieren.

Ich nahm die verschiedenen Medikamente nur zwei Wochen lang, dann
beschloß ich, daß ich stärker als diese sei. Ich war vielleicht dick, doch ich
war sicherlich kein Schwächling. Ich riß mich schließlich zusammen, warf
die Pillen weg, erhob meinen Geist über den Körper und war in kürzester
Zeit wieder ganz die alte. Ich hatte mehrere weitere Migräneanfälle, doch
mit etwas Übung war ich in der Lage, die Techniken der Selbsthypnose anzuwenden und Erleichterung zu finden. Ironischerweise stellte sich heraus, daß die Ursache meiner Probleme auch deren Heilung war.

Ich war schließlich geistig und körperlich wieder ganz beieinander, und
ein paar Jahre später machte ich ohne die Hilfe irgendwelcher äußerer
Krücken eine Diät und verlor fünfzig Pfund.

Die Gründe für die ungewöhnlichen Symptome, die ich nach der Hypnosesitzung bekam, erschienen mir ziemlich klar. Ich denke, daß ich sie
selbst verursachte. Als der Arzt sprach, drehte ich alles in meinem Kopf
um, ohne zu merken, daß ich mir unterbewußt das Gegenteil von allem,
was er befahl, einprogrammierte und so fast außer Kontrolle geriet.

Jedoch werden die Leute, die viele Jahre lang UFO-Fälle mit möglichen
Entführungen untersucht haben, argumentieren, daß ich irgendwann in meiner Vergangenheit durch eine Art von Geisteskontrolle willenlos gemacht
und gezwungen worden bin, Dinge zu tun, die mich wahrscheinlich schwer
geängstigt oder verletzt haben. Als Folge davon würde mein Unterbewußtsein sofort rebellieren, wenn jemand versuchte, meinen Geist zu beherrschen oder mich zu zwingen, mich an etwas zu erinnern, an das ich mich
nicht erinnern sollte. Ich bin mir nicht ganz sicher, welcher Meinung ich
mich anschließen soll - der meiner Schuld oder der meines Widerstandes.

Als Budd und ich unsere Unterhaltung fortsetzten, fragte er mich nach
meiner Sichtung 1965. Er hörte schweigend zu, als ich mir meine Begegnung Wort für Wort ins Gedächtnis zurückrief, wie ich dies fast zwanzig
Jahre lang getan hatte. Meine bewußten Erinnerungen an diese Nacht sind
wie folgend:

An einem klaren Herbstabend fuhr ich ungefähr um 16.30 Uhr meine Mutter zu einem Bingospiel im Ort. Ich hatte meinen Führerschein noch nicht sehr lange, und ich mochte es einfach, Leute herumzukutschieren. Hinter dem Steuer eines Autos zu sitzen, vermittelt einem Kind irgendwie das Gefühl, erwachsen zu sein. Es ist ein Gefühl von Macht, wenn man ein Stück Maschine nach seinem Willen manövrieren kann, wenn man sie total beherrscht oder zumindest denkt, daß man es tut.

Ich hatte meine Aufgabe erledigt und fühlte mich wohl in meiner Haut. Ich fuhr nach Hause, die zweispurige Straße entlang. Ich mußte fast an jeder Ampel anhalten, doch anders als die Erwachsenen, die an den Ampeln ungeduldig wurden oder bei Gelb über die Kreuzung rasten, stand ich unter keinerlei Zeitdruck. Wie närrisch sie mir vorkamen. Warum haben Erwachsene es immer so eilig? Kinder kümmern sich nie um die Zeit, weil sie nicht daran denken, daß sie ihnen davonläuft.

Es war früher Herbst, es war noch hell genug, und ich hatte keine Eile, nach Hause zu kommen. Ich sollte an diesem Abend auf meinen Bruder und zwei Schwestern aufpassen, deshalb hatte ich keinerlei Verabredungen. Es war nicht so schlimm, auf die Kleinen aufzupassen. Sie gingen früh ins Bett, dann gehörte der Rest des Abends mir bis elf, wenn ich meine Mutter abholen mußte. Ich dachte daran, wie unkompliziert mein Leben war, und es war ein schönes Gefühl.

In der Nähe meines Heims fuhr ich an all den vertrauten Häusern und Gebäuden vorbei, was mir das Gefühl gab, im Einklang mit meinem Leben zu sein.

Plötzlich war mein Auto zum Stehen gekommen, doch ich war nicht mehr auf der Straße. Ich war hinter einer Kirche abseits der Hauptstraße. Ich glaube, ich erinnere mich, wie ich auf den Parkplatz bei der Kirche fuhr, doch warum? Warum sollte ich so etwas Merkwürdiges tun? Ich hatte nicht die Absicht, dorthin zu fahren. Ich mußte nach Hause. Die Kirche war leer, und es waren keine Autos auf dem Parkplatz. Ich beugte mich über das Lenkrad und sah durch die Windschutzscheibe nach oben. Fast direkt über meinem Auto, ungefähr in der Höhe von zwei Telefonmasten, schwebte ein längliches Raumschiff, das zwei Eßtellern ähnelte, die aufeinander sitzen. Darauf hatte ich mein ganzes Leben gewartet. Wo war dieses Raumschiff, als ich als Kind Nacht für Nacht durch mein Fernrohr sah? Warum tauchte es damals so unerwartet auf, während ich völlig unbeobachtet, völlig unvorbereitet und so allein war? Niemand würde mir das glauben.

Es war ein großartiger Anblick. Die Oberfläche schien glatt zu sein wie eine Art rostfreier Stahl. Ich schätzte seine Länge auf ungefähr einundzwanzig Meter. Dies war definitiv kein Leuchtturm, kein Flugzeug, nichts, das ich je zuvor gesehen hatte. Es war sehr schön und hob sich auf eine unirdische reizvolle Art gegen die Schwärze des Himmels ab. Da waren rote, weiße und bernsteinfarbene Lichter, die auf seiner Unterseite blinkten. Nichts behinderte meine Sicht. Ich war da, und es war real, doch was war es? Durch die Windschutzscheibe hindurch spürte ich eine Wärme, wie die der Sommersonne auf meinen Armen, die über dem Lenkrad verschränkt waren. Ich dachte, ich sollte ein Foto davon machen. Ich führte im Handschuhfach des Autos immer eine kleine Kamera bei mir, wo auch immer ich hinfuhr, doch nicht dieses Mal. Die Kamera war nicht da. Schwach konnte ich durch die geschlossenen Fenster ein Summgeräusch hören, das von dem bewegungslosen Raumschiff kam. Ich kurbelte das Fenster herunter und konnte es deutlicher hören. Das Radio war an, und ich griff hinüber, um es auszumachen, ohne meine Augen von dem Raumschiff zu nehmen. In dem Augenblick, als ich den Lautstärkeregler berührte, sah ich, wie sich das Raumschiff sehr langsam in die Höhe zu bewegen begann. Dann war es in einem Augenblick verschwunden und hinterließ eine Leere in der Herbstnacht.

Irgendwie erscheint es nicht gerecht, daß jemand jahrelang darauf hofft, Zeuge solch eines Ereignisses zu werden, um es dann nur einen flüchtigen Augenblick lang genießen zu können. Allein zu sein, ohne irgendjemanden, der deine Geschichte bestätigt, ohne zumindest ein Foto als positiven Beweis zu machen - irgendwie liegt darin keine Gerechtigkeit.

Ich lehnte mich zurück in den Sitz und saß ein paar Minuten so da. Wer würde mir jemals glauben? Mein Auto stand in der Nähe einer Häuserreihe, wahrscheinlich keine zehn Meter von mir entfernt. Im ersten Haus sah ich Licht in der Küche, doch niemand schaute hinaus. Niemand hielt sich in den Gärten auf, der Parkplatz war leer, es gab nicht eine einzige Person, die hätte bestätigen können, wovon ich gerade Zeugin geworden war.

Ich lenkte mein Auto vom Parkplatz zurück auf die Hauptstraße. Ich erinnere mich nicht, ob der Motor lief oder ob ich ihn neu starten mußte. Ich setzte meine unterbrochene Fahrt nach Hause fort. Erst mehrere Blocks weiter sah ich die Scheinwerfer eines anderen Autos, viel zu spät für irgendeinen der Insassen, um zu sehen, was ich gerade gesehen hatte. So ein Pech für sie, dachte ich bei mir.

Als ich meine Geschichte beendete, war unser Telefongespräch bald vorüber. Budd schlug mir die Hypnose als Möglichkeit vor, mich an fehlende Einzelheiten der Nacht erinnern zu helfen. Er sagte, er würde gerne noch einmal anrufen und mit Johnny reden. Herzlich wenig Aussicht, dachte ich bei mir. Vielleicht dann, wenn Esel fliegen können.

Als wir auflegten, bemerkte ich, daß ich auf den Armen eine Gänsehaut hatte und die Haare steil hochstanden.

5
Debbie
Die Reise beginnt

Als der Bus in dieser Nacht aus dem Bahnhof fuhr, weinte ich wie ein Baby. Ich fühlte mich ebenso düster und trübselig wie der Regen, den ich an der Seite meines schmutzigen Busfensters herunterlaufen sah. Zumindest hatte ich mich in New York sicher gefühlt. (Stellen Sie sich vor!) Ich glaubte, daß „sie" mich in dieser großen Stadt, mit so vielen Menschen um mich herum, nie finden würden und daß ich in Sicherheit sei. Nun fuhr ich zurück in die finsterste Provinz, in der ich wie eine gluckende Henne festsaß.

Ich hatte festgestellt, daß Budd kein Psychofanatiker war, wie ich vor meiner Abreise von zu Hause gefürchtet hatte, doch ich hatte beschlossen, nicht alles zu glauben, an was ich mich erinnert hatte, während ich dort war. Es klang für mich alles zu verrückt, und doch machte es gleichzeitig Sinn. Ich war verwirrter, als bevor ich von zu Hause aufbrach.

Die erste Haltestelle war irgendwo in Pennsylvania. Als der Bus in den Bahnhof einfuhr, dachte ich bei mir, ich will verdammt sein, wenn ich meinen Sitz mit einem stinkenden zahnlosen Neandertaler teilen muß! Ich tat so, als ob ich schlief, und lümmelte mich quer über den Sitz. Wollen wir doch mal sehen, ob jemand es wagt, sich hier hinzusetzen! Ich war nicht in der Stimmung, nett zu irgendjemand zu sein, und ich wollte auch mit niemandem reden. Ich hatte nichts zu sagen.

Alle, die an dieser Haltestelle aussteigen mußten, stiegen aus, und innerhalb von Minuten konnte ich hören und fühlen, wie neue Passagiere einstiegen. Ich lag so still ich konnte da und versuchte des Effektes wegen, sogar ein wenig zu schnarchen. Plötzlich hatte ich ein sehr merkwürdiges Gefühl. Eine prickelnde Ahnung überkam mich, und ich bekam den si-

cheren Eindruck, daß jemand in den Bus einstieg, den ich sehen mußte. Ich
spähte über den Rücken des Sitzes vor mir, und was ich sah, nahm mir fast
den Atem. Dort stand der schönste Mann, den ich je gesehen hatte. Und er
schaute mich direkt an, als er die Stufen des Busses erklomm! Es war, als
hätte er gewußt, daß ich da war, ehe er überhaupt in den Bus einstieg.

Er war ungefähr ein Meter fünfundachtzig groß, mittelmäßig kräftig gebaut, aber schlank. Er hatte schulterlanges, gewelltes, mittelblondes Haar,
stahlblaue Augen und das ebenmäßigste Gesicht, das ich je gesehen hatte.
Die Art, wie er mich anlächelte, haute mich echt um. Ich dachte: „Bei Gott,
wenn ich meinen Platz mit irgendjemandem in diesem Bus teilen soll,
dann hoffe ich nur, daß du es bist!" Dann merkte ich, daß ich ihn anstarrte,
deshalb duckte ich mich sofort wieder hinter den Sitz. Wieder fühlte ich
mich wie ein Idiot.

Binnen einer Minute oder so spürte ich, wie jemand mich ansah - Sie
wissen, was ich meine? Ich schaute auf, und dort stand er, direkt über mir,
mit diesem ihm eigenen breiten Grinsen! Mein Herz stand still. Sofort
machte ich den Platz frei und hoffte, daß er sich neben mich setzen würde.
Doch stattdessen tauchte aus dem Nichts ein Soldat auf, der von Übersee
heimkehrte, und nahm neben mir Platz.

Den Mund voller Essen, von dem er mir die Hälfte ins Gesicht spuckte,
wenn er sprach, sagte er hallo und fing an, mir alles über seine letzte Dienst-
reise zu erzählen. Ich sah den Fremden an und dachte: Na großartig! Ich
war nun ernsthaft angewidert. Dann bemerkte ich, daß der Fremde sich neben dem Kumpel meines Sitznachbarn niedergelassen hatte. Ich konnte
hören, wie er mit dem Kameraden sprach, und ich konnte nicht glauben,
was ich hörte. Er sagte zu ihm: „Ich sehe, daß Sie nach Ihrer langen Reise
sehr müde sind. Da drüben ist ein leerer Platz. Wenn Sie wollen, werde ich
mit Ihrem Kumpel die Sitze tauschen, und Sie können den leeren Platz haben. So können Sie und Ihr Kumpel ein wenig schafen. Ich habe nichts dagegen, neben der jungen Dame Platz zu nehmen."

Alle stimmten dem Platzwechsel zu, und bald fand ich mich neben ihm
wieder! Er wandte sich mir prompt zu und sagte: „Hi! Die Typen taten mir
leid. Ich wußte, daß sie müde sind. Doch ich wollte wirklich neben Ihnen
sitzen. Darum habe ich sie die Plätze tauschen lassen." Da war dieses
Lächeln wieder! Ich konnte es kaum aushalten. Dann fragte er mich, was
ich auf meiner Reise gemacht hätte und wo ich gewesen sei. Ich wollte ihm
nichts über UFOs erzählen, deshalb sagte ich ihm bloß, daß ich in New
York gewesen sei, um Freunde zu besuchen und mich ein wenig umzuse-

hen. Prompt warf er seinen Kopf zurück und sagte lachend: „Oh, die Außerirdischen werden das mögen!" Ich ließ meinen Kiefer herunterfallen. (Ich bin sicher, das sah reizend aus!) Ich schaute ihn an und sagte: „Entschuldigung! Ich habe nichts von Außerirdischen erwähnt. Warum haben Sie das gesagt?" Er sah mich nur mit diesem Lächeln an und sagte: „Machen Sie sich nichts draus."

Das war erst der Anfang. Ich stand im Begriff, die verrückteste Reise meines Lebens zu machen. Und „Lars" sollte der ungewöhnlichste Mensch sein, den ich je kennengelernt habe.

Leider muß ich ein Pseudonym für den fremden, wunderbaren Mann verwenden, den ich auf meiner Heimfahrt kennenlernte. Ich kann ihn nicht ausfindig machen, um seine Erlaubnis einzuholen, seinen Namen zu verwenden. Vielleicht liest er dies, und ich kann nur hoffen, daß er versuchen wird, mich über den Verleger zu erreichen. Ich habe ein paar Fragen an ihn und würde sehr gerne wieder mit ihm sprechen!

Als der Bus aus dem Bahnhof ausfuhr, fing Lars an, mir alle Arten von Fragen zu stellen. Er wollte wissen, was ich tun würde, wenn ich nach Hause käme, ob ich verheiratet sei und Kinder hätte. Ich schaffte es, selbst ein paar Fragen zu stellen, ehe ich gänzlich in seinen „Bann" geriet. Ich fand heraus, daß er dreiunddreißig Jahre alt war, daß er gerne Eisspeedway fuhr und für einen Freund arbeitete, der ein Motorrad-Kurier-Unternehmen in Cincinnati betrieb. Er sagte mir, er liebe Kinder und glaube, daß es wirklich schön sein müsse, wenn ein Stück von einem selbst nach seinem Tod in einem Kind weiterlebe. Er erzählte, daß er irgendwo an der Ostküste gewesen sei, um einen Freund zu besuchen, dessen Kind in einen Unfall verwickelt worden sei und einen Hirnschaden erlitten habe. Er behauptete, er wisse von einer Klinik dort, die Hirnforschung betreibe. Sie hätten einen Weg entwickelt, das Gehirn von Hirngeschädigten dazu zu bringen, neue Zellen zu bilden. Er sprach so fachmännisch, daß ich glaubte, er müsse eine Art Arzt sein. Ich bemerkte, wie extrem sanft und weich seine Stimme war, und er schien mit einer Art Singsang-Akzent zu reden. Er war sehr schwach, so schwach, daß ich tatsächlich zuerst dachte, er täusche ihn vor, um mir zu gefallen. Ich fragte ihn, woher er komme, und er erzählte mir, er sei aus Schweden. Eigentlich sagte er, er sei „aus der Nähe von Schweden". Das ergab nicht viel Sinn. Für mich klang es nicht wie ein schwedischer Akzent, doch was wußte ich schon? Später merkte ich, daß er tatsächlich von irgendwo außerhalb den USA kam, denn er las mir aus einer Zeitung vor, die in irgendeiner fremden Sprache geschrieben war. Es war total süß, wie er seinen Arm um mich legte und die Zeitung über unsere Schöße ausbreitete, mir daraus vorlas und mich jedes Wort wiederholen ließ, wie er es in seiner Sprache ausgesprochen hatte, und mir dann sagte, was es auf englisch bedeutete. Es erinnerte mich an einen Vater, der seinem kleinen Mädchen die Komikseiten vorliest. So fühlte ich mich auch, wie sein kleines Mädchen unter seiner Obhut.

Während der ganzen Reise war er mir gegenüber extrem fürsorglich. Ich glaube, es vergingen keine fünf Minuten, in denen er mich nicht fragte, ob es mir gut gehe oder ob ich irgendetwas brauche. Im Rückblick frage ich mich, woher er wußte, daß ich zu dieser Zeit so bedürftig war? Ich glaube nicht, daß meine inneren Gefühle äußerlich so offensichtlich waren, besonders nicht für einen Fremden. Ich bin einfach zu gut darin, meine Gefühle zu verbergen, damit man sie nicht bemerkt. Woher wußte er, daß ich mich an einem Wendepunkt meines Lebens befand und wahrscheinlich verletzbarer war als je zuvor? Merkte er, daß er als mein Schutzengel fungierte, oder entzog sich dies auch seiner Kontrolle? Was auch immer der Fall war, ich werde seine Freundlichkeit nie vergessen, doch ich werde auch nicht in der Lage sein, ihm richtig zu danken.

Nach einer Weile bemerkte ich, daß er keinerlei Anzeichen von Bartwuchs aufwies, obwohl wir mehr als siebzehn Stunden zusammen waren. Ich bemerkte auch, wann immer er mich, wenn auch leicht, am Arm oder im Gesicht berührte, daß seine Hände ausgesprochen warm waren, und ich konnte diese Wärme durch meinen ganzen Körper fließen spüren, was mich entspannte und beruhigte. Ich merkte zu dieser Zeit nicht, wie ungewöhnlich dies alles war.

Irgendwann in der Mitte der Nacht legte der Bus einen unplanmäßigen Stop ein. Es schien, daß Lars und ich die einzigen im ganzen Bus waren, die wach waren. Wo auch immer es war, es war stockfinstere Nacht, und wir konnten außerhalb des Busses nichts erkennen, außer dem Wenigen, das von den seitlichen Fahrtlichtern beleuchtet wurde. Ich sah, wie der Fahrer aus dem Bus ausstieg und in die Dunkelheit der Nacht losstapfte. Ich fragte mich, wohin er ging. Wenn er auf die Toilette mußte, es gab eine hinten im Bus, warum sollte er also dafür hinausgehen? Dann fragte ich mich, ob er etwas am Bus selbst überprüfen wollte. Warum ging er hinaus in die Nacht und nicht um den Bus herum? Es ergab für mich einfach keinen Sinn. Ich erzählte dies Lars, und er sagte mir, ich solle mir darüber keine Sorgen machen. Ich schätze, wir hielten dort mindestens fünf Minuten.

Als der Busfahrer zurückkehrte, fuhren wir eine Weile weiter. Dann hielten wir an einer merkwürdig aussehenden LKW-Raststätte mit einem Restaurant. Zu diesem Zeitpunkt war ich die einzige im Bus, die wach war. Selbst Lars war mit dem Kopf an meiner Schulter eingeschlafen. Ich mußte über ihn klettern, um aus dem Bus herauszukommen. Er war totmüde. Der Busfahrer folgte mir in die Raststätte.

Ich hatte Hunger, deshalb ging ich zur Essenstheke. Ich bemerkte, daß ich, der Fahrer, der sich eine Tasse Kaffee geholt hatte, und ein alter Mann und zwei Mädchen die einzigen Menschen in der ganzen Raststätte waren. Der alte Mann und die beiden Mädchen arbeiteten in der Raststätte. Und alle starrten mich an! Ich bemerkte, daß sie alle die gleichen großen dunklen Augen hatten wie der Busfahrer, und ihr Starren vermittelte mir eine Gänsehaut. Ich tat es ab, indem ich mir sagte, daß ich nur müde und ausgelaugt war, sowohl physisch als auch geistig.

Ich kaufte mir ein Sandwich und etwas Orangensaft. Ich dachte, wenn ich etwas äße, würde ich mich besser fühlen, und die Dinge würden mich nicht so sehr beschleichen. Als ich mich hinsetzte, um zu essen, bemerkte ich, daß sie mich noch intensiver als zuvor anstarrten. Junge, das war vielleicht schwer zu ertragen!

Als ich aß, merkte ich, daß das Sandwich genauso schmeckte wie der Orangensaft, und beides schmeckte wie Pappe. Doch ich hatte Hunger, und deshalb aß ich es. Von Zeit zu Zeit schaute ich auf und sah, wie der Busfahrer, der alte Mann und die beiden Mädchen gegen die Wand lehnten und mich immer noch ansahen! Sie alle hatten ein komisches Grinsen im Gesicht. Na gut, sie sind also verrückt. Was war das schließlich für ein Leben, wenn man um zwei Uhr morgens in einer Raststätte arbeiten mußte? (Ich meine dies, wohlgemerkt, nicht persönlich.)

Ich aß zu Ende und merkte dann, daß ich zur Toilette mußte. Ich ging nach hinten zur Toilette und fand es ein wenig merkwürdig, daß es nur ein Klo gab, schließlich sollte dies eine Raststätte für Busse und LKWs sein. Ich dachte auch bei mir, wie ungewöhnlich dieses Gebäude für eine Raststätte aussah. Es war ziemlich gepflegt, ganz rund und voller Panoramafenster.

Als ich meine Hände wusch, schaute ich in den Spiegel. Einen kurzen Augenblick lang glaubte ich nicht, wie erwartet, mein eigenes Spiegelbild zu sehen, sondern das Bild eines kleinen blonden Mädchens, das ich nicht kannte. Sie trug einen kobaltblauen Rollkragenpullover. Brr! Was war bloß in diesem beschissenen Essen gewesen? Ich rieb mir die Augen und schaute noch einmal hin. Gottseidank sah ich diesmal die häßliche Visage, die ich immer sehe, wenn ich in den Spiegel schaue. Es war Zeit, zurück zum Bus zu gehen, jetzt!

Als ich an dem alten Mann, den Mädchen und dem Busfahrer vorbeiging, nickten sie mir alle zu. Adios, Verrückte! Kümmert euch um euren eigenen Mist! dachte ich bei mir. Ein einsamer Passagier war aus dem Bus gewankt, während ich auf der Toilette war. Er ging an mir vorbei, als ich mich zurück zum Bus aufmachte. Er sah mich an, als ob ich verrückt wäre, und er war halb apathisch. Er rieb sich die Augen und schüttelte seinen Kopf, drehte sich dann um und bestieg den Bus direkt hinter mir.

Dann fuhren wir ab. Inzwischen war Lars wach geworden und wunderte sich, wo ich gewesen war. Er hatte ein komisches Grinsen im Gesicht und fragte mich, wo ich gewesen sei und ob mir mein Imbiß geschmeckt hätte. Wir setzten unsere Unterhaltung fort.

Plötzlich platzte er heraus, er wünschte, er könne genau jetzt mit mir tanzen. Es war seltsam, daß er dies sagte, und doch hatte es für mich eine Bedeutung. Wenn ich mich zu Hause gestreßt fühlte oder mich einfach gehen lassen wollte, drehte ich meine Stereoanlage ganz laut auf und tanzte mir alles von der Seele. Musik bedeutet mir sehr viel, und wenn ich tanze, „werde" ich die Musik. Sie strömt durch mich hindurch und bewegt mich. Es ist kein hübscher Anblick, doch ich genieße es wirklich, dies zu tun. Darum tue ich es, wenn ich allein zu Hause bin. Häufig überkam mich dieses zermürbende Gefühl, als ob mich jemand beobachtete, doch ihm war es egal, wie ich aussah, er wollte nur mit mir tanzen und tat es. Er genoß die Freiheit meines Geistes, wenn ich dies tat. Es klingt vielleicht blöd, doch nun dachte ich, du mußt derjenige gewesen sein, der mit mir tanzte. Ich war definitiv nicht ich selbst auf dieser Busreise! Als ich dies dachte, sah mich Lars nur an und lächelte.

Irgendwann wandte er sich mir zu, nahm mein Gesicht in seine Hände und strich mein Haar hinter die Ohren zurück. Er sagte, so würden die Frauen dort, wo er herkäme, ihr Haar tragen, und es sehe wunderschön aus, wenn ich mein Haar so trage. Dann fragte er mich, ob er mich küssen dürfe. Ich sagte „ja". Das war überhaupt nicht meine Art, ich küsse nicht einfach jeden, besonders nicht irgendeinen Fremden in einem Bus! Es war der sanfteste, zärtlichste Kuß, den ich je bekam, und als er aufhörte, sah er mich an, als ob er in seinem ganzen Leben nie zuvor jemanden geküßt hätte, und er tat so, als ob es ihm gefiele. Glauben Sie mir, ich küsse nicht irgendjemanden von sonstwoher, und ich bin sicher nicht besonders gut darin! Aus der Art, wie er sich verhielt, hätte man schließen können, ich sei Venus, die Göttin der Liebe, oder so etwas!

Ab diesem Punkt, denke ich, befand ich mich in einer Art Trance, weil ich einfach keine Fremden küsse, ja, ich beachte sie meistens nicht einmal.

Auf der Reise nach New York schlief ich überhaupt nicht und saß da, meine Handtasche halb um meinen Kopf gewickelt, um mich vor Fremden zu schützen. Die Art, wie ich mich nun benahm, war mir in keinster Weise ähnlich.

Als es dämmerte, erreichten wir schließlich Columbus, Ohio. Lars mußte aussteigen und rund eine Stunde später einen anderen Bus nach Cincinnati nehmen. Ich hatte eine Stunde Aufenthalt, bis mein Bus nach Indianapolis starten würde. Wir beschlossen, in den Burger King im Bahnhof zu gehen, um etwas zu frühstücken. Als wir anfingen zu bestellen, drehte sich Lars zu mir um und fragte mich, was der Unterschied zwischen Schinken und Wurst sei. Dann fragte er mich, was er essen solle. Ich erklärte ihm den Unterschied zwischen den beiden Lebensmitteln und sagte ihm, daß ich beides möge. Er fuhr fort, fast von allem etwas aus der Karte zu bestellen. Als er sah, wie klein die Orangensaft-Gläser waren, beschwerte er sich laut und bestellte dann vier davon. Die Mädchen, die uns bedienten, sahen ihn an, als ob er ein Alien mit grünen Haaren sei. Mir war es ein wenig peinlich, wie verrückt er sich benahm, doch ein Lächeln von ihm, und ich vergaß das Ganze. Ich bekam mein Essen, und wir setzten uns. Als ich dort saß und ihn anschaute, dachte ich bei mir, ich möchte diesen Mann nicht verlassen! Ich weiß nicht, ob ich ohne ihn leben kann. Verdammt, ich werde ihn nie wieder sehen, und er weiß nicht einmal meine Adresse oder meine Telefonnummer. Als ich dies gerade dachte, sah er mit einem bestürzten Gesichtsausdruck zu mir auf. Dann verwandelte sich dieser sofort wieder in sein wunderbares Lächeln, und er stieß mit vollem Mund hervor: „Mach dir keine Sorgen, wir werden uns wiedersehen. Gib mir deine Adresse und deine Telefonnummer." Dann sagte er mir, es gebe in der Nähe meiner Heimat einen Ort, zu dem er mich eines Tages mitnehmen wolle. Es sei ein langer, silberner Caravan, und er werde mich dorthin mitnehmen, um zu essen und zu tanzen. Er konnte nicht versprechen, wann er zurückkommen werde. Es könne Monate oder Jahre dauern, doch er werde eines Tages zurückkommen, um mich zu sehen, versprochen. Ich glaubte ihm damals und tue es immer noch. Ich würde mich nicht wundern, wenn es eines Tages an meiner Haustür klopfen würde, und er stünde da.

Ich sagte: „Was aber, wenn ich umziehe oder so?" Und er sagte: „Mach dir keine Sorgen, ich werde dich finden."

Nachdem wir gegessen hatten, hatten wir immer noch eine Menge Zeit bis unsere Busse abfuhren. Wir beschlossen deshalb, um die Busstation herumzuspazieren. Wir gingen an einer Gruppe von Leuten vorbei, die auf den Bänken saßen und gekleidet waren wie altmodische Amish-People. Sie starrten uns ein Loch in den Bauch, als wir vorbeigingen. Ich schätze, wir waren ein merkwürdiger Anblick, er so groß und ich so klein, doch der seltsame Blick, den sie uns zuwarfen, konnte nicht nur unsere unterschiedliche Größe betreffen. Sie schauten uns eigentlich völlig sprachlos an. Ich sprach gerade mit Lars, als ich sie bemerkte. Es war fast, als ob ich mit mir selbst reden würde, und sie dachten, ich sei irgendwie verrückt. Ich kam nie dahinter.

Ich beschloß, noch einmal auf die Toilette zu gehen, ehe ich aufbrach, und ich sagte ihm das. „In Ordnung", sagte er, und als ich durch die Tür des Waschraums ging, begann er, mir dort hinein zu folgen! Ich erklärte ihm schnell, daß er hier nicht hineingehen solle, und zeigte ihm das kleine internationale Symbol für Frau an der Tür. Ich erklärte ihm, daß die Figur mit dem Rock für Damen stehe, und zeigte dann auf den kleinen Mann an der anderen Tür. Ich sagte ihm, er solle die Tür mit dem kleinen Mann darauf benutzen, da er ein Mann sei. Als ich meine Hände wusch, schüttelte ich meinen Kopf und meinte laut: „Ich dachte, internationale Symbole sollten genau das sein - für jede Nationalität verständlich." Was soll's.

Als ich die äußere Tür des Waschraums aufstieß, warf ich ihn fast um! Er hatte die ganze Zeit, während ich dort war, an der Tür zum Waschraum gestanden, um sicherzugehen, daß alles in Ordnung mit mir sei, oder vielleicht, um sicherzugehen, daß ich wieder herauskäme! Kein Wunder, daß niemand hereinkam, während ich drinnen war. Er schreckte wahrscheinlich jede Frau ab! Als wir weitergingen, klagte er: „Ich habe ein komisches Gefühl hier." Er zeigte auf seinen Bauch. Ich sagte ihm, daß sein Magen wahrscheinlich in Aufruhr sei von all dem Mist, den wir im Burger King gegessen hatten. Ich fragte ihn, ob ihm übel sei. Er fragte mich, was das bedeute. Ich sagte: „Es ist, wie wenn du dich übergeben mußt, weißt du?" Er verstand es immer noch nicht. Dann sagte ich: „Das bedeutet, daß all das Zeug, das du dir in den Magen gestopft hast, durch die Speiseröhre hochsteigt und aus deinem Mund zurückkommt." (Was für ein Idiot! dachte ich. Kotzen die nicht in Schweden?) Er sagte: „Ja, so ist glaube ich das Gefühl, das ich habe." Ich sagte ihm, daß ich ein paar Pepto Bismo-Tabletten in meiner Handtasche hätte und daß er gerne ein paar haben könne, wenn er sie brauche. Natürlich wußte er nicht, was das war, und zeigte sich sehr interessiert an ihnen. Ich mußte ihm erklären, wie sie den Magen auskleideten, um das unangenehme Gefühl zu besänftigen, das er gerade hatte. Ich gab ihm ein paar Tabletten. Er bestand darauf, die Schachtel zu sehen, und fuhr dann fort, alle Inhaltsstoffe laut vorzulesen, mit starker Faszination in seinen Augen und seiner Stimme. Ich war erstaunt. Dann, statt ein paar von ihnen zu kauen, steckte er sie in seine Tasche. Als ich ihm sagte, daß sie ihm in seiner Tasche nicht viel nützen würden, bekam er einen verwirrten Gesichtsausdruck. Dann sagte er etwas in der Art, daß er sie später nehmen werde. Ein Anflug von Verlegenheit lag in seiner Stimme.

Als wir das Ende des Bahnhofs erreichten, bemerkte ich eine Reihe von Zeitungsständern in der Nähe der Ausgangstüren. Er lief auf sie zu und sagte mehrere Male, wie bunt unsere Zeitungen seien. Dann bat er mich, ihm eine zu kaufen. Das tat ich, und es schien ihm großes Vergnügen zu bereiten, darin zu blättern.

Viel zu schnell war es Zeit für mich, in meinen Bus einzusteigen. Als ich die Aufforderung hörte, in den Bus einzusteigen, sank mein Herz. Mir war zum Heulen zumute. Lars begleitete mich zur Tür, und als ich mich anschickte einzusteigen, sagte er zu mir: „Wenn du im Bus bist, lies die Zeitung, die du für mich gekauft hast, und setz deine Radiokopfhörer auf und hör der Musik zu. Es wird dir jetzt gut gehen, und denk daran, ich werde dich nie vergessen, und ich werde dich eines Tages wiedersehen. Dies verspreche ich dir aus ganzem Herzen."

Ich tat einfach, was er mir gesagt hatte, und ich weinte mir dabei das Herz aus. Ich konnte nicht glauben, daß er weg war. Ich fühlte mich, als ob ich ohne ihn sterben würde! Was hatte er mit mir gemacht? Warum fühlte ich mich so? Wenn er mich gebeten hätte, mit ihm nach Cincinnati zu gehen, hätte ich es getan. Vergessen waren meine Kinder und mein Freund. Er war es. Junge, ich war wirklich überhaupt nicht ich selbst!

Als ich mein Radio anstellte, fing ein Lied an, das mir wie nur für mich bestimmt erschien. Der Titel des Liedes war: „This Much Is True" von Spandau Ballet. Ich schlug eine Doppelseite in der Zeitung auf, die er mir gegeben hatte, und sie handelte von vermißten Kindern. Ich schaute auf all diese kleinen lieben Gesichter, die meinen Schoß bedeckten. Dann erinnerte ich mich an meine eigenen beiden Kinder. Ich konnte es nicht erwarten, nach Hause zu kommen. Diese Bilder waren wie ein Schlag ins Gesicht, zurück in die Realität.

Als ich ankam, erwarteten mich mein Freund und meine Kinder. Es tat so gut, sie wiederzusehen! Ich aß sie fast auf. Doch im Hinterkopf dachte ich an Lars. Später, als wir nach Hause kamen, erzählte ich James von Lars. Ich sagte ihm alles. Ich merkte zu dieser Zeit nicht, wie sehr es seine Gefühle verletzte zu sehen, wie seine Freundin so aufgewühlt wegen eines fremden Mannes war. Er machte mich auch darauf aufmerksam, wie komisch dieser Typ war. Ich hatte nicht bemerkt, wie seltsam Lars sich wirklich verhielt. Doch es änderte nichts daran, was ich für ihn empfand. James überzeugte mich, Budd anzurufen und ihm von meiner Busheimreise zu erzählen.

Ich rief Budd an, und er war total fasziniert von meiner Reisegeschichte. Er war sogar noch mehr daran interessiert, wie ich darauf reagiert hatte und wie ich noch immer darauf reagierte. Ich brach jedes Mal in Tränen aus, wenn ich an Lars dachte. Ich glaube, ich weinte während des ganzen Gesprächs. Mein Herz sehnte sich nach ihm, danach, wieder mit ihm zusammenzusein. Ihm nur nahe zu sein, seine sanfte melodische Stimme wiederzuhören, hätte mir gereicht. Ich hatte das Gefühl, daß ich wirklich verrückt wurde.

Ich wandte ein wenig Selbsthypnose an, um mich daran zu erinnern, wo Lars gesagt hatte, daß er in Cincinnati arbeite, und es funktionierte, ich erinnerte mich! Budd nahm dieses Stückchen Information und fand Lars tatsächlich. Er war eine wirkliche Person, nicht irgendein Außerirdischer oder Engel. Gottseidank!

Budd hatte ein langes Gespräch mit Lars' Jugendfreund und fand heraus, daß alles, was er mir erzählt hatte, wahr war. Er fand auch ein paar interessantere kleinere Details über Lars heraus. Offenbar war Lars ein ziemlich exzentrischer Mann, der sehr interessiert an allem war, was mit dem Okkulten oder paranormalen Phänomenen einschließlich UFOs zu tun hatte. Wir fanden auch heraus, daß er von mir fasziniert war und ständig über mich gesprochen hatte, seit er nach Hause zurückgekehrt war. Sein Freund erzählte Budd, daß Lars die Angewohnheit hatte zu verschwinden, manchmal für lange Zeit, etwa Jahre, und niemand wußte dann, wo er war oder ob er überhaupt noch lebte. Schließlich kam er zurück, als ob er nie weggewesen wäre, ohne zu erwähnen, wo er die ganze Zeit gewesen war.

Budd gab mir die Telefonnummer seines Freundes, und mein Herz klopfte, als ich sie wählte. Ich fragte nach Lars, und ein paar Augenblicke später konnte ich diese sanfte süße Stimme wiederhören. Wir hatten ein nettes Gespräch, und ich sagte ihm, daß er mir fehle. Er versicherte mir noch einmal, daß wir uns eines Tages definitiv wiedertreffen würden und daß er seit unserer Reise ebenfalls oft an mich gedacht hätte. Ich bekam seine Adresse und sagte ihm, daß ich ihm etwas schicken wolle, ein kleines Andenken daran, wie sehr ich seine Begleitung während meiner Heimreise geschätzt hatte. Ich schickte ihm eine Bronzemünze mit zwei in Freundschaft umklammerten Händen darauf und eine kleine Dankesnotiz. Er rief mich noch einmal an, um mir zu sagen, daß er das Geschenk erhalten hätte, daß es ihm sehr gefalle und daß er es immer bei sich tragen wolle. Und jedes Mal, wenn er es ansehe, würde er an mich denken. Dies war das letzte Mal, daß ich mit Lars sprach.

6
Kathy
Geistige Spiele

Als Debbie an der Bus-Endstation in New York ausstieg, saß ich zu Hause und fragte mich, ob ich die richtige Entscheidung getroffen hatte, mich und meine Familie von Budds Untersuchung auszunehmen. Wollte ich im Schatten bleiben, weil es einfacher war oder weil es sicherer war, den Deckel auf der Büchse der Pandora zu lassen?

Viele aus der Familie hatten mit Budd am Telefon gesprochen, und er hatte Debbie und mich eingeladen, ihn in New York zu besuchen, um ihn und seine Familie kennenzulernen. Er sprach von einer Ärztin, die uns kennenlernen und Hypnose testen wollte, um die Einzelheiten aufzudecken, an die wir uns bewußt nicht erinnern konnten.

Schon das Wort Hypnose bereitete mir Unbehagen. Die Migränekopfschmerzen waren noch immer allzu präsent.

Johnny war total dagegen, und er erinnerte mich ebenfalls an meine Kopfschmerzen.

Meine vier Kinder hatten bereits angefangen, über die ganze Situation zu lachen. Die Yankees und die Konföderierten zerrten nun ein wenig stärker, und ich rang nach Antworten auf all die Fragen, die mein Bewußtsein mir stellte.

Die Konföderierten siegten, und ich entschied mich dagegen, mit Debbie nach New York zu fahren. Finanziell war ich nicht so stabil. Zu dieser Zeit hatte ich das Gefühl, ich könne mir keine Woche von der Arbeit freinehmen. Ich dachte auch, daß mein Haus bei der Rückkehr ein Schlachtfeld sein würde, wenn ich meine Familie für eine ganze Woche verließe. Sie müssen bedenken, daß Budd für uns schließlich ein total Fremder war, aus einer Stadt, die einer Provinzlerin wie mir sehr beängstigend erschien.

Wir lebten in einer sehr kleinen Stadt, in der jeder wußte, was der andere tat. Ich konnte mir schon ausmalen, wie meine Kinder die Zeichnung eines Aliens mit in die Schule nahmen, um sie herumzuzeigen. Der Titel würde lauten: „Der Sommer, in dem meine Mutter verrückt wurde." Sie alle lachten untereinander darüber, doch außerhalb des Hauses wäre das keineswegs lustig.

Dann war da Johnny, der am lautesten lachte. Seine Freunde bestanden aus einem Haufen von Typen, die sich regelmäßig trafen und die sicherlich nichts davon verstehen konnten. Ihre Frauen waren meine Freundinnen, und es war so merkwürdig, daß all diese Frauen wirklich an UFOs und Außerirdische glaubten, und eine meiner besten Freundinnen hatte diesbezüglich sogar eine eigene Story.

Wir alle verbrachten an Wochenenden eine Menge Zeit miteinander, und wenn das UFO-Thema überhaupt aufkam, brüllten die Männer, einschließlich Johnny, vor Lachen. Es würde wirklich sehr hart für ihn sein zuzugeben, daß er möglicherweise daran glaubte, und er würde seine Freunde kaum davon abhalten können, ihn fürchterlich auszulachen.

Doch meine Barrikade bestand noch aus ein paar weiteren Steinen, die sie sogar noch höher auftürmten.

Kurz nachdem Debbie zurückkehrte, kam Budd aus New York, um uns kennenzulernen. Ich fand ihn sehr sympathisch, und er wußte sicherlich eine Menge interessanter Geschichten über andere Menschen zu erzählen, die UFO-Begegnungen hatten.

Aus Neugierde erklärte ich mich zu einer Sitzung unter leichter Hypnose einverstanden. Ich war sehr nervös, und mein Magen hörte nicht auf zu rumoren. Als ich spürte, wie ich mich zu entspannen begann, fragte ich mich jedoch, warum jemand sich so sehr bemühen mußte, um sich an einen Teil seines Lebens zu erinnern. Warum sind die meisten UFO-Entführungen im Gedächtnis der Betroffenen blockiert? Ist es eine Art Selbstschutz, daß jemand sich unbewußt weigert, sich an ein solches Trauma zu erinnern, oder sind die Erinnerungen gemäß dem Willen einer stärkeren Kraft blockiert - einer Kraft, die einem befiehlt, sich nicht zu erinnern, die verlangt, daß du tust, was auch immer sie wollen, die dich weiterhin dominiert, sogar noch Jahre später, Jahrzehnte später oder vielleicht für immer?

Ich war nun entspannter, dachte an Meereswellen, sanfte Bewegung. Ich atmete ein und aus, langsam, systematisch. Jeder Atemzug schien Jahre meines Lebens abzustreifen. Ich ging zurück zu einer Zeit, als mein

Leben sorglos war, zurück zu den Tagen der Jugend, die endlos erschienen, zurück zu den Tagen, in denen ich ein selbstsicherer Teenager war.

Geistig konnte ich sehen, wie ich mich der Stelle meiner Begegnung näherte. Ich saß hinter dem Steuer des Autos meines Großvaters, das er unserer Familie bei seinem Tod hinterlassen hatte. Ich wußte, daß das Auto auf den leeren Parkplatz fuhr, doch ich konnte nicht sagen, ob ich es freiwillig oder unfreiwillig dorthin lenkte. Als nächstes erinnere ich mich daran, wie ich hochschaue und das UFO über meinem Auto schweben sehe. Ich gehe zu schnell vor; mein Geist erzählt mir dieselbe programmierte Version der Geschichte, die ich zwanzig Jahre lang berichtet habe. Ich werde gebeten zurückzugehen, klar zu denken und mein Tun in dieser Nacht zu hinterfragen. Mir wird gesagt, daß ich sicher bin, daß mir nichts geschehen wird. Ich erinnere mich nur an das, was bereits passiert ist. Erinnerungen können mich nicht verletzen.

Ich bin eine Zeitlang still. Ich möchte mich nicht erinnern.

Was tue ich hier? Wie könnte ich mich dazu drängen lassen, mich an etwas zu erinnern, das ich nicht will?

Bilder huschen durch meinen Geist. Meine Gedanken rasen zurück zu jener Nacht.

Ist es zu spät, um aufzustehen und aus dem Zimmer zu laufen? Ich setze mein Schweigen fort, als ob ich einem vergessenen Schwur oder einem vergessenen Befehl Folge leiste.

Aufblitzende Erinnerungen beschleunigen meinen Atem. Ich kann bereits sagen, daß dies keineswegs lustig werden wird.

Nach mehreren Minuten offenbaren sich in einem schmerzvollen Melodrama vergessene Geheimnisse. Ich sehe nun, daß ich noch immer in meinem Auto bin, doch ich bin mir bewußt, daß sich mein Auto nicht mehr auf dem Boden befindet. Ich sehe mich selbst wie eine Fremde aus der Perspektive der Vergangenheit, wie ich aus den Seitenfenstern meines Autos auf das Straßenpflaster nach unten blicke. Auf dem leeren Pflaster ist ein heller Kreis aus Licht, der auf die Stelle zielt, an der mein Auto zuvor stand. Ich bin mir der Kälte auf meiner Haut bewußt, als ich meine Reise in die Vergangenheit fortsetze.

Mein nächster Gedanke ist, daß ich noch immer in meinem Auto bin, doch mein Auto befindet sich in einer geschlossenen Zone, einer Art Raum. Ich bin nicht in der Lage, die verschwommene Umgebung deutlich zu erkennen. Sie erscheint dunkel, doch ich bin mir nicht sicher, ob es wirklich dunkel ist oder ob mein Geist mich nicht klar sehen läßt. Ein

Licht kommt aus einem Eingang, der zu einem anderen Raum führt. Das verschwommene Licht ist hell, doch es erleuchtet nicht den Raum, in dem mein Auto sich befindet.

Wenn ich zurückschaue, erinnert mich dieses Licht an mein Fenster als Kind, eine Türöffnung zu einer anderen Welt, in der ich aufwache und mich allein wiederfinde.

In dem Licht, das aus der Türöffnung dringt, kann ich sehen, wie sich die Umrisse dreier menschenähnlicher Wesen abheben. Ich kann keine Gesichtszüge erkennen. Die Gestalten stehen da als Schatten, vielleicht ein Versuch oder Befehl meines Unterbewußtseins, mich vor einem beängstigenderen Anblick zu schützen. Vielleicht sah ich ihre Gesichter vor zwanzig Jahren, aber weigere mich heute, mich an sie zu erinnern. Sie sind kleinwüchsig, sind schätzungsweise ein Meter zwanzig groß. Ihre Arme erscheinen lang im Verhältnis zu ihrem Körper, und ihre Köpfe sind groß und rundlich, verengen sich leicht dort, wo das Kinn wäre. Die Gestalt in der Mitte erscheint irgendwie größer als die der anderen beiden. Vielleicht stand er nur näher zu mir.

Ich kann mich nicht erinnern, daß einer der drei zu mir gesprochen hätte, doch ich wußte, daß ich aus meinem Auto aussteigen mußte. Ich wußte auch, daß ich in den erleuchteten Raum gehen mußte. Ich wußte nicht oder erinnerte mich nicht, warum, doch ich wußte, ich mußte gehen. Ich wollte nicht. Ich hatte Angst. Ich wollte jetzt aufwachen. Die Sitzung dauerte ziemlich lange mit einer Reihe von langen schweigsamen Pausen, als ich mich weigerte zu sagen, an was mein Geist sich erinnerte. Warum konnte ich es nicht sagen? Warum wollte ich es nicht sagen? Warum sage ich es jetzt?

Ein Aspekt meiner Begegnung bereitete mir mehr Kopfzerbrechen als der offensichtliche Zeitverlust und die eigentliche Sichtung. Wenn es außerirdische Wesen gibt, die die Macht haben, mein Auto nach ihrem Willen von der Straße zu ziehen, totale Kontrolle über meinen Geist und meinen Körper zu ergreifen, - warum haben sie mir dann für ein paar flüchtige Augenblicke den unverstellten Blick auf ihr Raumschiff gestattet, den ich für immer in meinem Gedächtnis behalten sollte? Haben sie einfach mein Auto und mich genommen, ihre Zwecke erfüllt und mich zurück auf die Straße gestellt ohne irgendeine Erinnerung, daß sie überhaupt existieren, so daß ich keine Geschichte hatte, die ich erzählen konnte, keine Erinnerungen, die ich aufdecken konnte, nichts, wonach ich kontinuierlich weitersuchen konnte? Wollen sie, daß ihre „Opfer" sich teilweise erinnern, nach Antworten fragen, ja wollen sie die Bevölkerung nach ihrem Gutdünken geistig erziehen? Kalkulieren sie die Reaktion ein? Zählen sie die Anzahl? Lachen sie über unsere primitiven Erklärungen? Tut es ihnen leid, wenn wir beunruhigt sind? Entwickeln wir uns so schnell weiter, wie sie meinen, daß wir es sollten? Sehen sie uns so, wie sie vor langer Zeit waren?

Ich kann fühlen, daß sie uns nichts Böses tun wollen. Bei ihrer fortgeschrittenen Technologie könnten wir sie mit unserer Verteidigung nicht herausfordern.

Warum beobachten sie uns weiterhin und wir sie? Warum können sie sich nicht allen zeigen? Worauf warten sie?

Ein paar Stücke meines Puzzles waren an die richtige Stelle gerückt. Ich hatte mich endlich erinnert. Nun kenne ich ein paar Teile mehr von dem, was mir wirklich in dieser Nacht als unschuldiger Sechzehnjähriger geschah, und das wenige, an das ich mich tatsächlich erinnerte, war nun mehr, als ich erinnern wollte. Bis auf meine Schlafwandler-Episoden war mein Leben zwanzig Jahre lang ziemlich normal gewesen. Bewußt hatte ich nicht gemerkt, daß meinem Sein von jemandem oder etwas außerhalb dieses Planeten Gewalt angetan worden wäre. Mein Geist war von Eindringlingen vergewaltigt worden.

Es ist eine Sache, sie aus einer Distanz zu beobachten, wie sie herumschweben und dich gerade genug sehen lassen, um dein Interesse wachzuhalten, doch wenn sie dich mißhandeln und dich mit ihrem Geist bewegen, das ist eine andere Sache.

Das Puzzle war noch immer unvollständig. Ich wußte, daß ich in den erleuchteten Raum gehen mußte, doch was geschah dort drinnen? Was machten sie mit mir? Was sagten sie mir? Warum wollen sie nicht, daß ich mich erinnere? Werde ich mich an alles erinnern, wenn die Zeit reif ist? Haben sie mir Geheimnisse ihrer Existenz enthüllt, oder haben sie mich nur studiert, wie man ein eingesperrtes Tier beobachtet? Gab es einen Sinn meiner Gefangennahme, oder war ich nur ein Spiel für sie - ein Zeitvertreib für sie, ein Trauma für mich?

Die nächsten paar Monate über begannen aufblitzende vergessene Erinnerungen sich wie verlorene Puzzlestücke mit meiner Begegnung zusammenzufügen, wenn auch langsam.

Ich kann mich nun an einen wichtigeren Teil meiner Geschichte erinnern, den Teil, der mir sagt, daß ich nicht auf den Parkplatz zusteuerte. Ich kann mich erinnern, wie ich verzweifelt versuchte das Lenkrad meines außer Kontrolle geratenen Autos herumzureißen, während ich mich noch immer auf der Hauptstraße befand. Ich weiß nun, daß ich nicht hinter die Kirche fuhr. Ich hatte dies nur vermutet, da ich dort landete. Ich kehrte nicht um und fuhr dorthin zurück. Mein Auto wurde direkt von der menschenleeren Straße genommen - wohin, weiß ich noch nicht. Ich sehe immer noch den Lichtkreis auf dem Straßenpflaster, und ich weiß, dort ist der Ort, wo ich herkam, als ich in meinem Auto in der Luft war.

Das könnte erklären, warum ich Todesangst vor Höhe habe, ich mag es nicht, schnell zu fahren, und ich mag es nicht, nachts zu fahren, besonders nicht allein.

Viele Monate später erinnerte ich mich an einen anderen Teil der Nacht.

Ich liege in einem anderen ganz weißen Raum auf einem sehr glatten Tisch. Ich kann mich an nichts anderes in dem Raum erinnern, außer an den Tisch, auf dem ich liege. Am Fußende des Tischs steht eine sehr große außerirdische Gestalt. Ich habe das Gefühl, daß dies ein weibliches Wesen ist, obwohl nichts auf eines von beiden Geschlechtern hindeutet. Die Haut dieses Wesens scheint dunkel, bräunlich, ledrig auszusehen und erinnert mich an ein ein Meter achtzig großes lebensechtes Stück gedörrtes Rindfleisch. Der Körper ist starr, sehr groß und dünn. Der Kopf gleicht nichts, das ich je auf dieser Erde gesehen habe, ist oben groß und verengt sich zu einem spitzen Kinn. Der Kopf schien auf sehr einfache Weise ohne einen sichtbaren Hals mit dem Körper verbunden zu sein und bewegte sich mit schnellen, ruckartigen, insektenartigen Bewegungen, genauso wie der einer Gottesanbeterin.

Wenn ich den Kopf einer Gottesanbeterin vergrößern und ihn auf einen mit Rindfleischhaut bedeckten Körper setzen könnte, ist es genau das, wie dieses Wesen aussah. Es stand am Ende des Tisches, auf dem ich lag, und es beobachtete mich neugierig mit riesigen feuchten, schwarzen Augen, etwa so, wie ein kleines Kind auf ein Objekt starrt, das es zum ersten Mal sieht. Als es mich anstarrte, ruckte es auf eine seltsame nichtmenschliche Art mit seinem Kopf, als ob es neugieriger auf mich sei als ich auf es. Ich lag auf dem Tisch und beobachtete dieses Wesen mit derselben Neugier, mit der es mich beobachtete.

Das ist alles, an was ich mich bezüglich meiner Begegnung als Teenager erinnere. Vielleicht werde ich eines Tages den Sprung in meinen Geist wagen, um mehr Einzelheiten herauszufinden, doch es dauert vielleicht weitere zwanzig Jahre, um den Mut dazu aufzubringen.

An diesem Punkt in meinem Leben habe ich das Gefühl, daß ich einen stärkeren Antrieb brauche, als es nur selbst wissen zu wollen. Solange kann ich ohne das Wissen leben. Es hat viele Jahre gedauert, um zu einer annehmbaren Selbsterkenntnis zu kommen. Ich habe unzählige schlaflose Nächte verbracht. Ich bin in meinem Schlaf viele Meilen herumgewandert und habe versucht, vor mir selbst davonzulaufen.

Nach zwanzig Jahren kann ich meine Erlebnisse mit einem gewissen Humor betrachten. Ich kann heute die Geschichte erzählen, wie mein Auto von der Straße hochgehoben wird, und zurückgelehnt mit einem Lächeln sagen: „Bezahlt kein Lösegeld, ich bin entkommen." Doch wenn ich mich an all die furchterregenden Details, all die Schmerzen und die Angst erinnern muß, wird es nicht mehr lustig sein.

7
Debbie
Die Poltergeist-Verbindung

Solange ich mich erinnern kann, hat meine Familie fast ständig das erlebt, was andere Leute als Poltergeist-Aktivität bezeichnen. Verrückte Dinge sind uns an allen Orten passiert, an denen wir gelebt haben, doch als wir in das Haus zogen, in dem meine Eltern noch heute leben, verstärkte es sich wirklich. Ich glaube nicht, daß es so sehr am Haus liegt, denn egal, wo die einzelnen von uns leben - ich in meinem heutigen neuen Haus, meine Schwester in dem ihren -, es scheint uns zu folgen. Es gibt einfach etwas am Haus meiner Eltern, das dem Phänomen außergewöhnlich zuträglich ist. Vielleicht war mein Vater deshalb fast besessen davon, darin zu leben. Meine Mutter haßte es von Anfang an. (Sie mag es heute.)

Eine meiner frühesten Erinnerungen an das Unheimliche in diesem Haus geht zurück auf das Jahr 1980, als ich dorthin gegangen war, um Wäsche zu waschen. Meine beiden Kinder waren sehr klein - Rob ungefähr fünfzehn Monate und Tommy nur ein paar Monate alt. Mein Vater hatte Frühschicht, und meine Mutter war ebenfalls bei der Arbeit im örtlichen Kaufhaus.

Ich war allein im Haus. Ich hatte es mir zur Gewohnheit gemacht, mich in diesem Haus einzuschließen, wenn ich dort allein war. Wenn Sie die Lage des Hauses sähen, würden Sie verstehen, warum. Es lag im Wald und schien sehr abgelegen zu sein, doch tatsächlich befanden sich in der Nähe ein paar örtliche „Spelunken" und eine Vielzahl anderer anstößiger Bezirke.

Ich hatte vorübergehend mein Lager im Hobbyraum im Keller aufgeschlagen - das Kleinkind im Laufstall und das Baby im Kindersitz. Als ich dort saß, meine Seifenoper ausschaute und Handtücher faltete, hörte ich, wie sich die Küchentür oben öffnete, worauf sehr schwere Schritte folgten, die über den Küchenboden gingen. Dann hörte ich mehrere leichtere Schritte, die hinterherkamen. Mich fror. Ein paar Minuten später hörte ich, wie die Stereoanlage im Wohnzimmer oben fünf Mal hintereinander an- und ausging. Ich drehte durch! Ich dachte an meine zwei Babys und fürchtete, daß wir wegen dieser Eindringlinge im Haus meiner Eltern in Gefahr waren. Ich dachte an Einbrecher, nicht an Aliens!

Ich saß da, hielt mein Baby auf dem Arm, lauschte angestrengt und wartete, daß es aufhörte. Nach ein paar weiteren Minuten wurde es still.

Dann begann das Baby unruhig zu werden, und ich wußte, es hatte Hunger. „Oh, großartig! Kannst du nicht warten, bis Großmama nach Hause kommt?" Ich geriet in Panik. Bilder aus dem Fernsehen, in denen jüdische Mütter versuchten, ihre Kinder vor den deutschen Nazis zu verstecken, bis sie sie fast erstickten, schossen mir durch den Kopf - so sehr steigerte sich meine Angst. Würde es dazu kommen?

Es war Fütterungszeit. Ich konnte den Kleinen nicht einfach in meinen Armen liegen und schreien lassen. Ich mußte ihm entweder den Mund zuhalten oder den Versuch machen, nach oben zu gehen, um eine Flasche zu holen. Die rationale Entscheidung war, das arme Kind zu füttern.

Ich krabbelte auf allen Vieren die Treppe hoch. Als ich die leicht geöffnete Tür erreichte, spähte ich um die Ecke herum und sah nichts. Ich ergriff die Gelegenheit, machte einen verrückten Satz zum Kühlschrank. Als ich die Tür aufriß, purzelten die Deckel von allen Gefäßen im Kühlschrank auf den Boden zu meinen Füßen, einschließlich dem Verschluß der Babyflasche. Ich schnappte mir ihn und die offene Flasche, schlug die Tür hinter mir zu und stürmte wieder die Treppe in den Keller hinunter. Das Baby würde die Milch dieses Mal einfach kalt trinken müssen.

Als ich dort saß und versuchte, Tommy die kalte Flasche zu geben, hörte ich, wie Schritte die obere Treppe, die zu den Schlafzimmern führte, rauf und runter gingen. Ich beschloß, meine Mutter bei der Arbeit anzurufen. Ich wollte ihr erzählen, was los war, und sie fragen, was ich tun sollte. Als ich es tat, sagte sie mir, ich solle meine ältere Schwester anrufen, um zu sehen, was sie tun würde.

Als ich Kathy anrief, sagte sie, sie glaube, sie hätte gehört, wie jemand den Nebenapparat oben abgenommen hätte, um uns zuzuhören. Mir das zu sagen beruhigte meine Panik nicht gerade. Ich kam mir allmählich vor wie in einem wirklich schlechten Film, aus dem ich nicht rauskonnte! Sie sagte mir, ich solle sofort einhängen und die Polizei anrufen. Das tat ich.

Nachdem ich mit dem Dienststellenleiter gesprochen hatte, nahm ich meine Kinder und schlich mich durch die Kellertür hinaus. Als ich an der Haustür ankam, war die Polizei da. Ich ließ sie durch die Tür hinein, aus der ich herausgekommen war, weil der Rest des Hauses noch immer verschlossen war. (Ich sah, daß das Kettenschloß an der Küchentür noch immer zu war, und es war nicht geöffnet worden, obwohl ich gehört hatte, wie es sich öffnete.) Es müssen ein halbes Dutzend Autos dort gewesen sein, und die Leute, die aus den Autos stiegen, hatten ihre Gewehre im Anschlag. Sie untersuchten das Gelände und das Haus gründlich und sahen sogar im Dachgeschoß nach. Als nichts gefunden wurde, fragten sie, wann jemand nach Hause kommen würde. Ich sagte ihnen, daß mein Vater um 15.30 Uhr heimkäme und daß ich glaubte, es bis dahin aushalten zu können. Sie sagten, sie würden vorher zurückkommen und nach uns sehen, und das taten sie auch, zweimal.

Ich war überrascht und erleichtert, als ich sah, daß die Polizei vorbeikam, um nach mir und den Jungen zu sehen. Nachdem die Polizei kam, geschah an diesem Tag nichts mehr. Doch als meine Mutter abends meiner Schwester die Geschichte am Telefon erzählte, bemerkte sie, daß das Licht im Backofen an war. Das war merkwürdig, da sie das Licht im Backofen nie benutzte, und niemand hätte irgendeinen Grund gehabt, es anzumachen. Es war für sie eine Bestätigung, daß ich die Wahrheit sagte, daß tatsächlich früher am Tag irgendetwas Seltsames im Haus geschehen war.

Von da an ereigneten sich viele geisterartige Vorfälle in diesem Haus. Aus dem Augenwinkel heraus sah ich, wie sich Dinge bewegten. Häufig, wenn ich schnell genug hinschaute, konnte ich tatsächlich sehen, wie ein Schatten um die Ecke verschwand und eine Art Luftverzerrung nach sich zog. Einmal, als meine Mutter im Keller war und wusch, bemerkte sie, daß eine der Kupferröhren, die übereinander lagen, zu einer netten kleinen Bretzel verknotet worden war. Meine kleine Schwester, die im Keller mit einem Freund herumknutschte, wurde einmal Zeugin, wie ein Garderobenbügel um den Türknauf eines alten Metallspindes gebogen wurde, sich zurückbog, und wie dann die Türen aufbrachen, als ob sie jemand von innen nach außen aufgetreten hätte. Dies versetzte der Knutscherei, gelinde gesagt, einen Dämpfer. Sie konnte den Jungen nie wieder dazu bewegen, mit ihr in den Keller zu gehen!

Objekte verschwanden und tauchten dann mehrere Tage später an den merkwürdigsten Orten wieder auf. Wir fingen an zu glauben, daß all dies

eine Art Test sei, als ob irgendjemand sehen wollte, wie scheinbar vernünftige Leute auf irrationale Situationen regieren würden.

Zu dieser Zeit hatte ich angefangen, mich mit James zu treffen. Er hatte
mir einen sehr schönen „Treuering" geschenkt, um unsere Beziehung zu
bestärken. Er bedeutete mir sehr viel.

Eines Morgens wachte ich auf und stellte fest, daß der Ring, den James
mir geschenkt hatte, verschwunden war. Ich stellte mein Zimmer auf den
Kopf und versuchte, ihn zu finden. Ich war am Boden zerstört. Ich suchte
drei Tage nach dem Ring und weinte mich nachts in den Schlaf. Zu der
Zeit sagte ich ihm nicht, daß ich ihn verloren hatte.

Am dritten Tag machte ich gerade im Kinderzimmer sauber, als mich
das Gefühl überkam, daß ich wegen des verlorenen Rings unter Tommys
Bett nachsehen sollte. Ich stellte den Staubsauger ab und sah unter dem
Bett nach. Kein Ring. Ich setzte das Saugen fort, als ich wieder von dem
Gefühl befallen wurde, daß der Ring unter dem Bett sei. Ich sah noch ei-
mal nach. Dieses Mal sagte mir etwas, daß ich schaute, aber nichts sah.
Um besser sehen zu können, rückte ich das Bett von der Wand. Als ich mit
den Händen über den Teppichboden fuhr, kam ich plötzlich auf die Idee,
ihn abzureißen. Ich lief nach unten, um die richtigen Werkzeuge für die
Aufgabe zu holen, und als ich gefunden hatte, was ich brauchte, begann
ich den Teppichboden von den Fußleisten abzutrennen. Dann kam die
Schutzschicht unter dem Teppich hervor.

Mittlerweile hatte meine Mutter den Krach gehört, den ich machte, und
beobachtete mich. Sie war nicht allzu erfreut über das, was sie sah. Dennoch gab ich nicht auf. Ich spürte, daß der Ring da war, auch wenn ich ihn
nicht sehen konnte.

Nach ein paar Minuten hatte ich den ganzen Teppich, die Schutzschicht
und alles vom Holzfußboden gelöst und schlug das Ganze fast bis zur
Mitte des Schlafzimmerbodens um. (Dies war ein großes Schlafzimmer
mit zwei Doppelbetten und jeder Menge freiem Raum.)

Dort auf dem Holzfußboden, ungefähr einen Meter von der Fußleiste
entfernt, lag genau in der Mitte von da, wo Tommys Bett sonst stand, mein
geliebter Ring.

Meine Mutter stand da wie angewurzelt, als ich vor Freude, meinen
Ring gefunden zu haben, aufsprang. Erst später am Abend fragte ich mich,
wie ich überhaupt wissen konnte, daß der Ring da war. Meine Mutter war
so verblüfft über das, was ich getan hatte, daß sie sich nicht mehr darüber
beschwerte, was ich mit ihrem Teppich gemacht hatte, und sie rief meine

Schwester an, um ihr zu erzählen, was ich gerade gemacht hatte. Natürlich befestigte ich wieder, was ich aufgerissen hatte, doch ich kann Ihnen sagen, einen Teppichboden wieder zu verlegen ist weit schwerer als ihn abzureißen!

Einmal sahen Mom, die Kinder und ich im Wohnzimmer fern. Es war ein klarer Abend, etwa 20 Uhr. Urplötzlich hörten wir ein lautes Knallgeräusch. Genau in diesem Augenblick schaute ich hoch und sah, daß Mom und die beiden Jungen ihre Gesichter bedeckten. Ich sah einen unglaublich hellen grünen Ball aus Licht, ungefähr einen Meter vom Kopf meiner Mutter und rund einen Meter vom Boden entfernt. Er erfüllte den ganzen Raum, das ganze Haus mit einem unheimlichen grünen Licht. Die Glühbirne in der Lampe zerplatzte und zersplitterte, und der Fernseher gab mit einem dumpfen Schlag den Geist auf. Ich sprang vom Sessel auf und rannte zum Küchenfenster, um zu sehen, ob die Möglichkeit bestand, daß es eine Art Kugelblitz hätte gewesen sein können. Doch alles, was ich sehen konnte, waren Sterne. Die Jungen weinten, und Mom war benommen. Es dauerte mehrere Tage, ehe die Jungen allein nach oben gehen konnten, und sie näßten ein paar Tage lang ins Bett. Ich war wie betäubt, und mir war ein paar Tage lang unheimlich zumute. Später an diesem Abend fragte meine Mutter meinen Vater, ob das Ausgehen einer Glühbirne solche Dinge hervorrufen könne. Schließlich war er Elektriker, er sollte so etwas wissen. Er sah sie nur an, als ob sie nicht ganz dicht sei, und sagte: „Wohl kaum." Ein Ereignis mehr für mein Tagebuch.

Etwa zur selben Zeit hatten meine Mutter und ich ein riesiges boomerangförmiges Raumschiff gesehen, das direkt über unserem Haus schwebte und nur für uns aufzuleuchten schien.

Meine Eltern wurden ungefähr um drei Uhr nachts von einem Geräusch geweckt, als ob jemand gegen ihre Haustür schlagen würde. Wie sich herausstellte, war es die Polizei. Es waren mehrere Beamte. Meine Mutter ließ sie herein, und sie erklärten, sie hätten einen Anruf bekommen, den sie zu unserer Telefonnummer zurückverfolgten. Er habe sich nach einer Frau angehört, die in großer Not sei. Der Polizist erzählte meinen Eltern, daß diese Frau klang, als versuche sie um Hilfe zu bitten, und sie jammerte und weinte so sehr, daß sie Schwierigkeiten hatten, sie zu verstehen. Mom kam in mein Zimmer und weckte mich. Sie fragte mich, ob ich die Polizei gerufen hätte. Ich konnte nicht glauben, was sie mir erzählte. Ich war im Bett gewesen, tief im Schlaf, und soweit ich wußte die ganze Nacht. Als sie mir erzählte, was los war, konnte ich sehen, daß sie erkannte und wußte, daß ich sie ebensowenig angerufen hatte wie sie. Ich warf mir ein paar Kleider über und ging mit ihr nach unten. Die Polizei schaute überall in unserem Haus nach, und ein paar Beamte waren mit meinem Vater in seinen Arbeitsschuppen gegangen, um die Tür und das Telefon dort draußen zu überprüfen, da sie dachten, jemand hätte dort eingebrochen und dieses Telefon benutzt haben können, um Hilfe zu rufen. Während sie dort draußen waren, begannen einige der anderen Polizisten Mom und mich intensiv zu befragen. Sie sagten Dinge wie: „Er ist jetzt draußen. Es wird Ihnen nichts geschehen, wenn Sie uns sagen, was los ist. Er kann Sie jetzt nicht hören. Sie können uns alles erzählen." Meine Mutter wurde ein wenig wütend bei dieser Andeutung und sagte dem Polizisten: „Sehen Sie, hier ist wirklich gar nichts los. Wir haben alle fest geschlafen, als Sie hierherkamen, und mein Mann tut wirklich niemandem von uns irgendetwas, wie Sie es andeuten. Ihr Computer muß kaputt sein." Nun, der Polizist rief seinen Dienststellenleiter an und ließ ihn die Nummer wählen, die ihr Computer ermittelt hatte. Ein paar Sekunden später läutete das Telefon. Er nahm ab und bedankte sich bei dem Mann am anderen Ende und legte auf. Er sprach besonders leise und sagte: „Der Anruf kam von diesem Telefonapparat hier. Sind die Damen sicher, daß hier alles in Ordnung ist?"

Nach einigen heftigen Überzeugungsversuchen seitens meiner Mutter gingen die Polizisten schließlich, und wir drei saßen um den Küchentisch herum mit Kaffee und Zigaretten und versuchten herauszufinden, was zum Teufel gerade hier passiert war. Ich fing an, bei mir selbst zu denken: Um Himmelswillen, habe ich die Polizei im Schlaf angerufen und erinnere mich nicht mehr daran? Ist vielleicht etwas Komisches diese Nacht hier geschehen, und ich kann mich nicht mehr erinnern? Was für ein schreckliches Gefühl es ist, wenn man sich selbst nicht mehr traut! Ich schätze, wir werden nie erfahren, ob ich den Anruf tätigte. Stand dies irgendwie in Verbindung mit den Anrufen, die ich bekam, als ich mit meinem jüngsten Sohn schwanger war?

Ich schaute am nächsten Tag in die Zeitung, um zu sehen, ob sie eine Frau gefunden hätten, die irgendwo tot in einer Telefonzelle lag, doch ich hörte nie wieder etwas von dieser Nacht. Meine Eltern spekulierten, daß entweder unser „Geist" den Anruf getätigt hatte oder daß die Polizeicomputer wirklich eine Macke hatten.

Wir hatten jedoch noch eine lustige Polizeigeschichte, kurz nachdem dies passierte. Wir lagen alle fest schlafend im Bett, als wir plötzlich von etwas geweckt wurden, was wir für die Schreie einer verängstigten Frau hielten. Es klang so nahe, daß sie auf dem Dach unseres Hauses hätte sein können. Und das war sie. Unsere schreiende Frau erwies sich als der zahme Pfau unseres Nachbarn, der sich auf dem Dach verfangen hatte. Junge, kamen wir uns blöd vor, als wir sahen, daß er es war, den wir hereinriefen! Ich schätze, die Typen in der Stadt sprechen immer noch von unserer Familie.

Kurz bevor ich mit den Kindern auszog, wurden wir von ungefähr fünfhundert Bienen heimgesucht, die sich eines Tages im Kinderzimmer breit machten. Mein ältester Junge schrie, meine Mutter solle hoch in sein Zimmer kommen. Es lag so etwas Dringliches wie: „Hier stimmt was nicht", in seinem Schreien, so daß wir beide hinaufrannten, um zu sehen, was los war. Ich konnte einfach meinen Augen nicht trauen, als ich in dieses Zimmer schaute. Es müssen mindestens fünfhundert Bienen gewesen sein, die überall im Raum verteilt waren. Sie hingen in den Vorhängen, klebten an den Wänden, saßen überall am Boden und auf beiden Doppelbetten. Sie schienen ziemlich lethargisch zu sein, fast erstarrt. Ich hatte in meinem ganzen Leben noch nie so viele Bienen auf einem Haufen gesehen. Es war sehr gruselig, wie in einem von Alfred Hitchcocks Filmen.

Zuerst galt es, diese Bienen loszuwerden. Wir bombadierten den Raum mit Insektengift, und nachdem sie tot waren, begannen wir zu staubsaugen und sie von allen Möbeln und Gegenständen herunterzukehren. Dann versuchte mein Vater herauszufinden, wie sie überhaupt in das Zimmer gekommen waren. Wir wollten nicht, daß sich dies noch einmal wiederholte! Er konnte nie herausbekommen, wo sie hereingekommen waren. Es gab keine Tür zum Dachgeschoß, durch die sie hätten kommen können. Die Fenster waren schon vor langer Zeit abgedichtet worden. Es gab einfach keinen Weg, wie sie in dieses Zimmer hatten eindringen können. Es war ein echtes Horrorerlebnis!

Selbst als ich aus dem Haus meiner Eltern auszog und mir eine eigene Wohnung mietete, schien das Unheimliche mir und meinen Jungen zu folgen.

Wir werden an der Stirn von Wassertropfen aus dem Nichts getroffen. Ich nenne dies scherzhaft unsere „Taufe". Wir haben viele Begegnungen mit kleinen weißen Bällen aus Licht gehabt, die in unserem Haus erscheinen und an uns vorbeisausen, um vor unseren Augen zu verschwinden. Viele Leute, die in einem unserer Häuser gewesen sind, haben die kleinen weißen Lichter gesehen. Sie sind ungefähr so groß wie eine Murmel, und Sie können fast die statische Elektrizität spüren, wenn sie vorbeisausen.

Das Metallgeländer an den Balkonen meines Hauses klapperte eines Nachts so stark, daß meine Nachbarn schreiend in meine Wohnung herunterstürmten, weil sie dachten, daß wir ein Erdbeben hätten.

Meine Nachbarin Brigitte wußte nicht, wer ich war oder was für eine Art von Erfahrungen ich zu dieser Zeit meines Lebens machte. Eines Tages erzählte sie mir, sie hätte sechs sehr kleine Männer in ihrem Schlafzimmer gesehen, als sie da lag und versuchte einzuschlafen. Dies hatte sich ereignet, lange bevor sie mich gut kannte oder wußte, wer ich war. Sie sagte, sie hätten spitze Kapuzen aufgehabt und hätten alle um das Fußende ihres Bettes herumgestanden und sie angesehen. Ich sagte ihr, sie hätte ihnen sagen sollen: „Debbie ist unten, ihr seid in der falschen Wohnung!"

Sie lachte damals, doch zu der Zeit fand sie dies beileibe nicht lustig. Ehe sie all die Geschichten von mir erfuhr, hatte sie mir gegenüber einmal die Bemerkung fallengelassen: „Hier ist nie etwas Merkwürdiges passiert, bis du eingezogen bist."

Eines Nachts, nachdem mein Freund James (bald mein zweiter Ehemann) eingezogen war, wachte er von dem Geräusch zerspringenden Glases in der Küche auf, und es hörte sich an, als ob Zweiliter-Plastikflaschen in die Badewanne fielen. Er stand auf, um die Sache näher zu untersuchen, fand aber nichts. Diese Art von Dingen hat bis heute nicht aufgehört.

Als ich das erste Mal die Nacht im Hause meines jetzigen Mannes K.O. verbrachte, war ich im Badezimmer, schaute hoch und sah, wie sich die Rolle Toilettenpapier von selbst abwickelte. Ich griff hin, um es zu stoppen, doch wenn ich losließ, begann es von neuem. Ich stoppte es noch weitere zwei Male, ehe ich den Raum verließ, und ich zerquetschte die Papprolle, damit sie sich nicht weiter abrollte. Doch sobald ich dies getan hatte, war fast eine Ganze Rolle Papier abgewickelt. Ich fragte meinen Mann, ob dies immer passiere, denn er hatte dort sein ganzes Leben gelebt und vor ihm seine Großeltern. Er war schockiert und konnte nicht glauben, was ich ihm sagte. Ich dachte, das ist ja lustig, bis ich merkte, daß ich diejenige war, die das Ganze wieder aufrollen mußte.

Einmal stand ich in unserem Flur und sprach mit James, als ich sah, wie eine struppige Kreatur, etwa so groß wie eine große Ratte, von der Decke die Wand hinunterhuschte. Ich wußte, daß ich nicht die einzige war, die sie sah, denn meine Katze sprang danach und begann am Boden zu kratzen, wo ich sie durchgehen sehen hatte. Es ging direkt durch den Boden und verschwand. Ich schüttelte nur meinen Kopf. Was sollte ich tun?

Ich habe mich nie von irgendeinem dieser seltsamen Dinge bedroht oder geängstigt gefühlt, ich war nur neugierig und manchmal verblüfft.

Nachdem ich einen Abend in der Wohnung meiner Nachbarin verbracht hatte und dann in meine eigene zurückging, um ins Bett zu gehen, bekam ich einen Anruf von ihr, in dem sie verlangte, ich solle ihr sagen, was los sei. Sie behauptete, meine Stimme gehört zu haben, als sie sich gerade fertig machte, ins Bett zu gehen, und meine Stimme sei durch ihr Schlafzimmerfenster hereingedrungen, habe ihren Namen gerufen und geklungen, als ob ich Hilfe brauche. Ich hatte keine Ahnung, wovon sie sprach, doch ich versicherte ihr, daß ich in Ordnung sei. Im Hinterkopf dachte ich, da ist es wieder.

James wurde eines Morgens von einem Mann geweckt, der am Fuß unseres Bettes stand, aus dem Fenster schaute und dann wieder aufs Bett. Er war sehr groß, hatte hängende Schultern und fuchtelte wild mit den Armen. James Beschreibung dieses Mannes erinnerte mich sehr stark an einen Mann, den ich in der Wohnung gesehen hatte, ehe James eingezogen war, und der gedroht hatte, mich zu vergewaltigen und umzubringen, doch nicht ehe ich bekäme, was ich „verdient" hätte, was auch immer das bedeutete. Ich werde auf dieses Erlebnis in Kapitel 11 ausführlich eingehen. Der Mann, den James gesehen hatte, klang ganz nach ihm.

Wir sind auch mitten in der Nacht von den stinkendsten Gerüchen wachgeworden, die ich je gerochen habe und die durch das Haus schwelten. Der Gestank war jeweils so stark, daß wir alle aus tiefem Schlaf davon geweckt wurden. Wir stehen auf und versuchen die Quelle dieser Gerüche herauszufinden, doch sie verschwinden so schnell, wie sie aufgetaucht sind. Ich kann den Geruch nur als etwas Totes und Verfaultes beschreiben. Stellen Sie sich eine Mischung aus brennenden Streichhölzern und faulen Eiern vor. Dies ist die Art von Geruch, den man wirklich riechen kann!

Unsere Haushaltsgeräte gehen von selbst an und aus, unser Anrufbeantworter nimmt sich selbst auf, wie er die Telefonnummern anderer Leute wählt. Es ist ziemlich nervig, die Nachrichten auf deinem Anrufbeantworter abzuhören und es wählen und dann klingeln zu hören. Niemand hat je die Anrufe beantwortet, doch ich frage mich, wen unser Anrufbeantworter anruft. Ich habe Angst, daß irgendwann jemand anruft und zwar aus einem anderen Land. Ich kann die Telefonrechnung nicht bezahlen, und ich glaube, die Telefongesellschaft wird mir nicht glauben, wenn ich denen sage, daß mein Anrufbeantworter die Anrufe getätigt hat!

Einmal, als mein Mann auf Spätschicht war, hatte ich die Jungen für den Abend zu meiner Mutter gebracht. Als wir nach Hause kamen, war ich überrascht zu sehen, daß der Fernseher an war. Ich bin sehr gut darin sicherzustellen, daß alles aus ist, wenn ich das Haus verlasse. Als ich hinging, um den Fernseher abzustellen, bemerkte ich Heftzwecke, die überall auf der ovalen Brücke auf dem Wohnzimmerboden verteilt waren. Es sah aus, als ob jemand sich die Zeit genommen hätte, jeden einzelnen mit der Spitze nach oben aufzustellen und sie gleichmäßig zu verteilen. Ich entfernte die Heftzwecke und ging dann noch einmal hin, um den Apparat auszumachen. Erst dann bemerkte ich, daß der Videorekorder ebenfalls an war, und ein Band war falsch herum eingeschoben. Offensichtlich funktionierte das so nicht, und ich hoffte, daß ich meinen Videorekorder nicht kaputt gemacht hatte. Als ich das Band herauszog, war ich schockiert zu sehen, daß es ein Band mit dem Film *Unheimliche Begegnungen der Dritten Art* war! Mich überkam ein kalter Schauer.

Ich weiß nicht, was all die Poltergeist-Aktivitäten zu bedeuten haben, doch ich glaube felsenfest, daß sie irgendwie mit der UFO-Aktivität in Zusammenhang stehen. Es schien mir, daß kurz bevor sich etwas UFOmäßiges ereignete, etwas Paranormales geschah, und beides schien zyklisch aufzutreten.

Es passiert sogar noch heute. Als ich anfing, das erste Kapitel dieses Buches zu tippen, bekam mein Computer ein Eigenleben. Nachdem ich das t in dem Wort leicht getippt hatte und ein Ausrufungszeichen ans Ende des Wortes gesetzt hatte, fing mein Computer an zu piepen und Ausrufezeichen über den ganzen Bildschirm zu verteilen. Nachdem dies gut drei Minuten anhielt, hörte es auf, der Curser ging zurück und löschte alle Zusatzzeichen, die er gemacht hatte. Als er an die Stelle kam, wo er damit angefangen hatte, hörte er auf, und ich konnte dann weitermachen. Ich probierte alles, was ich kannte, um es zu stoppen, während das passierte, ich versuchte sogar die Kiste auszuschalten. Sie ging nicht aus! So saß ich also einfach da, die Arme verschränkt, und sah zu, bis der Computer mit seinem kleinen Späßchen fertig war. Ich merkte, daß es aufhörte, sobald ich laut sagte: „Hör mit diesem Mist auf, willst du wohl!" Das war ziemlich seltsam.

Als K. O., mein jetziger Mann, einen Text von einer Diskette auf eine andere kopierte, verschwand der Text (mein Buch!) plötzlich, und auf der neuen Diskette tauchten stattdessen Programme auf, die nichts mit meinem Buch zu tun hatten. Wir wissen nicht, wie sie auf diese Diskette gekommen sind. K. O. war fünfundzwanzig Jahre lang Elektroingenieur bei General Motors, und er hat die ganze Zeit mit Computern gearbeitet, Programme für die elektronischen Geräte und Produkte von General Motors geschrieben. Ich weiß, daß er wußte, was er tat, als das passierte, und daß es nicht durch einen Fehler auf seiner Seite verursacht wurde. Ich schätze, es waren meine „Freunde", wie mein Vater sie nennt, wenn er mit K. O. darüber witzelt.

Nie ist jemand während dieser paranormalen Zwischenfälle verletzt worden, und wir haben gelernt, einfach damit zu leben. Sicherlich macht es das Leben manchmal interessant, und ich schätze, ich wäre enttäuscht, wenn es jetzt aufhören würde. Wie K. O. sagt, ist das Leben mit mir sicher niemals langweilig!

8
Kathy
Paranormale Einflüsse

Als Budd das erste Mal in unser Leben trat, war er überzeugt, daß im Verlauf der Untersuchungen unserer Familie die Sichtungen und ungewöhnlichen Phänomene aufhören würden. Das war jedenfalls bei anderen Untersuchungen, die er gemacht hatte, der Fall, doch auf uns traf es nicht zu. Als aus Monaten Jahre wurden, erlebte unsere Familie immer noch viele ungewöhnliche Vorfälle.

Wir hatten uns bereits ein Jahrzehnt vor 1983 an das Phantastische gewöhnt. Meine Eltern kauften ihr Haus 1973, und vom ersten Tag an wußten wir, daß es wirklich seltsam war. Ich bin so offen, daß es Sie vielleicht ängstigt. Ich glaubte an „New Age", lange bevor es in Mode kam, damals nannte man so etwas lediglich „übernatürlich", doch selbst ich hielt das Haus für allzu phantastisch.

So viele unerklärliche Dinge geschahen in diesem Haus, daß ich anfing, sie für meine eigenen Zwecke flüchtig zu Papier zu bringen. Schon 1973 sahen Debbie, Mom und ich tatsächlich, wie ein Aschenbecher in zwei Teile zersprang, obwohl sich im Umkreis von drei Metern niemand in seiner Nähe befand. In der Gegenwart von Zeugen gingen Lichter von allein an. Glühbirnen sind explodiert, deren Glassplitter gegen fünf Meter entfernte Wände flogen. In einem Fall explodierte ein Birne, die von einem gläsernen Lampenschirm umgeben war, und obwohl das Glas einfach auf den Boden hätte fallen müssen, schien es horizontal quer durch den Raum zu schießen, prallte an der gegenüberliegenden Wand auf und traf beinahe meine Mutter, die zu dieser Zeit gerade dort vorbeiging.

Türen waren zu sehen, die sich völlig von allein öffneten und schlossen, ohne daß sich jemand irgendwo in der Nähe einer der beiden Seiten befunden hätte.

Mit Dimmern versehene Lichtschalter dimmten sich ganz herunter, dann wieder ganz herauf bis zur vollen Helligkeitsstufe, dann wieder herunter. Wenn die Familie zufällig über irgendeines der außerirdischen Ereignisse sprach, die sie erlebt hatte, oder über irgendeinen der ungewöhnlichen Vorfälle im Haus, flackerten die Lichter, dimmten sich herunter oder leuchteten auf, als ob eine unsichtbare Kraft an dem Gespräch teilhaben wollte. All diese Zwischenfälle könnten defekten Leitungen zugeschrieben werden, doch das ist zweifelhaft, denn mein Vater ist Elektriker, und er hat das Haus komplett neu verkabelt, als unsere Familie es bezog.

Verschiedene Familienmitglieder haben gehört, wie ihr Name wie von mehreren Stimmen unisono gerufen wurde, doch niemand war da oder zeigte sich dafür verantwortlich. Mir ist das nur einmal passiert, und es war in meinem eigenen Haus. Ich war zu dieser Zeit allein. Als ich es das erste Mal hörte, dachte ich, daß ich einfach spinnen würde, und tat es ab als das Ergebnis einer hyperaktiven Phantasie. Doch als es innerhalb von einer Minute wieder passierte und ich es deutlich hörte, jagte es mir einen ganz schönen Schrecken ein. Seinen Namen von einem Chor von Stimmen gerufen zu hören, klingt harmlos genug, doch es ist äußerst entnervend, besonders, wenn man allein ist. Vor ein paar hundert Jahren wäre ich für meine Behauptung, Stimmen zu hören, auf dem Scheiterhaufen verbrannt worden, heute werde ich dafür nur ausgelacht.

Mehrere Familienmitglieder und ich wurden von Wassertropfen getroffen, die aus dem Nichts zu kommen schienen. Gewöhnlich landen sie auf dem Gesicht oder den Armen. Sie sind kleiner als ein gewöhnlicher Wassertropfen, doch es ist tatsächlich Wasser, oder zumindest irgendeine Flüssigkeit, die wie Wasser aussieht. Wir haben nie einen der Tropfen analysieren lassen. Es ist ein sehr merkwürdiges Gefühl, von Wassertropfen getroffen zu werden, wenn über einem eine glatte trockene Decke ist und um einen herum glatte trockene Wände.

In meinem Haus und im Haus meiner Familie haben verschiedene Mitglieder gespürt, wie etwas oder jemand sie von irgendwo hinten berührte - am Arm oder am Nacken. Wenn sie sich umdrehen, ist niemand dort. Das läßt einem todsicher die Haare auf den Armen zu Berge stehen!

Das mittlere Schlafzimmer oben im Haus meiner Eltern scheint das stärkste unheimliche Gefühl zu vermitteln. Als unsere jüngste Schwester in ihrer Jugend in diesem Zimmer wohnte, schwor sie, bei mehreren Gelegenheiten Musik aus dem Nichts gehört zu haben. Sie behauptet, Stimmen gehört zu haben, lachende Leute, die sangen und tanzten, als ob sie eine große Party im Wohnzimmer feierten. Das passierte mehrere Male, und jedes Mal, wenn man nachsah, gab es nichts Störendes unten, und niemand war da.

In diesem Raum herrscht immer ein Kältegefühl, was an sich nicht besonders ungewöhnlich wäre, doch man hat immer das Gefühl, dort nicht ganz allein zu sein.

Poltergeist-Aktivitäten und ungewöhnliche Phänomene sind nicht auf dieses unheimliche Schlafzimmer beschränkt, sondern sind in jedem anderen Raum des Hauses aufgetreten. Mehrere Male sah unsere jüngste Schwester eine geisterhafte weibliche Erscheinung, die oben an der Treppe stand, sich nie bewegte oder sprach, sondern einfach dastand, ziemlich harmlos und halbdurchsichtig erschien und ein langes fließendes Kleid im Stil der Kolonialzeit trug.

Bei anderen Gelegenheiten sah sie männliche Gestalten, die mit enganliegenden schwarzen Anzügen bekleidet waren und seitlich an ihr vorbeigingen, doch wenn sie sich umdrehte, war niemand zu sehen.

Schritte kann man in fast jedem Raum des Hauses hören, besonders die Treppe rauf und runter. Das kann einen ein wenig aus der Fassung bringen, wenn man allein ist.

Da ich mich in diesem Haus nie wohlgefühlt habe, zweifelte ich an keinem der seltsamen Vorfälle, die dort geschahen. Ich konnte nie genau sagen, warum ich in diesem Haus eine Gänsehaut bekomme, doch mein sechster Sinn scheint sich nie zu irren. Es ist einfach das Gefühl, dort nie ganz allein zu sein, und ich versichere Ihnen, ich bin nie allein dort.

Meine Familie spricht scherzhaft von ihren Familiengeistern, Poltergeistern, Gespenstern, psychokinetischer Energie oder was auch immer es ist. Sie schienen sich vor diesen Geistern nicht zu fürchten. Sie hatten das Gefühl, daß die Geister niemandem etwas Böses tun würden, sie wollten die Leute nur wissen lassen, daß sie da waren. Auf mich traf das jedoch nicht zu. Von Anfang an merkte ich, daß sie mich nicht mochten, und ich hatte nicht die Absicht, sie auf irgendeine Weise zu provozieren.

Meine Mutter hatte ein aufreibendes Erlebnis, das sich ereignete, nachdem sie sich in ihrer neuen Umgebung hinreichend eingerichtet hatte. Sie hatte gewaschen, nahm saubere Wäsche mit und ging nach oben, um sich für ein paar Minuten aufs Bett zu legen und auszuruhen. Sie hatte den Arm voller Kleider auf Bügeln, die in die entsprechenden Schränke gehängt werden mußten, doch sie hängte sie einfach über den Türknauf, um sie später zu sortieren. Als sie nicht einschlafen konnte, beschloß sie aufzu-

stehen und mit ihrer Hausarbeit weiterzumachen. Sie war ziemlich überrascht zu sehen, daß die Kleider nun nicht mehr auf den Bügeln hingen,
sondern auf dem Boden verstreut waren. Sie war zu dieser Zeit allein im
Haus.

Poltergeister? Wer weiß, vielleicht hätte sie bloß mehr Weichspüler
nehmen müssen.

Ein anderes merkwürdiges Ereignis betraf den Billardtisch im Keller.
Die Waschmaschine und der Trockner befanden sich ebenfalls im Keller,
etwa fünf Meter vom Billardtisch entfernt, und man muß jedesmal am Billardtisch vorbei, wenn man zum Waschraum will. Einmal, als Mom daran
vorbeikam, schaute sie zufällig zum Tisch und bemerkte, daß die Kugeln
in dem dreieckigen Aufbaurahmen lagen. Sie ging weiter zum Trockner,
um die trockenen Sachen zu falten und die Waschmaschine wieder anzu-
werfen. Als sie weniger als fünf Minuten später wieder am Billardtisch
vorbeikam, bemerkte sie, daß die Billardkugeln überall auf dem Tisch verstreut lagen. Sie war zu dieser Zeit allein im Haus und hatte sicherlich
nicht zwischendurch Billard gespielt. Der Billardtisch besteht aus Schie-
fer und ist dermaßen schwer, daß einfaches Vorbeigehen den Boden nicht
erschüttert haben konnte, um eine Bewegung der Kugeln zu ermöglichen.
Der Boden ist sowieso aus Beton, so daß dies außer Frage steht. Es kann
sein, daß sie zu dieser Zeit anfing, ihre Wäsche außer Haus zu geben.

Auch unser Vater hat mehrere unheimliche Vorfälle erlebt, die er nicht
logisch erklären konnte. Er saß eines Abends allein am Küchentisch und
las, als er aus dem Augenwinkel heraus meinte zu sehen, wie jemand hinter ihm vorbeiging. Als er weiterlas, hatte er allmählich auch das unheimliche Gefühl, daß er nicht allein war, daß noch jemand oder etwas im
Raum war. Nachdem er mehrere Male hochgeschaut und sich umgesehen
hatte, ließ er den Gedanken fallen. Mehrere Minuten vergingen, während
er weiterlas. Er las einen Roman, der überhaupt nichts mit UFOs, Außerirdischen oder Science-fiction zu tun hatte, so daß es nicht sein konnte, daß
er einfach nur von einem Thema gefangen genommen wurde, über das er
zufällig gerade las.

Mehrere weitere Minuten vergingen, während er weiterlas. Plötzlich
begann die wunderliche Musik eines Glockenspiels den Raum zu erfüllen.
Er schaute auf und stellte fest, daß die Musik von einer Dekoration auf
dem Eßzimmertisch herrührte. Die Dekoration war eine Vase aus geblase-
nem Glas, die mit einem Strauß Seidenblumen gefüllt war. Im Fuß befand
sich eine aufziehbare Spieluhr. Wenn man die Spieluhr aufzog, drehte sich

die ganze Vase zur Musik - ein netter kleiner Tischschmuck, wenn man Lust hat, sie dauernd aufzuziehen. Er hatte die Vase als ein Weihnachtsgeschenk für Mom gekauft, und das Ding hatte unberührt herumgestanden, seit er es zwei Jahre zuvor erstanden hatte.

Er hat auch Schritte in anderen Teilen des Hauses gehört, wenn er allein war, und ein paarmal hat er das Geräusch zerbrechenden Glases gehört, doch er fand nie irgendwelche Herumtreiber oder zerbrochenes Glas.

Ich war von dem Phantastischen während ein paar meiner Besuche nicht ausgenommen. Eines Abends, passenderweise die Nacht vor Halloween, hatte ich meine Mutter besucht, die Babysitter für meine zwei Neffen spielte. Wir saßen am Küchentisch vor dem großen Fenster neben der Hintertür, tranken Kaffe und redeten über das Leben im Allgemeinen. Da wir beide gewöhnlich mit unseren eigenen Familien beschäftigt waren, war es nett, sich einmal allein zu besuchen, wenn man zwei kleine Jungs nicht mitzählt, die einen nie in Ruhe lassen.

Als wir dort saßen, sahen wir, wie das Eisengeländer der hinteren Veranda mit solcher Macht vor- und zurückschwang, daß die Glastür in der Hintertür davon erzitterte. Ich dachte, daß ich nach Hause aufbrechen sollte, da ein heftiger Sturm auf uns zukäme, deshalb sah ich nach den Bäumen und erwartete, sie im Gleichklang mit dem Geländer, das inzwischen mit dem Wackeln aufgehört hatte, hin- und herschwanken zu sehen. Zu meinem Erstaunen gab es keinen Wind. Alles sah ziemlich friedlich aus. Mom und ich waren leicht verwirrt, doch wir vermuteten, daß ein Tier gegen das Geländer gestoßen und die Erschütterung hervorgerufen haben mußte. Wir wandten uns wieder unserem Kaffee und unserer Unterhaltung zu, und schätzungsweise fünfzehn bis zwanzig Minuten vergingen ziemlich friedlich. Um zum Punkt zu kommen: Draußen an der hölzernen Haustür hing an einem Band ein kleiner Strauß Mais, der durch eine geschlossene Windtür vor den Elementen geschützt war. Ohne Vorwarnung begann der Strauß vor- und zurückzuschaukeln und stieß gegen beide Türen, wodurch wir wieder von unserem Kaffee abgelenkt wurden. Nun, wir sahen uns an und dachten, daß es ein aufkommender Sturm sein müsse. Keiner von uns wollte von seinem gemütlichen Stuhl aufstehen, deshalb sah ich wieder durch das Fenster hinter mir hinaus. Ein zweites Mal stellte ich fest, daß kein Wind, kein Sturm und keine Brise auszumachen war. Scherzhaft schob ich die Störungen auf die Hausgeister. Da ich vierzig Kilometer entfernt wohnte und dachte, daß ein Sturm aufkäme, obwohl meine Augen diese Tatsache nicht hatten bestätigen können, beschloß ich, noch eine letzte Tasse Kaffee zu nehmen und aufzubrechen.

Um noch einmal auf unsere Unterhaltung zurückzukommen, so bekräftigte ich erneut, daß ihre Poltergeister micht nicht mochten, als plötzlich meine Stuhlbeine gerammt wurden, wodurch meine Aufmerksamkeit nun auf den Boden unter meinem Stuhl gelenkt wurde. Als ich hinuntersah, erwartete ich, meinen jüngsten Neffen unter meinem Stuhl krabbeln zu sehen. Da war niemand. Ich sagte meiner Mutter, daß sich das Ganze jetzt auf mich konzentriere, und ich war sicherlich froh, daß ich keinen Besuch in der Halloween-Nacht plante, denn es war nicht auszudenken, was passieren konnte. An diesem Punkt wurden die Beine meines Stuhls mit solch einer Macht gestoßen, daß sich der Stuhl fünf bis sechs Zentimenter über den Teppichboden bewegte. Nun, bei gesundem Verstand und stattlichem Körper, das war vielleicht eine Kraft! Ich sprang sofort von meinem Stuhl auf und sagte meiner Mutter, daß ich den Wink verstanden hätte, und draußen war ich. Der Vorgarten hat mehrere fünfzehn Meter hohe Bäume, und ehe ich mein Auto erreichte, erwartete ich fast, von einem riesigen Baum erschlagen zu werden. Wenn ich nicht schon vorher an die Geisterwelt geglaubt hätte, dann wäre ich spätestens jetzt davon überzeugt worden. Im Geiste sah ich Visionen von zwei oder drei gespenstischen Gestalten, die sich zusammendrängten und sich dumm und dämlich lachten, als sie mich davonlaufen sahen.

Ihr habt gewonnen, dachte ich bei mir. Dummejungenstreiche? Nun, definitiv war ich diejenige, der ein Streich gespielt worden war.

9
Debbie
Ist die Regierung beteiligt?

Viele vertreten die Meinung, die Regierung sei in das UFO-Rätsel verwickelt, sei es in Form von Vertuschung - oder sogar noch beängstigender-, daß sie mit den Aliens unter einer Decke stecke. Ich habe zu diesem Zeitpunkt wirklich keine Meinung dazu. Alles, was ich tun kann, ist Ihnen, dem Leser, Dinge zu berichten, an die ich mich erinnere, und es Ihnen zu überlassen, wie Sie darüber urteilen.

Kurz nachdem wir mit Budd wegen der Stelle im Garten und all den anderen unheimlichen Vorgängen, die meine Familie erlebte, in Kontakt traten, ereigneten sich seltsame Dinge.

Eines Sonntagnachmittags bekam ich einen Anruf von Joyce Lloyd, der Nachbarin, die nördlich von uns wohnte. Sie und ich waren so eine Art Freundinnen geworden. Sie war Zeugin der Nacht vom 30. Juni 1983, wie Budd während seiner Untersuchung entdeckt hatte. Danach begannen sie und ich, uns regelmäßig zu unterhalten. Wir wurden einander sehr verbunden, und obwohl uns heute viele hundert Kilometer trennen, stehen wir uns noch immer sehr nahe.

Als sie anrief, zeigte sie sich beunruhigt darüber, daß sie am Tag zuvor einen fremden Mann in unserem Garten gesehen hatte. Sie beschrieb ihn ungefähr als mittleren Alters, mit einem Anzug und einer Krawatte bekleidet, und er trug eine große Aktentasche und fuhr eine dunkelfarbige Limousine. Sie sagte, als er die Markierung in unserem Garten erreichte, setzte er seine Aktentasche ab, öffnete sie und machte dann irgendetwas im Garten. Sie konnte nicht alles sehen, was er tat, da er ihr zeitweilig den Rücken zukehrte.

Als er fertig war, packte er schnell seine Sachen zusammen und ging. Wir waren zu der Zeit, als der Mann auftauchte, nicht zu Hause gewesen.

Leider. Es war gut für ihn, denn mein Vater hätte ihn allerdings gründlich bearbeitet. Ich bin sicher, es war so geplant.

Meine Familie liebte es, am Küchentisch zu sitzen und die Natur im Garten zu beobachten. Häufig, wenn meine Mutter und ich am Tisch saßen, tauchte jemand in einem älteren Automodell auf, stieg aus und machte mehrere Fotos von der Hinterseite unseres Hauses und der Markierung im Garten. Diejenigen, die ich selbst sah, machten auf mich nicht den Eindruck von Regierungsleuten. Sie sahen eigentlich eher wie Diebe aus. Sie müssen jedoch bedenken, daß an diesem Punkt der Untersuchung niemand wußte, wer wir waren oder wo wir lebten. Das Buch war noch nicht geschrieben worden, und Budd hatte diesen Fall nicht publik gemacht. Woher wußten diese Typen überhaupt, daß es bei uns etwas zu sehen gab?

Mein Vater und ich beobachteten bei mehreren Gelegenheiten, wie große schwarze Lieferwagen neben der Straße vor dem Haus meiner Eltern auftauchten, und wir haben beide gesehen, wie mehrere Männer ausstiegen und auf die Telefonmasten vor dem Haus kletterten. Sie waren nicht von der Telefongesellschaft. Wir wissen dies sicher, weil wir die Telefongesellschaft gefragt haben. Wir wissen nicht, was das zu bedeuten hat. Mein Vater ging einmal auf sie zu, und sie sagten, er solle sich um seinen eigenen Dreck scheren. Dann verließen sie abrupt die Szene. Sie hatten offensichtlich gedacht, sie wären von der Baumreihe, die das Grundstück meiner Eltern säumt, verdeckt worden. Sie irrten sich. Nichts entgeht dem alten Mann.

Von dem Tag an, als ich in mein Haus einzog, hatte ich Probleme mit meinem Telefon. Ich nahm ab, und die Leitung war tot. In der nächsten Minute klingelte das Telefon, und wenn wir antworteten, war niemand am anderen Ende. Am nächsten Tag erhielt ich schätzungsweise dreißig Anrufe. Jeder davon war ein „toter" Anruf, wie ich sie nenne, niemand am anderen Ende.

Wir mußten in den Supermarkt auf der anderen Straßenseite gehen, um die Telefongesellschaft anzurufen und ihnen unsere Probleme zu schildern. Das war vielleicht lustig, jedesmal wenn wir das Telefon benutzen wollten, über eine vierspurige Straße zu gehen. Als ich der Vermittlung meinen Namen und meine Adresse nannte, schlug sie vor, mit der Sicherheitsabteilung zu sprechen und darum zu bitten, eine Fangschaltung in meiner Leitung anzubringen. Das fand ich merkwürdig. Ich hatte nichts davon gesagt, daß ich fürchtete, daß meine Leitung „angezapft" sei, doch sie erwähnte diese Möglichkeit. Ich sagte ihr, sie solle sich darüber keine Sorgen machen, ich wolle nur, daß mein Telefon funktioniere, und sie solle bitte bald jemanden herausschicken. Ich dachte bei mir: Mein Gott, die Dame von der Vermittlung klang paranoider als ich! Das ist verrückt!

Später an diesem Tag fuhr ein Mann in einem Lastwagen der Telefongesellschaft in meiner Einfahrt vor. Er saß dort ungefähr eine Stunde, stieg dann aus dem Lastwagen aus, stolzierte auf meine Tür zu und sagte mir laufend, er wisse, was mit meiner Telefonleitung nicht stimme. Ich dachte bei mir: Wie kannst du irgendetwas wissen? Du hast die ganze Zeit, die du hier warst, in deinem Wagen gesessen, du dumme Nuss! Er sagte, daß ich einen Wackelkontakt in der Leitung hätte, die mein Haus mit der Hauptleitung an der Straße verbinde. „Okay", sagte ich, „reparieren Sie es."

An diesem Abend nahm ich, einer Eingebung folgend, ungefähr um 22 Uhr den Hörer ab in der Hoffnung, endlich ein Freizeichen zu hören. Es war drei Tage her, daß wir eingezogen waren, und ich vermißte das Telefon! Statt eines Freizeichens hörte ich die Stimme eines Mannes, die sagte: „Hallo, sind Sie da?" Der Mann sagte, er sei von der Telefongesellschaft, und wenn ich auflegen würde, wäre meine Leitung bald repariert. „Schön!" sagte ich. Endlich würde mein Telefon repariert werden.

Es dauerte noch weitere zwei Tage, bis das Telefon funktionierte. Niemand konnte jemals herausbekommen, wer der Mann in der Leitung in jener Nacht war. Jedenfalls reparierte er sicherlich nicht mein Telefon.

Vor dem Vorfall vom 30. Juni 1983 hatte keiner von uns je einen schwarzen Hubschrauber gesehen. Danach sollten wir sie fast fünf Jahre lang nahezu jeden Tag sehen. Sie flogen drei oder vier Mal am Tag tiefer als dreihundert Meter über unser Haus, sogar sehr viel tiefer. Jedesmal wenn einer von uns im Auto saß und irgendwo hinfuhr, kam einer und folgte uns, wo auch immer wir hinfuhren. Immer wenn wir uns anschickten, dort wo wir gewesen waren, wieder abzufahren, kamen sie wieder, um uns zurück nach Hause zu folgen. Manchmal kamen sie in einer Fünfer-Formation. Und manchmal kamen sie uns so nahe, daß wir Ihnen die Haarfarbe des Piloten hätten sagen können, wenn unsere Fensterscheiben nicht dunkel getönt gewesen wären. Einer kam dem Auto meiner Schwester einmal so nahe, daß er sie fast von der Landstraße abbrachte, auf der sie fuhr. Sie sagte, wenn er noch ein wenig näher gekommen wäre, hätte sie ihr Autofenster öffnen können und das Rad dieses Dings packen können, so nahe kam er an ihr Auto.

Diese Hubschrauber sind tiefschwarz, nicht armeegrün. Sie haben nirgendwo irgendwelche Kennzeichen. Sie waren uns nahe genug gewesen, so daß wir gesehen hätten, wenn sie irgendwelche Kennungen gehabt hätten. Oft flogen sie gut tiefer als 300 Meter, manchmal tiefer als 150.

Eines Abends kreiste ein schwarzer Hubschrauber über eine Stunde lang über meinem Haus. Der Pilot, wer auch immer er war, flog mehr als fünfundvierzig Mal über mein Haus. Jedesmal wenn er anflog, machte er sein Stroboskoplicht an und richtete es auf meine Fenster. Sobald er vorbeigeflogen war, machte er es aus bis zum nächsten Anflug. Er kam unserem Haus so nahe, daß mein Schlafzimmerfenster von dem Lärm zersprang. Meine Nachbarn riefen an und fragten mich, was los sei, weil sie dachten, es sei ein Polizeihubschrauber, und sie waren besorgt, ob etwas an unserem Haus nicht stimme.

Meine Kinder spielten auf dem Feld neben unserem Haus mit mehreren Nachbarskindern, als ich hörte, wie ein schwarzer Hubschrauber sich näherte, ich ging deshalb hinaus, um sie hereinzuholen. Sie trafen mich auf halbem Weg um das Haus herum und brüllten sich die Lunge aus dem Leib! Dann erzählten sie mir alle dieselbe Geschichte, alle auf einmal, meine zwei Kinder und drei andere Nachbarskinder.

Sie erzählten, ein Hubschrauber sei so tief auf sie zugeflogen, daß er den Staub auf dem Platz aufgewirbelt hätte. (Sie waren damit bedeckt, so daß ich ihnen diesen Teil ganz sicher glaubte.) Dann, behaupteten sie, hätte sich darin eine Tür geöffnet, und ein Mann habe sich mit einer Art Kamera auf seiner Schulter hinausgelehnt. Sie glaubten, daß er sie fotografierte. Sie sagten, er packte eine Art Gerät aus und begann mit ihnen zu sprechen. Er fragte, ob sie mitfliegen wollten. An dieser Stelle kamen sie schreiend nach Hause. Diese Kinder hatten wirklich Angst, und ich brauchte mehrere Minuten, um sie zu beruhigen. Mein ältester Sohn und der älteste Nachbarsjunge sagten beide, daß der Mann irgendeinen dunkelgrünen Overall trug und blondes, wirklich blondes Haar hatte. Junge, war ich aufgeregt! Mich zu belästigen ist eine Sache, doch meine Kinder zu belästigen ist etwas anderes. Doch was konnte ich tun? Wen konnte ich anrufen, um mich zu beschweren? Ich rief den internationalen Flughafen von Indianapolis an, erzählte ihnen das Ganze und fragte, wer so etwas täte. Sie sagten, ich solle Fort Harrison anrufen, weil sie noch nie etwas von schwarzen Hubschraubern gehört hätten, und soweit es sie betreffe, gäbe es sie nicht.

Ich drehte den Spieß um und begann einen zu verfolgen, der mich verfolgte. Ich folgte ihm nach Fort Harrison, doch ich hatte Angst näherzukommen, so daß ich abfuhr, als er zu landen begann.

Einer landete sogar vor der Wiese der High School, in der ich gearbeitet hatte. Ich hatte meinen Ältesten zu einem Arzttermin gebracht und kam gerade davon zurück. Als wir die Straße hinuntergingen, in der sich meine Schule befand, rief mir Robby zu: „Mom, da ist so ein Hubschrauber wie der, der heute mit uns gesprochen hat!" Ich rutschte fast von der Straße. Absolut sicher, da war er, auf dem Boden, umgeben von Armytypen, die aussahen, als ob sie ihn bewachten. Später am Nachmittag hörte ich in den Fernsehnachrichten, daß etwas in den Wäldern neben Fort Harrison heruntergekommen war und daß man die Suche danach gestartet hatte. Leute berichteten, sie hätten Stimmen, die um Hilfe riefen, in den Wäldern gehört, doch man konnte nichts sehen. Sie zeigten Armymänner in voller Kampfausrüstung mit Gewehren, die durch die Wälder marschierten und nach dem Objekt suchten. Einige Leute berichteten, sie hätten einen Feuerball gesehen, der vom Himmel herunterkam, und als man ihnen sagte, daß es wahrscheinlich ein Hubschrauber war, hörte ich sie sagen: „Auf keinen Fall, ich weiß, wie ein Hubschrauber aussieht." Ich fragte mich, ob sie wohl den schwarzen Hubschrauber an der Schule als Vorwand abgestellt hatten, um zu sagen, daß es das war, was die Leute gesehen hätten. Sie berichteten nie, was sie fanden, sie sagten nur, daß man nie irgendeinen Hinweis auf ein Wrack fand und daß sie nicht wüßten, woher die Hilferufe gekommen waren. Ich hörte, wie jemand sagte: „Es klang, als ob man direkt neben ihnen stehe, doch man konnte nichts sehen." Verrückt, nicht? Dies alles ereignete sich im Umkreis von acht Kilometern von meinem Haus.

Ich weiß nicht, wer diese Hubschrauber fliegt oder was sie wollen, doch ich wünschte, sie würden abhauen. Sie haben meine Kinder erschreckt, meine Tiere und meine Nachbarn. Ich weiß nicht, ob sie von der Regierung bezahlt sind oder sonst etwas, doch ich wünschte, sie würden verschwinden.

Etwas Interessantes passierte mir auf meinem Rückweg von Kanada, wo ich hinflog, um *Eindringlinge* promoten zu helfen, als es veröffentlicht wurde.

Ich war dort gewesen, um eine Sequenz für die „Dini Petty Show" aufzunehmen, Kanadas Gegenstück zu unserer Oprah Winfrey. (In den USA bekannte Moderatorin einer täglichen Talk-Show zu kontroversen Themen, Anm. d.Übers.) Ich trat in der Show mit Budd Hopkins auf, um über den Fall meiner Familie zu reden. Ich war hinsichtlich meiner Fernseh-auftritte ziemlich nervös. Egal was das Thema war, ich war ein selbstbe-wußtes, nervöses Wrack! Dennoch fühlte ich mich gegenüber Budd und dem Verlag Random House verpflichtet, und ich fühlte mich insofern si-cher, als ich wußte, daß ich nicht in meinem eigenen Land zu sehen war.

Die Show verlief gut, und Ms. Petty war eine sehr nette verständnis-volle und offene Frau. Und doch konnte ich es nicht abwarten, nach Hause zu fahren. Diese ganze Sache rieb mich wirklich auf.

Nach Kanada zu kommen, war kein Problem gewesen. Die Dame am Zoll war sehr nett, und als sie mich fragte, was ich in Kanada zu tun hätte, sagte ich, daß ich in einer Fernsehshow auftreten sollte. Sie lächelte bloß, rollte mit den Augen und ließ mich ohne Probleme passieren. In mein ei-genes Land zurückzukommen, war eine andere Geschichte!

Als ich mich dem Zollschalter näherte, bemerkte ich, daß der Mann hin-ter dem Fenster mich anzustarren schien. Ich sagte mir, daß ich mir das nur einbilde und daß ich wahrscheinlich ein wenig nervös von der Reise und von all dem Gerede über UFOs in der Fernsehshow sei.

Bevor ich nach Kanada abreiste, erkundigte ich mich, ob ich einen Paß oder eine Geburtsurkunde benötige, um von einem Land ins andere zu kommen. Man sagte mir, dies sei nicht erforderlich, wenn man nach Ka-nada reise, so hatte ich keines dieser Dinge dabei, als der Mann am Zoll-schalter danach fragte. Ich zeigte ihm meine Sozialversicherungskarte und meinen Führerschein aus Indiana, doch er sagte mir, daß diese Dinge für eine Identifikation nicht ausreichend seien, um von Kanada in die Verei-nigten Staaten einzureisen. Ich bekam Zustände! Ich war hier in einem fremden Land, mit weniger als fünfzig Cents in der Tasche, stand im Be-griff, mein Flugzeug nach Hause zu verpassen, und dieser Typ will mir Schwierigkeiten machen! Was sollte ich bloß machen? Warum ich? Warum wollte er mit mir ein Exempel statuieren? Hatte er mich in der Fernsehshow gesehen und dachte, daß er sich eine gute Zeit mit mir ma-chen könne? Gab es irgendeinen anderen Grund, warum mein eigenes Land nicht wollte, daß ich zurückkam? Ich wurde sehr schnell fast para-noid.

Er nahm mich von den übrigen Leuten, die anstanden, zur Seite und fing an, mir die lächerlichsten Fragen zu stellen, die ich je gehört hatte. Es war genauso wie das Zeug, das ich im Fernsehen gesehen hatte, wenn je-mand aus irgendeinem Grund beim Zoll aufgehalten wird und sie all diese dummen Fragen stellen, wie: „Wer ist der Präsident der Vereinigten Staaten"? Du denkst, daß sie diese Art von Dingen nicht wirklich fragen, doch sie taten es tatsächlich. Es war wie ein Alptraum, eine Art von grausamem Scherz! Ich war total schockiert.

Schließlich sagte dieser Idiot von Zöllner zu mir: „Sie behaupten aus Indiana zu sein, deshalb sollte dies hier leicht für Sie sein. Wer ist der Vizepräsident der Vereinigten Staaten?"

Ich sagte: „Ich kümmere mich nicht darum, wer die Baseball-Meisterschaften gewonnen hat, ich habe das Endspiel nicht gesehen, und es ist mir egal, wer gewonnen hat. Ich bin weder Demokratin noch Republikanerin, und ich wähle nicht, aus Protest gegen die beschissene Art, wie die Regierung geführt wird. Ich glaube wirklich, sie sollten uns den Typen wählen lassen, den wir am wenigsten als Präsidenten haben wollen, und der Typ mit den wenigsten Stimmen gewinnt. Ich verpasse gleich mein Flugzeug, ich habe kein Geld mehr, und ich verliere hier gleich meine Fassung. Dan Quayle ist der Vizepräsident der Vereinigten Staaten, und ich finde, er sieht genauso aus wie Alfred E. Neumann auf der Rückseite des Mad-Magazins. Würden sie mich bitte jetzt gehen lassen?"

Mein aufgebrachtes Toben und Lärmen muß ihm großes Vergnügen bereitet haben, denn er wich vor mir zurück, begann laut zu lachen und erklärte, wenn ich wisse, wer Alfred E. Neumann sei, müsse ich sicherlich Amerikanerin sein. Dann sagte er mir, ich könne gehen. Er entließ mich gerade noch rechtzeitig, um meinen Heimflug anzutreten.

Niemand würde mir glauben, wenn ich ihm sagte, was am Flughafen in Kanada geschah. Doch ich sage Ihnen hiermit, daß es wirklich passierte, und es war nicht die Bohne lustig. Zu dieser Zeit habe ich nicht so laut protestiert, wie ich dies hätte tun sollen. Ich hatte Angst und kannte die Regeln nicht, doch glauben Sie mir, wenn es je wieder passiert, wird jeder davon erfahren. Es war die erniedrigendste, ungerechteste Sache, die mir je passiert ist, und ich war sehr enttäuscht, daß mein eigenes Land einem seiner steuerzahlenden Bürger so etwas antat.

Es war letztes Jahr, als ich in meinem Wohnzimmer saß, und mir eine Serie im Fernsehen ansah. Es war ein schöner ruhiger Tag, alle Arbeit war getan und die Kinder würden bald aus der Schule kommen. Ich genoß eine letzte Stunde des Friedens und der Ruhe. Es klopfte an meiner Fliegengittertür. Ich war überrascht, einen sehr nett aussehenden Mann zu erblicken, der vor meiner Tür stand. Ich weiß nicht, warum, doch ich bat ihn herein.

Ich bemerkte, daß er ein sehr schönes nagelneues Auto fuhr. Er nahm Platz und erzählte mir, daß Budd ihm meine Adresse gegeben hätte. Bei mir ging die rote Lampe an. Budd tut dies normalerweise nicht, ohne mir vorher Bescheid zu sagen. Na gut, dachte ich, wollen wir doch mal sehen, was er will. Er fragte mich nach dem Gefühl, das ich manchmal hätte, ehe ich schlafen ging, ehe etwas passierte, dieses Gefühl der Lähmung. Es war jedoch falsch, was er sagte. Ich hatte das manchmal unmittelbar bevor ich wach wurde, nicht bevor ich zu Bett ging. Ich korrigierte ihn, und ich bekam den Eindruck, daß er dies bereits wußte. Vielleicht war das ein Test. Das war alles, was er wissen wollte. Er dankte mir für meine Zeit und dafür, daß ich ihn hereingelassen hatte. Er sagte, wenn er noch weitere Fragen hätte, würde er zurückkommen. Dann ging er. Das war verrückt, dachte ich. Angesichts all der Dinge, die über mich geschrieben worden sind, sollte man meinen, daß er mehr als nur diese Fragen hatte, nachdem er jede Menge Schwierigkeiten hatte, mich zu finden.

Ich erhielt einen Anruf von einem Mann, der behauptete, ein Journalist aus Washington D.C. zu sein. Er behauptete, daß sie - wer auch immer „sie" waren - an den Telefonanrufen interessiert seien, die ich erhalten hatte, als ich mit meinem zweiten Sohn schwanger war. Sie glaubten herausgefunden zu haben, woher die Anrufe gekommen waren - irgendwo aus dem Weltraum! Er sagte etwas wie, daß ich zu irgendeinem Treffen in eine „geschützte Zone" dort in Washington D.C. kommen solle. Auch er behauptete, meine Telefonnumer von Budd bekommen zu haben, Budd hätte ihm jedoch die falsche gegeben, doch er hätte mich trotzdem gefunden.

Meine Nachbarin Brigitte rief mich an und sagte, daß dieser Mann die Telefonnummer irgendwie von Rhonda, einer früheren Nachbarin von mir bekommen hätte und daß er Rhonda in die Mangel nahm, um meine Telefonnummer zu bekommen. Rhondas Telefonnummer stand im Telefonbuch, doch Brigittes war nicht mit einer Adresse aufgeführt. Warum rief er diese beiden alten Nachbarn von mir an, um meine Nummer zu bekommen, und wie fand er heraus, daß sie meine Nachbarn waren? Was war überhaupt so wichtig, daß er mich bekommen mußte? Ich fand nie heraus, was zum Teufel er versuchte mir zu erzählen, und ich hörte nie wieder von ihm. Gut. Wahrscheinlich eher ein Verrückter als ein Mann von der Regierung.

Das letzte, das ich hier im Hinblick auf eine mögliche Verwicklung der Regierung erwähnen möchte, ist eine Erinnerung, die ich an etwas habe, das eines Nachts im Jahre 1986 geschah. Ich kann nicht sicher sagen, ob dies wirklich passierte. Es mag eine Art von Deckerinnerung sein. Ich war nicht in der Lage, den Mann je wieder ausfindig zu machen, mit dem ich in dieser Nacht zusammen war, um ihn zu fragen. Er verschwand, nachdem er mich am nächsten Tag nach Hause brachte. Es ist dennoch eine interessante Geschichte, von der Sie halten können, was Sie wollen.

Ein Mann, den ich Dave nennen werde, kam, um mich zu seiner Hütte im Wald abzuholen, zu einem romantischen Wochenende - nur mit uns beiden. Ich hatte ihn ein paar Monate zuvor über meine beste Freundin kennengelernt. Sie arbeitete mit ihm in einer großen Fabrik in Indianapolis zusammen.

Von dem Moment an, als wir uns kennenlernten, konnte er nicht von mir lassen. Er war verrückter nach mir als ich nach ihm. Doch ich entschied mich zu seinen Gunsten, da ich dachte, ich sei es einfach nicht gewöhnt, soviel Aufmerksamkeit von einem Mann zu bekommen, und daß es vielleicht gut für mich wäre, wenn ich mich einfach daran gewöhnen könnte. Er schien meine Kinder sehr zu mögen und war finanziell abgesichert, ich dachte deshalb: Zum Teufel, ich bekomme keinen jüngeren oder schöneren oder dünneren.

Als er mich zu diesem romantischen Wochenende einlud, hatte ich gemischte Gefühle, doch ich dachte, daß dies vielleicht genau das richtige sei, um mich an seine Aufmerksamkeiten zu gewöhnen. Ich hatte mich mehrere Monate lang mit ihm getroffen und vertraute ihm sicherlich genug, um zu wissen, daß ich in Sicherheit sein würde.

Als wir bei seiner Hütte ankamen, erinnerte ich mich, wie ich aus seinem Auto ausstieg und meinte, jemanden hinter einem Busch neben der Auffahrt wegrennen zu sehen. Ich erinnere mich, wie ich zu ihm sagte: „He Dave, ich glaube, jemand schnüffelt um deine Hütte herum!" Ich sah über das Dach des Wagens hinweg, wie er ausstieg, und der Ausdruck in seinem Gesicht schlug in pures Entsetzen um. Das nächste, an das ich mich erinnerte, war, daß ich sah, wie etwas über mein Gesicht ging, wie alles schwarz wurde, und daß ich einen Einstich an meinem rechten Arm verspürte.

Ich erinnere mich, wie ich zu mir kam und immer noch nicht sehen konnte, jedoch das Gefühl hatte, mich zu bewegen, und das Geräusch eines Motors hörte. Dann wurde ich wieder bewußtlos. Als nächstes erinnerte ich mich, daß ich für einen Moment zu mir kam und das Gefühl hatte, in einem Aufzug hinunterzufahren. Dann wurde ich wieder bewußtlos. In meiner nächsten Erinnerung konnte ich nun alles vor mir sehen. Ich wurde aufgerichtet und gezwungen, einen langen weißen Flur entlang zu gehen. Ich bemerkte, daß dort überall weiße Fliesen waren und eine chromartige Stange, die entlang der Mitte der Wände verlief. Die Fenster, an denen wir vorbeikamen, hatten kleine Drähte, die kreuzweise durch das Glas gingen. Ich war von sechs Männern umgeben - Menschen in orangen Overalls und orangen Sportkappen. Sie hatten alle ungefähr dieselbe Größe und denselben Körperbau, wesentlich größer als meine ein Meter fünfundsechzig. Vor uns waren zwei Männer in weißen Kitteln. Es waren ältere Männer mit tiefen Stimmen und sehr starkem südlichem Akzent. Ich hatte nicht mehr meine Kleider an, sondern trug eine Art Krankenhaus-Nachthemd und Papierschuhe an meinen Füßen. Ich wollte nicht dort sein, doch irgendwie konnte ich mich gegen sie nicht zur Wehr setzen. Ich war benommen.

Sie brachten mich in einen Raum mit Glaswänden. Um in den Raum zu gelangen, mußte einer der beiden Männer in weißen Kitteln eine kleine Karte in einen Schlitz rechts neben der Tür stecken und etwas sagen. Die Türen öffneten sich nach außen und schufen einen großen Eingang.

Sie legten mich auf einen Tisch und nahmen mir aus jeder Körperöffnung Proben ab - Blut und Haut und Schleim. Sie gaben mir auch mehrere Spritzen mit irgendetwas. Ich saß einfach da und ließ alles mit mir machen. Ich konnte mich nicht wehren. Während ich dort saß und sie dies an mir tun ließ, bemerkte ich, daß der Raum, in dem ich mich befand, eigentlich ein kleinerer Teil eines viel größeren Raumes war. Dieser große Raum war durch Glaswände in kleinere Räume unterteilt. Große Schiebetüren verbanden die Räume miteinander. Ich konnte in den anderen Räumen weitere Tische sehen, wie der, auf dem ich lag. Zum Glück sah ich dort niemand anderen wie mich.

Der ältere Mann mit dem weißen Kittel - ich nannte ihn den Doktor - kam meinem Gesicht wirklich sehr nahe und sagte in tiefem südlichen Akzent: „Schätzchen, du hast einen Käfer in deinem Ohr, und ich werde ihn jetzt für dich herausholen. Ich werde dir nicht wehtun, und du wirst dich danach viel besser fühlen." Dann stach er dieses lange glänzende metallene Instrument in mein Ohr. Es tat weh. Als er es herauszog, zeigte er mir, was er aus meinem Ohr herausgeholt hatte.

Als ich zuerst auf den kleinen Klumpen schaute, sah es aus wie eine Mücke, ganz verkrustet, mit ausgestreckten Beinen und Flügeln. Dann, als er sagte, ich solle mir diesen Käfer ansehen, begann er auszusehen wie eine blutverschmierte und verkrustete Sonde. Die Beine und Flügel verschwanden. Dann sagte er noch etwas zu mir, an das ich mich nicht mehr erinnern kann. Dabei sah er mich lächelnd an und sagte: „Nun, ich weiß gar nicht, warum ich mich damit abgebe, dir dies zu erzählen. Du wirst dich ja doch an nichts hiervon erinnern." Ich schaute zu ihm hoch und sagte in dem benommenen Zustand, in dem ich war: „Oh doch. Ich werde Sie nie vergessen, solange ich lebe." Er lachte nur über mich, und dann wurde ich wieder ohnmächtig.

Das nächste, an das ich mich erinnere, ist, daß ich in Daves Hütte war und auf seinem Schlafsofa erwachte. Ich schaute hoch und sah, wie Daves Piepser in der Ecke seines Zimmers flackerte. Dave hat einen Piepser, und er läßt ihn also die ganze Zeit an. Ich schlief wieder ein.

Am nächsten Morgen brachte Dave mich nach Hause. Ich sollte eigentlich das ganze Wochenende über bleiben, doch Dave änderte seine Meinung und beschloß, mich jetzt nach Hause zu bringen. Auf dem ganzen Heimweg sprach er kaum zwei Worte mit mir, und nachdem er mich an diesem Tag abgeliefert hatte, hörte ich nie wieder etwas von ihm. Auf der Heimreise fühlte ich mich physisch und psychisch schrecklich. Ich dachte dauernd, daß irgendetwas in der Nacht zuvor geschehen war, doch ich konnte mich einfach nicht erinnern, was es war.

Als ich nach Hause kam, lag ich auf der Couch und versuchte mich etwas zu erholen. Ich fühlte mich, als sei ich die ganze Nacht aufgewesen und hätte einen schrecklichen Durchhänger. Ich trinke nicht. Als ich dort lag und meinen Gedanken nachhing, begann ich mich an die Geschichte zu erinnern, die ich Ihnen gerade erzählt habe. Je länger ich dort lag, desto mehr erinnerte ich mich. Es war nicht wie bei normalen Träumen, bei denen man sich umso weniger an sie erinnert, je länger man wach ist, so daß man im Verlauf des Tages sogar vergißt, daß man diesen Traum hatte. Bis zum Ende des Tages hatte ich mich an alles erinnert und war dadurch wirklich beunruhigt. Wem sollte ich das erzählen? Wer würde mir glauben? Ich versuchte Dave anzurufen, konnte ihn aber nie erreichen. Schließlich erzählte ich Budd davon, doch er wußte damit nichts anzufangen, so daß es zu den Nebenakten gelegt wurde, die später untersucht werden sollten. Ich vergaß es dennoch nie.

Mehrere Jahre später traf meine Freundin Dave in der Fabrik, in der sie arbeitete. Er fragte, ob es mir gut gehe. Das war alles, was er über mich sagte. Sie erzählte mir, daß er seine Hütte verkauft, sich einen Bart hatte wachsen lassen, seinen Job gewechselt und geheiratet hatte. Sie sagte, er hätte nervös und besorgt gewirkt, als er nach mir fragte.

Ein paar Jahre danach hielt ich einen Vortrag vor einer MUFON-Gruppe über die Erfahrungen, die ich gemacht, und darüber, wie ich mich dabei verändert hatte. Während meines Vortrags bemerkte ich zwei Männer, die in der ersten Reihe saßen. Beide trugen dunkle Anzüge und Krawatten. Einer der beiden Typen hatte im Versammlungsraum eine Sonnenbrille auf!

Als ich anfing, von einigen Erinnerungen zu berichten, die mir wieder eingefallen waren, von Dingen, die mir jemand erzählt hatte, technisches Zeugs, sprang einer der Männer auf und sagte: „Woher haben Sie diese Information bekommen?" Ich sagte ihm, ich hätte sie auf dieselbe Art bekommen wie alles andere. Ich hätte mich daran erinnert, wie mir jemand diese Dinge erzählte. Dann fragte er mich, ob die Markierung in meinem Garten je einen seltsamen Geruch gehabt hätte. Ich sagte ihm, ja, absolut. Das schien für ihn die richtige Antwort zu sein, denn beide standen auf und gingen.

Ich fühlte mich allmählich wirklich merkwürdig nach diesem kleinen Zwischenfall und war froh, als meine Rede endlich vorüber war. Ich wollte dort wirklich raus. Ich fragte die Leute, die die Veranstaltung organisiert hatten, wer diese beiden Männer in der ersten Reihe wären. Sie sagten mir, sie wüßten nicht, wer sie wären, doch sie würden von Zeit zu Zeit auftauchen, wenn sie einen kontroversen Redner hätten.

Als ich mich danach in mein Hotelzimmer begab, erkannte ich plötzlich, warum diese Männer mich so sehr beunruhigt hatten. Der eine, der mich gefragt hatte, sah aus und klang genauso wie der Doktor, an den ich mich erinnerte und der vor Jahren den „Käfer" aus meinem Ohr geholt hatte. Wenn er es nicht war, hat er definitiv einen Zwilling. Der Mann war in den Fünfzigern, ungefähr ein Meter sieben- oder achtundsiebzig groß und wog circa neunzig Kilo. Er hatte ein ziemlich rotes Gesicht, eine große Knollennase und schneeweißes Haar. Er hatte die tiefste Stimme, die ich je gehört hatte, und er hatte einen sehr auffälligen südlichen Akzent. Er hatte außerdem blaue schielende Augen.

Ich erzähle Ihnen nur, an was ich mich erinnere. Ich sage nicht, daß ich weiß, was das alles bedeutet. Vielleicht kann jemand, der dies liest, für mich ein wenig Licht hineinbringen.

Als wir mehr und mehr Kontakt mit Budd hatten, hielt Johnny sich gerade weit genug von der Szenerie entfernt, damit er ungestört über mich lachen konnte. Obwohl er nicht ganz soviel wie sonst zu lachen schien, ärgerte es mich doch, daß er so engstirnig war. Er ahnte noch nicht, daß er bald nicht mehr lachen würde.

Wir hatten eine kleine, sehr einfache Hütte im Wald, die etwa hundertdreißig Kilometer von unserem Haus entfernt lag und ein perfekter Zufluchtsort war, um unseren Alltagssorgen zu entkommen. Einige unserer Freunde hatten ebenfalls Hütten in der Nähe der unseren, und jedes Wochenende zogen sich die Männer dorthin zurück, um zurück zur Natur zu gelangen und sich zu entspannen.

Einige der Frauen und ich begleiteten unsere Männer viele Male in den Wald, doch wir empfanden es bald zu sehr als Arbeit. Am Anfang war es eine Neuheit, doch sie erschöpfte sich schnell, und wir brachten nie die Phantasie auf, das Rad der Zeit zu einer romantischeren Ära zurückzudrehen.

Doch der Reiz der Wildnis und der Abgeschiedenheit - mit Hot Dogs und Mortadella - wurde für Johnny und seine Freunde nur noch stärker.

Als das Wochenende nahte, wollte ich meine Eltern besuchen. Budd kam übers Wochenende, und alle waren sehr aufgeregt. Wie üblich schaffte es Johnny, Budd und dem ganzen UFO-Thema so weit wie möglich aus dem Weg zu gehen. Er wollte nichts mit dem Thema zu tun haben und war entschlossen, seine Distanz zu wahren.

Ich versuchte ihn zu überzeugen, an diesem besonderen Wochenende zu Hause zu bleiben und mit mir zu meinen Eltern zu fahren, weil ich dachte, wenn ich ihn nur dazu bringen könnte, ein wenig Interesse für das Thema aufzubringen, könne er vielleicht verstehen, warum ich davon so fasziniert war. Ich fand es besonders unverschämt von ihm wegzufahren, wenn wir einen Besucher erwarteten, doch er wollte nichts davon wissen zu bleiben. Nichts zu machen! Er liebte es, mich zu piesacken, wie man eine Schlange mit einem Stöckchen reizt, doch er wußte immer, wann er aufhören mußte, ehe ich mit meiner Art von Giftzähnen zurückschlug.

Während seine Freunde draußen in der Einfahrt warteten, machte er auf dem Weg zur Tür eine letzte spöttische Bemerkung: „Nun, laß dich nicht von ihnen kriegen, Gert!" Aus unerfindlichem Grund nannte er mich immer liebevoll „Gert". Nun, das war der letzte Strohhalm! Ich stand an der Tür, als er ging, und schoß zurück mit den Worten: „Ich hoffe, sie saugen dich hoch und bringen dich irgendwohin. Vielleicht wirst du mir dann glauben, oder zumindest muß ich dich dann nicht mehr ertragen!" Junge, das sagte ich ihm wirklich. Das war vielleicht die dümmste Bemerkung, die ich je verbrochen habe, doch mir fiel auf die Schnelle nichts Besseres ein.

Dieses Wochenende verwandelte Johnnys Leben total. Der König der Ungläubigen sah zumindest etwas, das er nicht wegerklären konnte. Er hatte die Nacht in der Hütte unseres Freundes verbracht, und als er in den frühen Morgenstunden aufstand, um Mutter Natur zu begrüßen, trat Johnny nach draußen auf die Veranda der abgelegenen Hütte. Da man drinnen nirgendwo austreten konnte, war die Toilette, wo immer man wollte. Auf der anderen Seite des etwa hundert Meter breiten Sees sah er über den Bäumen ein Objekt schweben, daß er nicht deutlich erkennen konnte. Zuerst dachte er, es sei ein Hubschrauber. Es blieb einige Zeit unbeweglich auf der Höhe der Baumwipfel stehen. Von der Unterseite des schwebenden Objektes kam ein sehr großer Lichtstrahl, der nach unten auf die Bäume gerichtet war. Johnny konnte zwei kleine menschenähnliche Gestalten sehen, die am Rande des Waldes standen. Sie schienen ein Meter zwanzig bis ein Meter dreißig groß zu sein, hatten große Köpfe und eine gräulich-weiße Farbe. Er dachte zuerst, es wären seine beiden Kumpel, die mit ihm übers Wochenende da waren, und sie wären früh aufgestanden, um Eichhörnchen zu jagen. Das war unwahrscheinlich, da es noch dunkel und erst ungefähr drei Uhr morgens war. Er erinnert sich, daß er sie, allein in der Nacht, eine Weile beobachtete, er ist sich nicht sicher, wie lange genau. Dann erinnert er sich, daß er zurück ins Bett ging. Er erinnert sich nicht an irgendeine Zeitspanne oder an irgendwelche fehlende

Zeit. Er erinnert sich nicht an irgendeinen Kontakt mit diesen beiden We-sen. Er verweigert auch jegliche Untersuchung der Angelegenheit, so daß wir den Rest der Geschichte wahrscheinlich nie erfahren werden. Als nächstes erinnert er sich daran, wie er aufwachte und seine Freunde in der Küche reden und Kaffee trinken hörte. Er fragte sie, ob sie zuvor schon draußen zum Jagen gewesen wären, doch sie verneinten dies. Er erwähnte ihnen gegenüber nie etwas von seinem Erlebnis an diesem Morgen.

Nach seiner Rückkehr dauerte es mehrere Tage, bis er mir von seinem Erlebnis erzählte. Ich schätze, daß er endlich wußte, was meine Familie und ich durchgemacht hatten. Ich hörte mir aufmerksam jede Einzelheit über dieses Wochenende an und dachte bei mir, der Typ nimmt mich auf den Arm. Er glaubt, er erlaubt sich einen Scherz mit mir, doch ich durch-schaue ihn. Aus irgendeinem Grund habe ich nie irgendjemandes Erlebnis in Frage gestellt, doch daß es von Johnny kam, war so total anormal, so vö-lig unangebracht. Er hat sich dermaßen über mich lustig gemacht, daß es mir schwer fiel, ihm zu glauben. Wenn er die Wahrheit sprach, war es si-cherlich ein gerechtes Dessert.

Im Laufe der nächsten Monate bemerkte ich eine Veränderung an ihm. Er lachte nicht mehr über mich. Er weigerte sich immer noch, an irgend-einer Untersuchung oder Hypnosesitzung bezüglich jener Nacht teilzu-nehmen, doch nach einer Weile spürte ich, daß er mir die Wahrheit gesagt hatte.

War es bloß ein Zufall, daß ich ihm gewünscht hatte, damit in Kontakt zu kommen, und plötzlich passierte genau das? Kann es möglich sein, ei-nem anderen zu wünschen, das zu sehen, was er vorher nicht sehen konnte? Ich glaube ja fast alles, doch das brachte mich an meine Grenzen. Es ist si-cherlich unmöglich, jemandem zu wünschen, „hochgesaugt" zu werden, und es zu bewirken. Nun, was auch immer der Fall sein mag, ich werde zukünftig sicher sorgfältiger mit meinen Wünschen sein. Mein nächster Wunsch wird bestimmt Geld sein! (Beim zweiten Nachdenken ist die Lek-tion von König Midas vielleicht ein Grund, noch vorsichtiger zu sein.)

Diese Nacht mit ihren unerklärlichen Begleitumständen, die den Skep-tizismus des Ungläubigen durchbrach, war kein Einzelfall für Johnny. In den nächsten Monaten sollte er weitere mysteriöse Ereignisse erleben, ei-nes davon sollte so furchterregend für ihn sein, daß es ihn fast ein Jahr lang davon abhalten sollte, in seine geliebte Wildnis zu fahren.

Eines Morgens im Dezember 1983 fuhr Johnny schätzungsweise um halb sechs zur Arbeit. Er lauschte seiner Lieblingskassette mit Country

Music, lehnte sich im Auto zurück und fühlte sich gut. In den letzten zwei Jahren war er immer dieselbe Landstraße entlang gefahren und hatte die Szenerie immer genossen. Die Felder erinnerten ihn an seine Heimat Arkansas. Sie erinnerten ihn auch an seine Jugend, als die Zeiten hart, aber glücklich waren. Seine Familie war schrecklich arm, lebte abseits des Landes und pflückte Baumwolle, um Schuhe für die Schule zu kaufen. Doch da er das Jüngste von sieben Kindern war, verbrachte er seine Zeit mit seiner Lieblingsbeschäftigung, dem Fischen und Jagen.

Die Zeiten sind gewissermaßen immer noch hart für Johnny. Als er endlich in der Lage war, das Haus auf dem Land zu kaufen, das er sich immer gewünscht hatte, stellte er fest, wie teuer es ist, in einer ländlichen Gemeinde zu leben. Ich hatte ein paar Jahre gearbeitet, und das zusätzliche Einkommen half, zurecht zu kommen. Wir hatten kein Geld für Notfälle zurückgelegt, doch wir kamen zurecht.

Johnny war beruhigt über die Tatsache, daß er und ich eine feste Stelle hatten, während so viele Leute in dieser Zeit ohne Arbeit waren. Eines Tages in der Zukunft, wenn die vier Kinder groß wären, würden er und ich, so Gott will, in der Lage sein, ein paar Notgroschen für den Ruhestand zurückzulegen, oder zumindest würden wir in der Lage sein, einmal in der Woche Steak zu essen. Als ich ihm das sagte, war er beruhigt.

Als Johnny zufällig in seinen Rückspiegel sah, war er schockiert, den Umriß der Schattengestalt eines Mannes zu sehen, der einen Cowboyhut trug und auf dem Rücksitz seines Lastwagens saß. Er trat in die Bremsen, ohne zu wissen oder sich darum zu kümmern, ob ein anderes Auto hinter ihm war. Er stieß die Tür auf und sprang hinaus, halb in der Erwartung, erstochen, erschossen oder sonstwas zu werden. Als Johnny sich seinem Angreifer zuwandte, klopfte sein Herz. Der Rücksitz war leer. Er wußte, was er gesehen hatte, doch wo war er? Er fragte sich, ob er verrückt geworden war und musterte schnell das umliegende Land. Wieder sah er niemanden. Das Ackerland lieferte einem Flüchtling keine Versteckmöglichkeiten, und doch war der Rücksitz leer.

Nun sichtlich erschüttert, kehrte er zu seinem Lastwagen zurück. Zumindest hatte er keinen Unfall verursacht oder war von einem anderen Auto gerammt worden. Wie hätte er dies auch je der Versicherung erklären können? „Nun, dieser unsichtbare Typ saß auf meinem Rücksitz, und ich dachte, daß er mich überfallen wolle oder so..."

Als er mir später am Abend jedes Detail noch einmal aufzählte, war Johnny noch immer nervös wegen des Zwischenfalls. Bei Dingen, wie diesen, fängt man an sich zu fragen, ob man den Kontakt zur Realität verliert, ob man noch alle Tassen im Schrank hat oder ob man sich einfach nur im Kreis dreht und es nicht merkt. Was auch immer dahinter steckte, Johnny verkaufte den Lastwagen am nächsten Tag und tauschte ihn gegen einen ohne Rücksitz ein. Diesmal hätte der Schattencowboy zumindest keinen Platz zum Sitzen.

Dieser Zwischenfall erschütterte zweifellos Johnnys „Ich muß es sehen, um es zu glauben"-Standpunkt. Er war sich sicher, daß er wirklich jemanden auf seinem Rücksitz gesehen hatte, doch anscheinend gab es keinen Beweis für eine solche Person. Ich fragte mich, ob er irgendwie den Eindruck hatte, daß meine seltsamen Erlebnisse anfingen, auf ihn abzufärben. Hatte er das Gefühl, so lange mit mir gelebt zu haben, daß er anfing zu denken wie ich? Er hatte so viele Jahre über mich gelacht, daß es nur passend erschien, daß es nun an mir war zu lachen. Jemandem etwas heimzuzahlen kann ein Reinfall sein, doch verständnisvoll wie ich bin, hörte ich seiner Geschichte zu und akzeptierte sie schließlich als eine Tatsache.

Ein paar Tage nach dem seltsamen Erlebnis am frühen Morgen wurde der Zwischenfall beiseite geschoben und zusammen mit den anderen „Glaub-es-oder-nicht"-Vorkommnissen, an die man sich selten erinnert, ad acta gelegt. Noch heute nehmen wir Johnny respektvoll aus, wenn wir über unsere vielen seltsamen Abenteuer reden. Er behält sein Leben hartnäckig für sich und mag es nicht, wenn ich das Thema aufwerfe. Er kann austeilen, aber nicht einstecken.

Kurze Zeit später wurde Johnnys Verstand einem weiteren Test unterzogen, der ihn nur noch mehr verwirrte.

Johnny und Mike, unser drittes Kind, waren auf dem Weg zur Arbeit. Es waren Sommerferien, und Mike half seinem Vater bei der Arbeit, Material zu tragen und Werkzeuge zu reinigen, um sich ein wenig Taschengeld zu verdienen. Mit seinem Vater zu arbeiten, war eine gute Erfahrung für ihn, und er lernte sehr schnell, daß einem keiner im Leben einfach so Geld schenkt, nicht einmal dein Vater.

Gegen sechs Uhr morgens schaute Johnny ungefähr an derselben Stelle, an der er seinen „Schattencowboy" gesehen hatte, zum Himmel und lenkte Mikes Aufmerksamkeit auf etwas, das Johnny für eine fliegende Untertasse hielt. Er fuhr an den Straßenrand und hielt den Lastwagen an, um besser beobachten zu können. Während Johnny das fliegende Objekt beobachtete, schien Mike nach Angaben seines Vaters ziemlich verwirrt zu sein. Obwohl er sein Möglichstes tat und in alle Richtungen schaute, behauptete Mike, nichts zu sehen.

Johnny berichtet, daß er dieses Flugobjekt mehrere Sekunden beobachtete, während er ohne Erfolg versuchte, es Mike zu zeigen. Mike sah nichts.

Nach Johnnys Angaben erspähte er ein seltsames Flugobjekt, fuhr von der Straße herunter, beobachtete es eine kurze Weile, fuhr auf die Straße zurück und ging dann zur Arbeit.

Als wir Mike nach dem Zwischenfall fragten, stritt er alles ab, außer auf direktem Wege zur Arbeit gefahren und unmittelbar danach nach Hause gekommen zu sein. Er sagt, er erinnert sich nicht, daß sein Vater von der Straße gefahren sei oder irgendetwas von einer fliegenden Untertasse gesagt habe. Er schwört, daß der Morgen völlig ereignislos war. Selbst wenn ich ihn heute nach dem Zwischenfall frage und versuche, all die Einzelheiten richtig zu ordnen, ist er sehr durcheinander und tut so, als wolle ich ihm Worte in den Mund legen. Er verhält sich, als seien wir alle ein wenig merkwürdig. Das ist eine typische Reaktion, auf die ich in der Vergangenheit oft gestoßen bin.

Nun mußte ich also für mich selbst entscheiden, wer was sah oder nicht. Da war mein Mann, der aufgeregt über eine Sichtung, die er an diesem Morgen gehabt hatte, von der Arbeit heimkam, und da war mein Sohn, der dastand und mit den Schultern zuckte, seinen Vater nicht als Lügner bezeichnen wollte, jedoch nicht behauptete, etwas gesehen zu haben, was er offensichtlich glaubt nicht gesehen zu haben.

Gab es also dort wirklich ein Flugobjekt, das Johnny an diesem Morgen sah und Mike nicht sehen sollte? Ist es möglich, daß es bei einer UFO-Sichtung soundsovielen Leuten gestattet ist, das Objekt zu sehen und soundsoviele es nicht sehen?

Ich werde an meine eigene Sichtung auf dem Parkplatz bei der Kirche erinnert, der auf den übrigen drei Seiten der Kirche von Häuserreihen umgeben ist. Ist es möglich, daß selbst, wenn dort zahlreiche andere Leute zu genau derselben Zeit draußen gewesen wären, niemand gesehen hätte, was ich sah? Das würde es zweifellos sehr einfach machen, jemanden als verrückt oder als Lügner oder beides zu bezeichnen. Wenn zehn Leute zusammen sind und einer sieht etwas Seltsames oder Ungewöhnliches, wer hat recht? Könnte es sein, daß wir Dinge nur in unserem Geist sehen, daß das, was wir behaupten zu sehen, überhaupt nicht wirklich da ist? Vielleicht sehen die, die nicht an UFOs glauben, sie in Wirklichkeit doch, sind sich aber so sicher, daß sie nicht existieren, daß sie ihrem Verstand nicht erlauben, den Sinneseindruck wahrzunehmen. Vielleicht sollen es nicht alle sehen. Es ist für mich alles viel zu kompliziert. Ich kann nur mit den Dingen umgehen, die ich gesehen habe, und kann nur sagen, was mir als Wahrheit erzählt wurde.

Die Zeit verging, und auch dieser morgendliche Zwischenfall wurde in Johnnys Hirnwindungen abgelegt. Er wurde von den täglichen Nöten überlagert, die jeden plagen: Reparaturen am Haus, Rechnungen und der Versuch zu überleben. Johnny machte weiter seine Wochenendausflüge und fühlte sich jetzt zur Wildnis mehr als je zuvor hingezogen. Er wurde getrieben wie ein Lamm zur Schlachtbank, ließ die alltäglichen Sorgen hinter sich, betrat das jungfräuliche Land, wie man in Taufgewässer eintauchen würde, um die Sünden des Materialismus von seiner gequälten Seele abzuwaschen.

Inzwischen hatten zwei von Johnnys Freunden dort eine Hütte gebaut, und in jeder wurde gleichviel Zeit verbracht. An einem Wochenende in demselben Sommer ließen sich Johnny und Mike, begleitet von einem Freund, dort für ein Wochenende nieder, um Eichhörnchen zu jagen und Gitarre zu spielen.

Als um neun Uhr abends keiner der anderen Freunde angekommen war, beschloß Johnny zur anderen Hütte hinüberzufahren, die knapp fünf Kilometer entfernt lag, um nachzusehen, ob doch schon jemand da war. Er verließ seinen Freund und Mike in der Absicht, nur für kurze Zeit wegzubleiben, und bahnte sich seinen Weg durch die schwarze Nacht der Wildnis. Die Nacht ist in einem Wald immer schwärzer, als man es sich vorstellen kann. In manchen Nächten kann man die Hand nicht vorm Gesicht sehen. Da es dort keine Straßenlaternen gibt, sind der Mond und die Scheinwerfer die einzigen Leuchtquellen.

Johnny kam nie bei der zweiten Hütte an. Wie das Glück es wollte, hatte er mitten im Nirgendwo einen platten Reifen. Was ihn wirklich wütend machte, war die Tatsache, daß es sein zweiter Platten in einer Woche war. Derselbe Reifen war zuvor in dieser Woche geflickt worden. Sein kürzlich erstandener Lastwagen hatte vielleicht keinen Rücksitz, doch er hatte trockene verrottete Reifen. Johnny hatte vorgehabt, alle vier Reifen auszuwechseln, doch wenn man gerade mal so mit seinem Geld über die Runden kommt, ist es schwer, irgendwelche Extras einzuschieben, ehe es dringend nötig ist. Er wußte sofort, daß er kein Reserverad hatte. Er besaß eins, doch er hatte schon vorher in dieser Woche festgestellt, daß es nicht auf den Lastwagen paßte. Er suchte deshalb nach einem Wagenheber, damit er den platten Reifen abnehmen konnte.

Murphys Gesetz folgend gab es keinen Wagenheber. Er fand jedoch einen Radmutterschlüssel, so daß sein nächstes Problem darin bestand, wie er das Rad ohne einen Wagenheber abbekommen konnte. Das wäre ein guter Trick, wenn er funktionierte. Er schaffte es, den Lastwagen über einen Graben zu manövrieren, indem er es mehrere Male versuchte, bis er die drei guten Reifen auf festem Boden hatte und der platte frei über dem Graben rotierte. Wenn er nun nur noch das Rad stillhalten und die Radmuttern lösen könnte, könnte er den Reifen zur Hütte seines Freundes rollen.

Der arme Typ kapierte nie, warum er so viele Schwierigkeiten hatte. Warum nicht einfach zur Hütte wandern, Hilfe suchen, mit den anderen zurückfahren und den Reifen dann ablösen? Vielleicht konnte er vor lauter Frust an diesem Abend nicht klar denken. Vielleicht machte ihm die Wildnis, die er liebte, wenn er mit Freunden zusammen war, Angst, wenn er allein war. Vielleicht hatte er das Gefühl, mit einem platten Reifen bewaffnet zu sein, sei besser, als mit überhaupt nichts bewaffnet zu sein. Vielleicht dachte er, daß wenn sich ihm irgendjemand oder etwas näherte, er ihm den Reifen ins Gesicht werfen und dann weglaufen könnte. Wie auch immer, es spielte keinerlei Rolle, da er nicht in der Lage war, den Reifen vom Lastwagen abzubekommen.

Da stand er nun in der Dunkelheit, allein, frustriert und gründlich angewidert.

Dann, wie gerufen, sah Johnny zwei kleine Gestalten, die vom Waldrand auf ihn zukamen. Er beschrieb sie als „kleine Kerle", die ungefähr ein Meter zwanzig groß waren. Sie hatten eine weißlich-graue Farbe und für ihre Größe überproportionierte Köpfe. Sie hatten große dunkle feuchte Augen. Er behauptete später, daß sie mit ihm sprachen, doch nicht über ihren Mund, den er als bloßen Schlitz beschrieb. Er sagte, sie teilten ihm mental mit, daß sie ihm helfen würden und er sich keine Sorgen machen solle.

Sich keine Sorgen machen - das war leichter gesagt als getan.

Das ist alles, an was er sich im Zusammenhang mit den „kleinen Kerlen" erinnert. Er tat, was er konnte, doch er erinnert sich nur daran, daß er den Reifen die Straße hinunterrollte. Irgendwie gelang es irgendjemandem, das Rad vom fahruntüchtigen Lastwagen abzumontieren. Ein Mann, den Johnny als Hippie beschrieb, fuhr vorbei und hielt an, um zu sehen, ob er Hilfe brauche. Der Mann fuhr ihn zum nächsten größeren Ort, bis sie eine Servicestation fanden, die geöffnet hatte. Johnny sagte später, daß er glaubte, der Typ sei stark auf Drogen oder sowas. Er behauptet, er sei wie ein Verrückter gefahren und habe ihn halb zu Tode geängstigt. Für mich ist es seltsam, daß er seine Angst nicht mit den „kleinen Kerlen" in Verbindung brachte, ihm jedoch ein berauschter Hippie ein starkes mentales Trauma bereiten konnte.

Sie fanden eine Tankstelle, die geöffnet hatte, ließen den Reifen reparieren, kehrten zum lahmgelegten Fahrzeug zurück und brachten den Reifen an. Ob dieser Hippie berauscht war oder nicht, es war sicherlich sehr edel von ihm, sich um einen total Fremden so zu bemühen. Johnny hatte diesen Mann nie zuvor gesehen, noch hat er ihn seitdem wiedergetroffen.

Johnny kehrte zur Hütte zurück, wo unser Sohn und sein Freund warteten, und er war sehr überrascht festzustellen, daß es nun acht Uhr morgens war. Sein Freund war sehr in Sorge um ihn und war zu der anderen Hütte gewandert, da er dachte, er müsse einen Unfall auf der einsamen Straße gehabt und die ganze Nacht dort unbemerkt gelegen haben. Es war überhaupt nicht seine Art, so rücksichtslos zu sein, die beiden allein in der Nacht ohne Transportmöglichkeit und Telefon zurückzulassen. Er erklärte seine Verspätung durch die einfache Feststellung, er habe einen platten Reifen gehabt, und mit der extrem langen Zeit, die es dauerte, ihn reparieren zu lassen.

Johnny stieg nicht aus dem Lastwagen aus und ließ nie ein Wort über seine fremden Helfer fallen. Er forderte seinen Freund und seinen Sohn nur auf, in den Lastwagen einzusteigen, da sie nach Hause fahren würden.

Ich bin mir sicher, daß Johnny es mir nie erzählt hätte, doch bei ihrer Ankunft erzählten mir seine Begleiter sofort, er sei die ganze Nacht fortgewesen und hätte sie allein gelassen.

Nun, dem alten Mädchen macht keiner was vor. Die ganze Geschichte klang für mich ganz schön faul. Ich war aufgebracht, weil er unseren Sohn die ganze Nacht allein gelassen hatte, obwohl er nicht allein war. Ich malte mir aus, daß er nicht von einem Kind um sich herum belästigt werden wollte und deshalb zur Hütte des anderen Freundes hinüberfuhr, um zu trinken und sich die ganze Nacht wie ein Irrer aufzuführen, und daß er dann einfach einschlief. Als Johnny schwor, daß er nie bei der anderen Hütte angekommen sei, begann ich mich zu wundern. Als mein Sohn darauf bestand, daß sein Vater nicht getrunken hatte, als er sie bei der Hütte zurückließ - vielleicht zwei Bier, was nicht viel für ihn ist -, wußte ich, daß irgendetwas merkwürdig war. Vielleicht hielt unser Sohn nur zu dem Kerl, der ihn zum Jagen und Fischen mitnimmt, statt zu der Frau, die ihm sein Zimmer aufräumt.

Johnny ist nie ein Einzelgänger gewesen. Er kam aus einer neunköpfigen Familie, war in eine Menge hineingeboren worden und mochte das. Es war überhaupt nicht seine Art, eine ganze Nacht allein zu verbringen, und ich war total entschlossen, seiner Geschichte auf den Grund zu gehen. Ich würde ihn mir vornehmen und später unser unschuldiges Söhnchen.

Als ich Johnny weiter nach der vorherigen Nacht ausfragte, war alles, was er sagte, daß er nie dorthin zurückgehen werde. Jetzt stimmte wirklich irgendetwas nicht.

Am nächsten Montag besuchten wir die Freunde, denen die zweite Hütte gehört, bei der Johnny in dieser Nacht nie ankam. Sie leben in derselben kleinen Stadt und besuchen uns regelmäßig, und wir besuchen sie. In Johnnys Gegenwart kam ich auf die Ereignisse des Wochenendes zu sprechen. Unsere Freunde und ihr Sohn waren an diesem speziellen Wochenende in ihrer Hütte gewesen, und alle drei bestätigten, daß Johnny in jener Nacht nicht vorbeigekommen sei.

Das überraschte mich. Soviel zu Plan A, nun wollte ich zu Plan B übergehen. Ich war mir nur nicht sicher, was Plan B war, doch wenn es mich den Rest meines natürlichen Lebens gekostet hätte, ich wollte herausfinden, was in der fraglichen Nacht geschehen war.

Ich brauchte dazu nicht den Rest meines Lebens, doch es dauerte mehrere Tage, bis ich aus Johnny weitere Informationen über diese ungewöhnliche Nacht herausbekommen konnte.

Johnny ist ein echter Gesellschaftstrinker. Tagelang, wochenlang oder monatelang kann Bier im Kühlschrank liegen, so lange, bis irgendwelche Gesellschaft vorbeikommt. Ich zähle nicht als Gesellschaft - als deshalb Johnny eines Abends zu trinken anfing, mehrere Tage nach seinem Wochenend-Zwischenfall, war mein erster Gedanke, daß er ein Schuldgefühl haben müsse.

Er saß mehrere Stunden am Küchentisch, redete über sein Leben und was er damit anfangen wolle - und wurde ein wenig betrunken. Er hielt den Kindern eine Predigt, sie sollten gute Noten bekommen und versuchen, in der Schule mehr zu lernen, als er das getan hätte. Er sagte, er wünsche sich für sie etwas Besseres, als er für sich selbst getan hätte. Er sprach davon, aus den Schulden herauszukommen, eine Terrasse anzubauen, die Autos zu reparieren, neue Möbel zu kaufen, einen Garten anzulegen, über den Weltfrieden und alles, was ihm gerade so einfiel. Er redete wild drauf los, sprach Worte der Weisheit und klang wie ein neunzigjähriger Mann, der fühlt, daß seine Tage gezählt sind, und der alles Wissen, das er in seinem Leben erlangt hat, weitergeben möchte.

Nach ein paar Stunden entfernten sich die Kinder eines nach dem anderen, bis nur noch er und ich am Tisch saßen. Hab ich ein Glück, dachte ich, ich konnte sein endloses Geschwafel ertragen, weil ich ihn einfach abschaltete und meine eigenen Gedanken sammelte.

Als er merkte, daß wir allein in der Küche waren, beugte er sich herüber, und seine Stimme wurde so leise, daß ich kaum verstehen konnte, was er versuchte zu sagen. Er begann die Ereignisse der fehlenden Nacht aufzurollen. Ich wurde total überrumpelt, als er anfing, mir alles zu beschreiben, an das er sich erinnern konnte. Wie bitte? Was war mit dem Weltfrieden und den Schulzeugnissen? Langsam, ganz von Anfang an, sagte ich behutsam. Ist das ein Witz? dachte ich, als ich sein Gesicht aufmerksam beobachtete und nach irgendeinem Anflug eines Lächelns oder einem Anzeichen dafür Ausschau hielt, daß er sich die Geschichte ausdachte. Johnny konnte nie gut lügen. Seine Stimme wird dann fistelig, er spricht sehr schnell, hustet viel und kann einem nicht in die Augen sehen. Ich suchte nach den verräterischen Anzeichen, sah jedoch keins. Er war todernst, als er jede Einzelheit darlegte, an die er sich erinnern konnte.

Ich saß da, so geduldig wie möglich, nicht ganz sicher, was ich denken sollte. Ich konnte spüren, daß das Erlebnis ihn definitiv erregte.

Was soll das? fragte ich mich. Denkt der Kerl, ich bin blöd, oder was? Ich hörte ihm weiterhin zu, unterbrach ihn bei mehreren Gelegenheiten.

Ich fragte ihn, was sie zu ihm gesagt hätten. Er konnte sich nur daran erinnern, daß sie sagten, sie würden ihm helfen.

Ich bombardierte ihn mit jeder erdenklichen Frage, die mir einfiel, und gab mir Mühe, sie mir zu merken, so daß ich sie ihm gegenüber zu einem späteren Zeitpunkt, wenn er total nüchtern war, noch einmal wiederholen konnte. Ich entschied, daß es unmöglich war, mit einem betrunkenen Mann zu streiten und zu siegen, ich würde die Befragung also zu einem späteren Zeitpunkt fortsetzen. Ich nahm mir vor, dabei schlau vorzugehen, ein bißchen hier und ein bißchen da zu bohren, und früher oder später würde ich ihn bei einem Fehler ertappen. Ich versuchte alles Mögliche - glauben Sie mir, ich habe alles versucht -, doch es gelang mir nicht. Seine

Antworten lauteten immer gleich, Wochen, Monate später, ja selbst bis zum heutigen Tag.

Nachdem er mir die fragliche Nacht erst einmal enthüllt hatte, sprach er mit mir offen darüber, doch nie vor den Kindern.

Johnny weigert sich, sich einer Hypnose zu unterziehen, um den Rest der Geschichte aufzudecken. Was auch immer in der Dunkelheit der Wildnis in jener Nacht geschah, wird wahrscheinlich lange Zeit in seinem Unterbewußtsein verborgen bleiben. Selbst wenn er nicht entführt oder in irgendeiner Weise untersucht wurde, bleibt die Tatsache, daß er zwei menschenähnliche Gestalten sah, die nicht von dieser Erde waren. Er hat von der fraglichen Nacht keine Narben.

Allerdings haben Johnny und unser Sohn, der andere Jäger, beide die tiefe ovale Wunde an ihrem Schienbein, die mit UFO-Entführungen in Zusammenhang gebracht wird. Beide Narben sind alt und seit langem verheilt. Keiner von beiden erhielt die Wunden in der fraglichen Nacht, sondern irgendwann in der Kindheit durch eine unbekannte oder nicht erinnerte Verletzungsquelle. Als gute Mutter habe ich im Geiste versucht, mich zu erinnern, wann mein Sohn möglicherweise solch eine Narbe bekommen haben könnte, doch es ist mir bislang kein solcher Unfall oder eine Verletzung eingefallen. Debbie und unsere Mutter haben ebenfalls identische Narben. Zwei meiner Freundinnen haben auch dieselbe Art von Narbe. Niemand außer Debbie erinnert sich, wie er zu einer solch tiefen ovalen Narbe kam. Die von Debbie stand mit ihren UFO-Erfahrungen in Verbindung.

Was auch immer mit Johnny geschah, diese Nacht verwandelte ihn von einem totalen Skeptiker bezüglich Aliens oder UFOs in einen Mann, der nun den Geschichten über Sichtungen oder möglichen Entführungen zuhört und nicht mehr lacht. Er spottet nicht mehr darüber und reist nicht mehr ohne einen Ersatzreifen.

11
Debbie
Übergänge

Am 24. April 1984 machten meine Mutter und ich die ungewöhnlichste UFO-Sichtung, die ich je hatte.

Ich manikürte an diesem Abend gerade meine Nägel und stellte fest, daß mir der Nagellackentferner ausgegangen war. Aus irgendeinem Grund beschloß ich, auszugehen und welchen zu kaufen, obwohl es bereits ziemlich spät war, und ich damit bis zum nächsten Tag hätte warten können. Ich sprang in mein Auto und fuhr zum Laden an der Ecke, der die ganze Nacht geöffnet hat. Als ich auf dem Rückweg unsere Straße herunterkam, die nach Süden führt, sah ich etwas, das aussah wie die Landescheinwerfer eines sehr großen Düsenflugzeugs. Ich beobachtete diese Lichter einen Moment lang. Als ich die Eisenbahnschienen erreichte, die schätzungsweise vierhundert Meter nördlich unserer Auffahrt liegen, hielt ich an, um diese besonders hellen Landelichter besser beobachten zu können.

Als ich dort bei den Eisenbahnschienen saß, sah ich, wie die zwei hellen Lichter sich langsam aufeinander zubewegten und zu einem intensiven Licht wurden! Ich konnte meinen Augen nicht glauben! Flugzeuge tun so etwas nicht! Ich gab Gas und raste nach Hause. Ich rannte durch die Haustür und schrie wie eine Verrückte nach Mom, sie solle herauskommen und sich dieses Ding ansehen. Es war direkt auf unser Haus gerichtet! Sie kam ruhig heraus, warf einen Blick nach oben und sagte: „Debbie, das ist nur ein Flugzeug." Ich wußte, daß es kein gewöhnliches Flugzeug war und sagte ihr, sie solle eine Minute warten, und sie würde sehen, wovon ich spreche. Wir standen drei oder vier Minuten auf der vorderen Veranda. Wir konnten das Flugobjekt durch die Bäume auf uns zukommen sehen. Das helle Licht sah unheimlich aus, als es durch die halbkahlen Zweige über unseren Köpfen schimmerte. Als es die Lichtung direkt über unserem Haus erreichte, wurde es offensichtlich, daß dies kein normales Flugzeug war.

Es bewegte sich extrem langsam - ungefähr so schnell wie ein Zeppelin -, und seine Flügelspannweite war gigantisch. Es bedeckte die gesamte Baumlichtung über uns. Es schien ungefähr die doppelte Länge unseres dreistöckigen Natursteinhauses zu haben. Ich kenne kein Flugzeug, das so langsam in dieser Höhe fliegen kann - schätzungsweise 60 Meter -, ohne vom Himmel zu fallen!

Wir bemerkten ein leichtes Summgeräusch, als es sich uns näherte, doch als es direkt über unseren Köpfen war, wurde das Geräusch nicht lauter.

Es hatte die Umrisse eines Boomerangs. Im vorderen Teil, wo sich die beiden Flügel trafen, schien eine runde dunkle Zone zu sein. Innerhalb dieser dunklen Zone flackerte rotes Licht. Ich konnte auch hinter den Flügeln eine dunkle Zone sehen, die rechteckig aussah, mit einem langen spitzen Ding, das von hinten kam und mich vage an einen Stachelrochen erinnerte.

Als wir dort standen und zu dem Flugobjekt hochschauten, leuchtete es plötzlich auf! An diesem Punkt war es direkt über uns, und die ganze Unterseite war mit einem fast hörbaren Knall voll zu sehen. Ich konnte viele, viele kleine weiße Bälle aus Licht sehen, die überall auf der Unterseite dieses Dings verteilt waren und mehrere lange röhrenförmige Lichter - wie Leuchtstoffröhren -, die den Rand der beiden Flügel säumten. Es war, gelinde gesagt, eindrucksvoll. Die rechteckige Hinterseite blieb dunkel, nur die Flügel leuchteten auf. Meine Mutter rief aus, wie wundervoll es sei, und sie stand auf der Veranda staunend da mit offenem Mund. Sie bemerkte, daß es „nur für uns" aufgeleuchtet zu haben schien.

Ich war dagegen nicht so begeistert. Ich kann mich nur daran erinnern, wie ich bei mir dachte: Oh Mist, da sind sie wieder! Ich war nicht so mesmerisiert, wie meine Mutter es offensichtlich war. Ich war zu Tode erschrocken. Ich erinnere mich, wie ich mich an der Fliegengittertür festhielt und mit einem Fuß auf der Veranda und einem im Haus dastand. Als das Flugobjekt über unser Haus flog, rannte ich nach drinnen durch die Küche und zur Hintertür wieder hinaus. Ich wollte ein Auge auf dieses Ding behalten. Ich wollte die ganze Zeit wissen, wo es war. Ich wollte nicht, daß es sich an mich heranschlich. (Übrigens war ich so außer mir vor Angst, daß ich direkt an einer geladenen Kamera vorbeilief, die auf dem Tisch direkt bei der Haustür lag.)

Ich beobachtete, wie es über unser Haus flog und dann, als es ungefähr eine halbe Meile entfernt war, sah ich, wie es seine Achse wendete, indem sich die Flügel herumdrehten, so daß sie in die entgegengesetzte Richtung zeigten und wie es zurück Richtung Südwesten flog. Ich konnte nicht glauben, was ich gesehen hatte. Kein Flugzeug kann das tun! Ich beobachtete es, bis es außer Sicht war.

Mom und ich begannen sofort zu zeichnen, was wir gesehen hatten. Als mein Vater später am Abend von der Arbeit nach Hause kam, haute es ihn fast um, als wir ihm davon erzählten. Er schlug vor, jemanden anzurufen, um über dieses Ding zu berichten. Ich hatte von Budd Unterlagen über MUFON und CUFOS bekommen, zwei der bekanntesten und angesehensten UFO-Forschungsgruppen im Lande. Ich holte also eines der Journale hervor und rief die UFO-Hotline aus dem CUFOS Journal an. Dr. J. Allen Hynek antwortete am anderen Ende. Ich war darüber ziemlich überrascht. Es war ungefähr 23 Uhr, als wir anriefen. Für Dr. Hynek war es ziemlich spät, noch aufzusein, dachte ich. Unsere Sichtung hatte etwa um 21.30 Uhr stattgefunden.

Wir redeten fast eine Stunde miteinander, und ich sagte ihm zu, ihm unsere Zeichnungen zu schicken. Er sprach mit jedem von uns einzeln. Er sagte meiner Mutter, er fange an zu glauben, daß es nur gewissen Leuten gegeben sei, Zeuge solcher Ereignisse zu werden.

Wir stellten fest, daß es im Radio oder im Fernsehen weder an diesem noch einem späteren Abend Berichte über Sichtungen irgendwelcher Art gab. Das überraschte uns, denn das Raumschiff war riesig, und wir konnten nicht glauben, daß niemand sonst es gesehen hatte! Ich betrachte dieses Ereignis nur als eine weitere Bestätigung, die ich wirklich nicht mehr brauchte.

Im Februar 1986 war ich fast soweit, aus dem Haus meiner Eltern auszuziehen und mit meinen beiden Jungen ein eigenes Leben zu beginnen. Ich traf mich mit dem Mann, der bald mein zweiter Ehemann werden sollte, James. Ich hatte die Kosmetikschule mit ausgezeichneten Noten abgeschlossen und hatte meine erste Stelle auf diesem Gebiet. Das Leben schien sich für mich langsam zu klären. Ungewöhnliche Dinge ereigneten sich immer noch, doch ich schätze, ich gewöhnte mich langsam daran. Sie schienen mich nicht mehr so sehr zu ängstigen.

Eines Abends in diesem Jahr war ich in meinem Zimmer und sah gerade fern, als mein ältester Sohn hereinrannte und anscheinend sehr verängstigt und aufgeregt war. Er behauptete, da sei eine „rote Spinne" an seiner Wand, die ihm Angst mache. Er wollte zu mir ins Bett kommen, um sich sicher zu fühlen. Ich hatte mich inzwischen daran gewöhnt, deshalb ließ ich ihn in meinem Bett liegen, deckte ihn zu, setzte mich ans Fußende meines Bettes und sah weiter fern. Ich dachte, er hätte einen schlechten Traum gehabt, deshalb kümmerte ich mich nicht darum, nach der roten Spinne zu sehen. Heute wünschte ich, ich hätte es getan, denn ich glaube, er hat vielleicht eine Art rotes Licht an seiner Wand gesehen, das irgendwie mit dem Phänomen, das ihn ängstigte, in Verbindung stand.

Als ich dort saß und fernsah, warf ich zufällig einen Blick auf die offene Tür meines Zimmers. Ich war absolut verblüfft, ein blaues Licht zu sehen, das am anderen Ende des Türeingangs auftauchte. Als ich weiter hinschaute, sah ich, beide Augen weit geöffnet und hellwach, den leuchtenden blauen Umriß einer grauen Aliengestalt, die an meiner Schlafzimmertür vorbeischlich. Ich saß da mit weit geöffnetem Mund und total unter Schock. Er ging an meiner Tür vorbei und durch etwas hindurch, das ich als einen unsichtbaren Türeingang beschreiben will, der dort begann, wo er aus meinem Gesichtskreis verschwand. Diesmal sah er blau und irgendwie durchsichtig aus. Als er an meiner Tür vorbeiging, drehte er mir für einen Augenblick seinen Kopf zu, als ob er sich während des Gehens ausbalancieren müsse. Ich bekam den deutlichen Eindruck, daß er sich entweder nicht bewußt war, daß ich ihn sehen konnte, oder er sich einfach nicht darum kümmerte.

Als er diesen unsichtbaren Türeingang passierte, erschienen dort, wo er ihn mit seiner Silhouette berührte oder wo er hindurchging, kleine Funken, die mich an Wunderkerzen erinnerten. Sobald er ganz hindurch war, war er verschwunden, ebenso die Funken.

Ich saß einen Moment lang da und versuchte zu verstehen, was ich gerade gesehen hatte. Als ich meinen Sohn betrachtete, der dort fest schlafend lag, dankte ich Gott, daß er nicht gesehen hatte, was ich gesehen hatte. Wie könnte ich dies je wegerklären? Ich fühlte mich außerdem schuldig, daß ich nicht aufgestanden war, um die Geschichte mit der roten Spinne zu prüfen. Ich bin mir heute sicher, daß es mit dem, was ich gerade gesehen hatte, in Verbindung stand. Dieses Ding schien aus der Richtung des Jungenzimmers zu kommen. Ich war erschrocken und wütend bei dem Gedanken, daß diese Kreatur meine Kinder verletzte und verängstigte.

Ich weiß nicht, wie lange ich dort auf dem Bettrand saß und versuchte, meine Fassung wiederzugewinnen. Ich erinnere mich, daß ich ein leichtes Summgeräusch hörte, das von außerhalb meines Schlafzimmerfensters kam, doch mir war nicht danach hinauszuschauen, um festzustellen, woher das Geräusch kam.

Als ich mich endlich vom Bett erheben konnte, sprang ich auf und rannte ins Zimmer meiner Eltern. Ich bestand darauf, daß sie aufstanden, und ich bat Mom, mir das Geld für ein Hotelzimmer zu leihen. Sie wußte, daß ich es ernst meinte, deshalb stand sie auf. Sie machte eine Kanne Kaffee, und wir saßen fast eine dreiviertel Stunde am Küchentisch, während ich ihr die Einzelheiten dessen, was ich gesehen hatte, erzählte.

Mit noch so viel Kaffee und Zigaretten war ich nicht zu beruhigen. Ich ging schließlich zurück ins Bett, holte zuerst mein anderes Kind und legte es zu meinem anderen Sohn zu mir ins Bett, so daß ich über sie wachen und sie beschützen konnte. Ich schlief nicht sehr gut in dieser Nacht.

Während dieser Zeit hatte ich die Dinge aufgeschrieben, an die ich mich selbst - ohne Hypnose - zu erinnern begonnen hatte. Ich hatte angefangen, Collagen und Bleistiftzeichnungen von den Bildern anzufertigen, die ich in Raumschiffen gesehen hatte und von etwas, das aussah wie eine Schrift unbekannten Ursprungs. Ich dachte, diese Dinge seien vielleicht eines Tages für irgendjemanden wichtig, und ich kam nicht eher zur Ruhe, bis ich sie niederschrieb. Es schien mich zu beunruhigen, bis ich es aufschrieb. Dies zu tun, hatte einen hohen therapeutischen Effekt für mich, und nach ein paar Jahren hatte ich einen ziemlichen Berg Material gesammelt.

Ich gab eine Menge dieses Materials Budd, doch es gab so viel Information, daß er entschloß, sie zurückzuhalten, um seine Leser nicht zu verwirren. Ich habe immer das Gefühl gehabt, daß es wichtig war, mich an diese Informationen zu erinnern, obwohl das Material selbst vielleicht nichts bedeutet. Ich glaube, Budd dachte das auch, obwohl er bereits vom Ausmaß unseres Falles überwältigt war und nicht wußte, was er mit all dem anfangen sollte. Es tat mir wirklich leid für ihn!

Während dieser Zeit fing ich auch an, Samen von verschiedenen Pflanzen in der Nähe unseres Hauses zu sammeln. Es wurde zu einer Obsession für mich, und ich erinnere mich deutlich daran, wie ich ungeduldig auf die Zeit wartete, da die Roßkastanien von den Bäumen zu fallen begannen. Ich mußte sie meiner Sammlung hinzufügen.

Nach ein paar Monaten sah mein Zimmer allmählich aus wie der Traum eines Gartenbauexperten. Ich besaß Samen fast jeden Pflanzentyps, der im mittleren Westen bekannt ist. Am meisten stolz war ich auf meine Katzenschwänze, die sich als die am schwersten zu sammelnde Sorte herausstellte. Wie anstrengend das war, wenn ich mit dem Wagen an der Straßenseite anhielt und durch morastige, sumpfige Schluchten kletterte, um an meine Beute zu kommen. Ich bin sicher, ich machte einen total verrückten Eindruck! Mein Grund dafür war folgender: Ich wollte ein kleines Stück von dieser Welt haben, wie sie damals war, so daß ich, wenn sich alles eines Tages ändern würde, etwas hätte, um meinen Kindern zu zeigen, wie meine Welt - ihre Natur - gewesen war. Ich empfinde bis heute eine tiefe Verbundenheit zur Natur, obwohl mein Trieb, Proben zu sammeln, aufgehört hat.

Tatsächlich geschah es eines Morgens ziemlich abrupt. Ich wachte auf und sah, daß einfach alles, was ich gesammelt hatte, über Nacht aus meinem Zimmer verschwunden war. Selbst meine geschätzten Katzenschwänze waren weg. Ich drehte durch und beschuldigte meine jüngere Schwester, sie weggenommen zu haben. Sie hatte auf meine Katzenschwänze geschielt für ein Blumenarrangement, das sie zusammenstellte. Sie war überrascht, als ich sie bat, mir bitte meine Sachen zurückzugeben, und sie stritt ab, sie weggenommen zu haben. Ich sah nichts aus meiner Sammlung je wieder, und von diesem Tag an hörte die Lust, der Trieb zu sammeln, für immer auf.

Dieselbe Sache passierte mir ein paar Jahre zuvor, nur schien ich damals Männer zu sammeln. Nun, lassen Sie mich dies erklären.

Kurz nachdem ich mit meinen Eltern einzog - nach meiner ersten Scheidung -, fing ich an, mit einer Freundin in Clubs zu gehen. Wie ich in einem früheren Kapitel sagte, begann ich so häufig wie möglich auszugehen, so weit wie möglich weg von diesem Haus und all den Erinnerungen darin. Nun, wenn ich ausging, geschah auch noch etwas anderes.

Ich bin nicht das, was man als eine hinreißende Schönheit bezeichnen würde, noch bin ich physisch irgendwie besonders attraktiv. Die Kinder in der Schule pflegten mich „so breit wie lang" zu nennen, weil ich so klein und dick war. Doch für eine kurze Zeit geschah damals, als ich zuerst anfing auszugehen, etwas, das mich in die Lage versetzte, jeden Mann anzuziehen, mit dem ich, aus welchem Grund auch immer, die Nacht verbringen wollte. Ich konnte in einen Club gehen, mir den Mann aussuchen, der mir gefiel, und am Ende des Abends gehörte er mir. Es spielte keine Rolle, ob er reich oder arm war, besonders attraktiv oder durchschnittlich, irgendwie wußte ich, daß er derjenige war, mit dem ich in dieser Nacht zusammensein sollte und so kam es auch.

Ich bin nicht stolz auf das, was damals geschah, doch ich habe seitdem gelernt, daß ich mit diesem Verhalten nicht allein dastehe. Nachdem ich Budd davon erzählte, bekam er allmählich Berichte von anderen Frauen mit derselben Art von Vorfällen. Oder zumindest erzählte er mir von anderen Berichten.

Ich erinnere mich, wie ich einen Mann kennenlernte, mit dem ich schließlich schlief. Dies ist ziemlich persönlich, doch ich glaube, daß es eine wichtige Information ist und daß einmal jemand darüber reden muß, weil es anscheinend häufig passiert. Es ist verständlich, daß so wenige Leute darüber reden.

Während des Liebesaktes merkten wir beide, daß irgendetwas nicht stimmte. Keiner von uns konnte beenden, was wir begonnen hatten, und keiner von uns konnte aufhören! Wir sahen uns gegenseitig an und fragten uns, was zum Teufel los sei. Wir waren beide in kalten Schweiß gebadet und fühlten uns ziemlich elend im Magen. Wir hatten auch das Gefühl, als sei noch jemand mit uns im Zimmer, der uns bei unserem Tun beobachtete. Schließlich wurden wir irgendwie voneinander weggestoßen. Wir standen beide auf, zogen uns an mit den Worten: „Ich muß hier raus!" Überflüssig zu sagen, daß wir uns danach nie wiedersahen. Dies geschah mehrere Male, bis ich schließlich - wie bei der Obsession mit den Samen - eines Morgens aufwachte und wußte, daß es vorüber war. Doch nicht, ehe ich nicht ungefähr zwanzig verschiedene Männer gesammelt hatte.

Wie ich zuvor sagte, bin ich nicht stolz darauf - es ergibt für mich keinen Sinn -, und es ist mir ziemlich peinlich, über diesen Teil meines Lebens in einem Buch zu schreiben. Doch ich weiß, daß dies Tausenden von Männern und Frauen wie mir passiert ist, die das erlebt haben, was ich erlebt habe, und ich glaube, es hat irgendetwas zu bedeuten. Wenn mehr Frauen offen darüber reden würden, könnte vielleicht jemand Antworten auf unsere Fragen finden.

Nachdem ich aus dem Haus meiner Eltern auszog und mir eine eigene Wohnung nahm, stellte ich mir vor, daß all diese Verrücktheit aufhören würde. Das war nicht der Fall!

Eines Abends, nachdem mein erster Ehemann die Kinder fürs Wochenende abgeholt hatte, beschloß ich, die Gelegenheit der Ruhe zu nutzen, um die Fußböden in meiner Wohnung zu putzen. Während ich den Boden in der Nähe der Terrassentür wischte, hörte ich ein schwaches Piepen. Es klang wie der Wecker einer Uhr. Ich unterbrach meine Arbeit, um zu lauschen und zu sehen, woher es kam. Ich konnte es nicht ausfindig ma-

chen, deshalb fuhr ich mit dem Putzen fort. Als ich fertig war, war ich erledigt! Ich legte mich aufs Bett und hoffte, bald einschlafen zu können. Zu
dieser Zeit schlief ich auf einem alten Armee-Feldbett, das mir eine Freundin geliehen hatte. Ich hatte vorher auf dem Boden geschlafen, und das
Feldbett sah ganz gut aus!

Als ich dort lag und versuchte, mich zu entspannen, nahm ich durch die
offene Schlafzimmertür irgendeine Bewegung im Wohnzimmer wahr.
Ich konnte sehen, wie sich mein Schaukelstuhl bewegte, und die Blätter
einer meiner großen Topfpflanzen raschelten. Zuerst dachte ich, es müsse
eins meiner Kinder sein, doch dann fiel mir schnell wieder ein, daß sie bei
ihrem Vater waren. Ich wurde nervös, deshalb stand ich auf, machte
meine Schlafzimmertür zu und drehte den Schlüssel um. Danach schien
es eine Weile lang ruhig zu sein, so daß ich anfing, in den Schlaf zu gleiten. Dann hörte ich Stimmen in irgendeiner fremden Sprache reden. Ich
hörte auch ein ziemlich lautes Knallgeräusch, das aus dem Wohnzimmer
kam. Ich setzte mich im Bett auf und sah einen furchterregenden häßlichen Mann, der durch meine Schlafzimmertür hereinbrach und sich auf
mich stürzte. Er war sehr groß und dünn. Er trug sehr kurzes Haar, hatte
sehr spitze gelbe Zähne und böse aussehende gelbe Augen. Seine Arme
waren lang und spindeldürr, und er fuchtelte damit wild herum. Er hatte
einen langen dreieckigen Stock, mit dem er dauernd nach mir stieß. Er
fluchte und schrie, er werde mich töten, doch nicht, ehe ich das bekäme,
was mir zustünde, was auch immer dies bedeutete. Ich bekam den Eindruck, er meinte damit, daß er mich erst vergewaltigen und schlagen
wollte, ehe er mich schließlich sterben lassen wollte. Er stieß weiterhin
mit diesem Stock nach mir, bis er mich genau in die Ecke meines Zimmers gestoßen hatte. Dort saß ich, zu einer kleinen Kugel am Rand meiner Pritsche zusammengerollt, praktisch in die Ecke der zwei Wände gedrängt, während dieser Kerl, den ich den „Gummimann" nannte, drohte,
mich zu töten. Es war wie ein Alptraum, doch es erschien allzu real!
Plötzlich dämmerte es mir. Ich würde sterben. Dieser Kerl wollte mich
wirklich töten. Dann bekam ich Panik und verlor allmählich das Bewußtsein.

Aus dem Nichts kam das Piepgeräusch, das ich früher am Abend gehört
hatte, als ich putzte. Sobald er das Geräusch hörte, fing er an durchzudrehen. Er fing an, sich vor Schmerzen zu krümmen und drehte sich um, um
aus dem Zimmer zu stürmen. Ich sprang von meiner Pritsche und begann
ihm zu folgen. Ich sah, wie er durch die Glasschiebetür ging, und ich

meine durch sie hindurch! Ich öffnete sie und ging hinaus auf die Terrasse, um zu sehen, wohin er gegangen war.

Als nächstes danach erinnere ich mich, daß ich mich in einem Raum befand, der für mich aussah wie eine Art riesiger Bus. Ich saß vor einer ganzen Reihe großer langer Fenster. Ich konnte draußen zwei merkwürdig aussehende Raumschiffe sehen und unterhalb mein Appartment-Haus.

Diese Raumschiffe sahen aus wie ein Käfer, den man „Gespenstheuschrecke" nennt. Sie sahen aus wie ein Flugzeug mit mehreren, wirklich dünnen Flügelpaaren, die auf halber Höhe vom Rumpf nach unten gebogen waren. Dann begannen irgendwelche Wolken - Nebel vielleicht - die beiden Raumschiffe einzuhüllen. Bald konnte ich sie nicht mehr sehen. Dann, ein paar Minuten später, als der Nebel sich auflöste, waren sie verschwunden. Ich hörte eine Stimme, die aus dem Nichts kam und mir sagte, dies sei ein Test gewesen. „Fürchte dich nicht, du bist in Sicherheit." Das ist das letzte, woran ich mich bei dem ganzen Ereignis erinnerte. Ich weiß nicht, was das alles wirklich bedeutete, doch ich wollte Ihnen diese Erinnerung mitteilen.

Am 15. Mai 1987 heiratete ich meinen Freund James. Er hatte mit mir so viel durchgemacht, daß ich dachte, er müsse mich wirklich lieben, so daß ich ihn nicht laufen lassen sollte! Er wußte, was für eine Art Mensch ich war, und er hatte genug gesehen, um zu wissen, daß ich nicht verrückt war, wie ich vielleicht auf jemanden wirken mag, der nicht dort gewesen ist. Ich war so froh, daß ich ihn an diesem Punkt hatte, und so wagten wir den „großen Sprung".

Am 31. Oktober 1987 - passenderweise in der Halloween-Nacht - kehrte ich von der Spätschicht in dem Laden neben meinem Appartment-haus zurück, der die ganze Nacht geöffnet hatte. Ich ging nach Hause und war reif fürs Bett, obwohl ich noch immer von der Nachtarbeit und all dem Kaffee und den Zigaretten aufgedreht war, die ich benutzte, um mich wach zu halten. James war im Bett und schlief schon, als ich mich neben ihn legte und mich zu entspannen begann. Im Geiste ging ich die Tagesereignisse durch, und ich fing schon fast an einzuschlafen. Plötzlich erlebte ich, was ich einen „Gehirnschock" nenne.

Mein Geist war angefüllt mit etwas, das aussah, wie der Schnee, den man auf einem leeren Fernsehbildschirm sieht. In meinem Geist konnte ich wellenförmige horizontale Linien „sehen" und einen sehr lauten, unangenehmen Zischlaut „hören".

Zuerst dachte ich, ich hätte einen Schlaganfall. Ich überprüfte mental meine Extremitäten, und als ich schließlich festgestellt hatte, daß ich keinen Schlaganfall hatte, glaubte ich, daß ich entweder einen Hirntumor hatte oder einfach total verrückt war. Ich lag ein paar weitere Minuten da, und dann passierte es wieder, nur, daß ich diesmal in meinem Geist diese zwei sehr realen, sehr seltsam aussehenden Augen „sehen" konnte. Es schien real und wirklich in meinem Geist zu sein, in 3D! Sie sahen wie riesige Katzenaugen aus, bernsteinfarben mit diamantförmigen Pupillen. Dies ließ mich einen Satz von ungefähr dreißig Zentimetern aus dem Bett machen! Mein Mann war von dieser Bewegung ziemlich alarmiert und schreckte gleichzeitig mit mir hoch. Er fragte mich, ob mit mir alles in Ordnung sei, und ich erzählte ihm, was ich gesehen und wie es mich erschreckt hatte. Er war sehr fürsorglich. Er legte seinen Arm um mich und half mir, mich ausreichend zu beruhigen, bis ich glaubte, ich solle versuchen, etwas zu schlafen. Sobald ich meine Augen wieder schloß, sah ich die „Störung", hörte ich den Krach wieder, und diesmal hörte ich Leute in einer Sprache sprechen, die ich nicht verstand. Ich weiß nicht, wie ich erklären soll, was als nächstes geschah, ich kann nur sagen, daß ich irgendwie im Verlauf dieser anomalen Konversation - nur für einen Moment - einen Schimmer verstand, und ich hörte, wie eine Männerstimme die Worte sagte: „Renommierter Zuhörer im November".

Dies ergab für mich absolut keinen Sinn, und ich sprang erneut auf, als ich dies hörte. Ich erzählte meinem Mann, was ich gehört hatte, und ich kann Ihnen sagen, daß er sich allmählich ernsthaft Sorgen um mich machte. (Ich auch!)

James sagte zu mir: „Vielleicht versucht dir jemand etwas zu sagen. Du solltest dies alles aufschreiben." Ich ging also ins Wohnzimmer, um einen Bleistift und ein Stück Papier aus dem Schreibtisch zu holen. Ich nahm dies mit ins Schlafzimmer und fing an aufzuschreiben, was ich gehört hatte. Als ich durchs Wohnzimmer ging, begann ich eine Art statischer Elektrizität überall um mich herumwirbeln zu spüren. Nur, daß es sich nicht wie gewöhnliche statische Elektrizität anfühlte. Es begann in meinem Kopf und wirbelte überall um mich herum, bis zu meinen Zehen. Es war das Merkwürdigste, was ich je gespürt habe, und als ich zurück ins Schlafzimmer ging, erzählte ich James, was ich im Wohnzimmer empfunden hatte und daß ich mich seltsam fühlte. Ich schrieb nieder, an was ich mich erinnert hatte, und legte mich dann neben meinen Mann und versuchte, mich zu entspannen. Sobald ich meine Augen schloß, hörte ich die Stimme des Mannes wieder. Diesmal sagte er - direkt zu mir: „Fühlst du dich immer noch seltsam?" Diesmal fiel ich fast aus dem Bett, und mein Mann war wirklich besorgt um mich. Fast wimmernd erzählte ich James, was ich gerade gehört hatte und sagte zu ihm: „Das ist nicht lustig! Was auch immer da los ist, es sollte jetzt besser aufhören!" Ich legte mich wieder hin, dachte diesmal bei mir, daß ich meine Augen nicht schließen sollte, weil ich ihn jedesmal hören konnte, wenn ich meine Augen schloß. Sobald ich meine Augen schließlich zumachte, war er natürlich wieder da, und diesmal sagte er sehr sarkastisch: „Ha, ha, ha, ha, ha". Das gab mir den Rest. Ich würde nie wieder schlafen, weil ich nie in der Lage sein würde, meine Augen zu schließen, ohne ihn zu hören, wer auch immer er war. Ich war diesmal so müde, daß ich meine Augen schließlich doch schloß und fast sofort einschlief.

Als ich am nächsten Tag aufwachte, hatte ich die schlimmsten Kopfschmerzen in meinem ganzen Leben. Ich hatte das Gefühl, als ob mein Kopf gleich explodieren würde. Mein ganzer Körper fühlte sich an, als ob ich unter einen Zug gekommen wäre. Dieses schreckliche Gefühl hielt drei Tage an und klang schließlich ab. Ich bin seitdem nicht mehr dieselbe. Unmittelbar nach dieser Episode fing ich an, „Selbstgespräche" zu haben, wie ich es nenne.

Ich konnte die Straße entlangfahren, an irgendeine alte Sache denken, und plötzlich kamen mir diese Gedanken von wer-weiß-woher in den Kopf. Worte, die für mich keinen Sinn ergaben, nervten mich soweit, daß ich mich nicht mehr auf das, was ich tat, konzentrieren konnte, bis ich sie aufschrieb. Sobald ich dies tat, verschwanden sie, und ich konnte mich wieder konzentrieren.

Nach mehreren Monaten - Jahren -, in denen ich dies tat, wieder und wieder, hatte ich eine ziemliche Menge an Information gesammelt. Alles davon hatte mit UFOs zu tun, mit anderen Lebensformen, technisches Zeugs, das ich nicht verstand, und spirituelles Zeugs, das für mich keinen Sinn ergab. Es klang für mich so verrückt, daß ich jahrelang wirklich niemandem erzählte, was ich tat. Es war mir ziemlich peinlich, zugeben zu müssen, daß ich dieses Zeugs in meinem Kopf hörte. Ich hatte nie einen Hang dazu gehabt, Stimmen zu hören oder irgendwelche Halluzinationen zu haben, und ich glaubte, daß ich nun vielleicht einfach verrückt wurde. Ich zog mich eine kurze Zeitlang von der ganzen UFO-Szene zurück, da ich mich wirklich ausgelaugt davon fühlte und mit nichts davon mehr etwas zu tun haben wollte. Das hielt die Botschaften oder „Eingaben", wie ich sie nannte, nicht davon ab, durchzukommen.

Ich erinnere mich, wie ich einmal die Obstwiese hinter unserem Haus
mähte. Als ich dort auf unserer wackligen Mauer saß und mir wünschte,
das Gras würde einfach auf mysteriöse Weise verschwinden, hörte ich
diese kleine Stimme in meinem Kopf, die über spirituelle Dinge sprach,
die mein Verständnis weit überstiegen. Ich dachte bei mir: Okay, ich beiße
an. Sag mir, was ist Gott? Dies hörte ich als Antwort:

> Gott ist der Geist des Menschen. Sieh dich um. Alles, was schön ist,
> alles, was häßlich, doch von Leben erfüllt ist, ist Gott. Gott ist Leben. Be-
> dingungslose Liebe ist die höchste Manifestation des Lebens, von Gott. Es
> gibt nicht nur ein Leben. Der Mensch ist nur eine andere Manifestation die-
> ses Lebens, das Gott ist.

Wow! Gut, dachte ich bei mir. Das hier habe ich nicht mehr in der
Hand!

Einmal fragte ich nach meinem Baby, ein Mädchen das ich 1978 unter
mysteriösen Umständen verlor. Wo war es, und warum mußte es mir weggenommen werden. Dies war die Antwort, die ich bekam:

> Das Kind war für deine und unsere Entwicklung nötig. Das größere
> Gute setzt sich über alles hinweg. Das Kind ist bei uns beiden. Wisse, sein
> physischer Körper ist bei uns, die Energie des Kindes ist unverwechselbar
> deine. Es ist ziemlich aufregend, erfrischend, hoffnungsvoll. Das Kind be-
> nutzt den Namen, den du ihm gabst. Das Kind bevorzugt ihn, im Einklang
> mit uns. Das Kind muß vorerst bei uns bleiben. Es muß viel absorbieren.
> Du kannst ihm nicht geben, was nötig ist, außer der menschlichen Nähe.
> Wir sind bisher jedoch noch nicht in der Lage, diese zu simulieren. Dies
> wird von dir kommen. Du hast dem zugestimmt. Dieses Kind wird sich
> dann um die Bedürfnisse anderer kümmern. Der menschliche Teil in ihm
> wird sich immer zu dir hingezogen fühlen. Wir verstehen das nicht ganz,
> noch können wir es verhindern. Wir werden viel von dir und anderen wie
> dir lernen. Wisse, alles ist so, wie es sein muß. Alles ist recht. Diese Kin-
> der sind unsere Hoffnung für die Zukunft. Eure Zukunft ist unsere. Wisse,
> daß wir nichts Böses wollen. Wir streben nur danach zu wachsen, eins zu
> werden, wie dies alles Leben muß!

Ich weiß nicht, ob dies überhaupt irgendetwas bedeutet, und ich könnte
Ihnen nicht sagen, woher es kam. Vielleicht versucht mein eigener Verstand, den Verlust meines Babys damit zu rechtfertigen; vielleicht kam es
von irgendeiner äußeren Quelle, die wir nicht kennen; ich bin mir nicht si-

cher. Doch es hatte für mich irgendeine Bedeutung, und ich dachte, ich sollte dies mit Ihnen teilen. Vielleicht bedeutet es ja auch etwas für jemand anderen.

Ich bekam/erinnerte eine Menge technischer Informationen. Nichts davon ergab für mich einen Sinn. Und ich hatte keine Ahnung, was ich damit anfangen sollte. Ich meine, wem sollte ich es erzählen, und warum sollte mir überhaupt jemand zuhören? Gottseidank traf ich einen Mann namens John Carpenter und einen Mann namens Forest Crawford. Durch sie fand ich schließlich heraus, was ich eigentlich tun sollte.

12
Kathy
Crossover

Monate vergingen, und da ich keine Unstimmigkeiten in Johnnys Geschichte über seine Begegnung mit Aliens finden konnte, begann ich sie als Tatsache zu akzeptieren.

In den Monaten seit der Landung im Garten meiner Eltern hatte ich mich meinen Kindern gegenüber bemüht, bezüglich des UFO-Themas Zurückhaltung zu üben. Ich versuchte nie, etwas vor ihnen zu verbergen, ich spielte diese Vorfälle nur einfach nicht hoch. Ich habe nie versucht, ihnen etwas in den Kopf zu setzen, sondern ihnen ihre eigene Meinung zu lassen. Sie hatten zu dem Thema unterschiedliche Auffassungen. Das älteste und das jüngste Kind glauben daran, und sie haben beide Objekte gesehen, die sie für fliegende Untertassen oder zumindest unerklärte Flugphänomene halten. Die mittleren beiden Kinder tendieren dazu, sich darüber lustig zu machen. Sie hören all den Geschichten zu, sind sich aber nicht ganz sicher, was sie davon halten sollen. Meines Wissens hat keiner von ihnen etwas Ungewöhnliches gesehen, das wir mit Sicherheit als ein UFO bestimmen könnten.

Bill, der älteste, ist ein Steinbock, der 1969 geboren wurde. Als Teenager verbrachte er eine Menge Zeit in seinem Zimmer und hörte Radio oder komponierte sich seine eigenen Kassetten mit neuabgemischter Musik. Er ist eine richtige Nachteule, und wenn keine Schule war, war es nicht ungewöhnlich für ihn, noch um fünf Uhr morgens aufzusein, wenn ich zur Arbeit aufstand. Er hat bei mehreren Gelegenheiten Flugobjekte gesehen, die er nicht für Flugzeuge hielt, die jedoch auch nicht untertassenförmig waren, wie das klassische UFO oft im Fernsehen und in Filmen dargestellt wird. Er hat mich auf einige dieser Sichtungen aufmerksam gemacht. Obwohl es im Umkreis von sechzehn Kilometern von unserem Haus zwei kleine Flughäfen gibt und zahlreiche kleine Flugzeuge ständig über uns hinwegfliegen, können er und ich einen Geräuschunterschied feststellen, wenn sich ein ungewöhnliches Flugobjekt nähert, das unsere Blicke zum Himmel zu ziehen scheint.

Unser jüngstes Kind Stevie ist ein Stier wie sein Vater. Er ist eine nervöse kleine Quasselstrippe, die von morgens bis abends ununterbrochen redet. Als Baby kam er dem Tod zweiundzwanzig Tage lang schmerzlich nahe, doch nach einer größeren Operation erholte er sich und wurde ein stämmiger junger Mann.

Stevie ist unser einziges Kind, das, soweit ich weiß, eine unerklärbare Begegnung hatte. In seinem neunten Lebensjahr stand er in den frühen Morgenstunden aus seinem Bett auf und marschierte mit Kissen und Decke in der Hand zur Couch im Wohnzimmer. Als er am Morgen wach wurde, erzählte er mir von einem Erlebnis, daß er in der Nacht gehabt hatte. Er schien wirklich erregt. Es war das erste Mal, daß ich ihn je wirklich zittern und bibbern gesehen habe, als er sich vergegenwärtigte, was ich als schlechten Traum bezeichnete.

Er behauptete, um drei Uhr morgens wach geworden zu sein und ein rundes weißes Licht gesehen zu haben, das aus der Küche drang. Es schien etwas größer als ein Basketball zu sein. Er beschrieb diesen Lichtball genauso wie Mom denjenigen beschrieben hatte, der das Vogelhäuschen bei der Landung 1983 im Garten erleuchtete. Dieser glühende Lichtball schien keine Quelle zu haben. Als er das Licht beobachtete, begann es den Flur entlangzuschweben, und es hielt vor jedem Schlafzimmer an. Es kehrte ins Wohnzimmer zurück und landete auf dem Tisch neben der Couch. Als er erzählte, vermutete ich zuerst einen Einbrecher, der das Gelände mit einer Taschenlampe abgesucht hatte. Ich dachte bei mir, was für ein Glück, daß er nicht zur Tür oder zum Fenster ging, um die Sache zu untersuchen, sondern auf der Couch blieb. Er sagt, daß er große Angst bekam und sich dann plötzlich schlafen legte. Er behauptet, daß er sofort aufwachte, und wo das Licht gewesen sei, hätten zwei kleine graue Männer gestanden, die graue Overalls trugen. Der entscheidende Umstand war, daß diese kleinen Aliens nur fünfzehn bis zwanzig Zentimeter groß waren! Er hatte jetzt extreme Angst, war jedoch unfähig, sich zu bewegen. Er behauptet, als er sie beobachtete, sei es ihm so vorgekommen, als ob sie über ihn redeten - doch er habe nichts gehört. Er beschrieb, daß sie weder Haare noch Ohren hatten, sowie „komische große schwarze Augen, die in den Winkeln betont waren". Er sagte, sie hätten für ihre Größe sehr lange Arme gehabt, und sie schienen sich, schwankend, wie die Äste einer Weide, im sanften Wind zu bewegen.

Als er fortfuhr, mußte ich ihn bitten, langsamer zu reden, denn er sprach so schnell, daß er stotterte, und seine Stimme zitterte. Er erinnerte sich, daß einer von ihnen seinen Namen rief, und dann ging er wieder „schlafen". Fast sofort darauf wachte Stevie wieder auf. Die kleinen Aliens waren verschwunden, doch das Licht war noch immer da. Dann beobachtete er, wie das Licht aus derselben Tür hinausschwebte, durch die es hergekommen war.

Er behauptet, als nächstes erinnerte er sich, wie er am Morgen aufwachte.

Ich hörte seinem Abenteuer nur halbherzig zu und tat es als einen bloßen Traum ab. Ich hörte mir diese Geschichte an diesem Tag mehrere Male an, da er das Thema nicht ruhen ließ. Er wiederholte die Geschichte immer und immer wieder, und er zeichnete Bilder von den kleinen Aliens. Er glaubte ehrlich, daß dies kein Traum war. Je mehr er an diesem Tag damit fortfuhr, desto mehr fing ich an zu glauben, daß vielleicht doch etwas daran war. Vielleicht war es am Ende wirklich kein Traum.

Während dieser Zeit wurde meine Familie nun beobachtet, studiert und hypnotisiert, um die Ursache der zahlreichen Begegnungen und der Landespur im Garten meiner Eltern zu finden. Ich konnte mir nicht einig werden, ob mein jüngster Sprößling einfach nur von der Aufregung angesteckt worden war, was zu einem solch ungewöhnlichen Traum führte, oder ob es ein tatsächliches Ereignis war.

Gegenüber durchschnittlichen Menschen hatte ich den Vorteil, über einige äußere Quellen zu verfügen, mit denen ich mich beraten konnte und die über solche Dinge besser Bescheid wußten als ich. Nachdem mein Sohn weiterhin darauf bestand, daß dies kein Traum gewesen war, beschloß ich, diese Quellen anzurufen, um ihre Meinung bezüglich dieses Vorfalls einzuholen.

Zu meiner Überraschung sagte man mir, daß Begegnungen dieser Art ziemlich verbreitet bei kleinen Kindern seien. Offenbar können diese Aliens in jeder beliebigen Form erscheinen, so daß sie für Kinder nicht erschreckend sein müssen. Die einzige Ähnlichkeit an Stevies Geschichte mit irgendeiner anderen Begegnung, in die meine Familie verwickelt war, bestand in dem schwebenden Lichtball. Dieses Licht war dasselbe, das seine Großmutter im Juni 1983 gesehen hatte. Ich konnte nur vermuten, daß diese Vorstellung in seinem Unterbewußtsein verankert war und in der Form eines sehr beängstigenden Traumes zutage trat. Seine Geschichte war insofern einzigartig, als die Aliens, die er sah, nur fünfzehn bis zwanzig Zentimeter groß waren. Kein anderer aus unserer Familie hatte je solche winzige Wesen gesehen, oder zumindest konnte sich niemand daran erinnern.

Meine äußere Quelle bestätigte, daß sie zahlreiche ähnliche Erlebnisse untersucht hätte, in denen kleine Kinder genau dieselbe Begegnung hatten wie Stevie. Stevie wurde ausgiebig von dem Forscher befragt, einer Entspannungshypnose unterzogen, und es wurde festgestellt, daß er die Geschichte als Wahrheit erzählte und es sich höchstwahrscheinlich um ein wahres Erlebnis und nicht um einen Traum handelte.

Nun, das alles war schön und gut, doch nach sorgfältiger Überlegung beschloß ich, die Sache damit auf sich beruhen zu lassen. Ich hatte das Gefühl, daß jeglicher Vorteil, den die weitere Erforschung der Nacht mittels weiterer Hypnose oder Regression hätte bringen könnte, mögliche psychologische Schäden, die daraus resultieren könnten, nicht hätte wettmachen können. Ich wehre mich dagegen, daß man bei meinem Kind weiter nachbohrt und es psychologisch überfordert. Wenn dieses neunjährige Kind entführt oder irgendwie untersucht wurde, wird es als Erwachsener später selbst entscheiden können, ob es eine weitere Aufklärung wünscht. Zu diesem Zeitpunkt kann ich jedenfalls keine Verantwortung für so etwas übernehmen. Sie können diese Entscheidung entweder als „Vorwand" werten oder als Resultat des Beschützerinstinkts einer Mutter.

Wochen verstrichen relativ ereignislos. Der Sommer ging in den Herbst, der Herbst in den Winter über. Winter hat in diesem Land eine völlig andere Bedeutung. Dort wo ich lebe, lernt man, Nahrungsmittel und Öl zu horten, denn so sicher, wie morgens die Sonne aufgeht, wird man dort im Winter eingeschneit. Man ist in seinem Haus gefangen, das nach mehreren Tagen schnell zu einem Gefängnis wird. Nur wenige Zentimeter Schnee, die in den stark bevölkerten Gebieten kaum jemanden stören, werden bei uns vom Wind über die weitläufigen Ackerböden getragen und häufen sich um die Häuser herum zu massiven Schneeverwehungen auf, die Autos und Straßen bedecken und es unmöglich machen, das Haus zu verlassen.

Der Winter 1984 war da keine Ausnahme. Meine Familie war drei Tage eingeschneit. Der erste Tag war ja irgendwie noch lustig. Wir gammelten einfach nur herum, ohne Verpflichtungen und Ablenkungen, sahen fern und beobachteten den Schneefall, wie er einen gewöhnlichen Garten in eine Szenerie von weißer Schönheit verwandelte. Die Familie versammelte sich vor dem Fernseher oder spielte Brettspiele. Am ersten Tag war das sehr nett.

Am zweiten Tag waren wir des Spielens überdrüssig und hatten all die guten Sachen aufgezehrt: Kekse, Nußplätzchen und Erfrischungsgetränke. Das Wohnzimmer schien kleiner zu werden; man trat fast aufeinander.

Am dritten Tag setzte Panik ein. Die ganze Familie wurde ein kranker Haufen Irrer, alle stritten sich über die Fernsehprogrammzeitschrift, über den letzten Keks oder wer wo sitzen durfte. Das Wohnzimmer war nun auf die Größe einer ein Meter achtzig großen Zelle zusammengeschrumpft. Wir liefen zwischen Fenster und Tür hin und her und warteten darauf, daß der Schneepflug uns von unserer Umfriedung befreite.

Um neun Uhr des dritten Abends nahm ein entferntes Rattern unsere Aufmerksamkeit gefangen. Als wir auf die Straße spähten, drangen die Scheinwerfer des Schneepflugs durch die Schwärze der Nacht, während die Schaufel sich in das weiße Gebirge aus Schnee auf der Straße eingrub. Wir wurden von einer großen, häßlichen, gelben Maschine befreit.

Noch ehe der Schneepflug das Ende unserer Straße erreicht hatte, saßen meine Familie und ich im Auto, bereit, über einen einspurigen Pfad zur Hauptstraße zu flüchten. Die Freiheit rief, und wir antworteten. Wir fuhren zum Haus meiner Eltern in der Stadt, wo die Leute wissen, wozu ein Schneepflug gut ist, und ihn benutzen. Wir waren dankbar, daß wir genug Lebensmittel und Öl hatten, um den Schneesturm zu überleben, dankbar, daß wir uns nicht aus Frustration gegenseitig umgebracht hatten.

Am vierten Tag besuchten wir Freunde zum Kaffee. Stevie ging zu einem Nachbarn hinüber, um mit ihnen einkaufen zu gehen, so daß er uns nicht begleitete. Glücklicherweise war unsere Straße nur wenig befahren, denn sie war immer noch nur eine Fahrspur breit, mit Bergen von Schnee zu jeder Seite, was es unmöglich machte, einem entgegenkommenden Auto auszuweichen. Drei oder vier Autos säumten die Straße, und sie waren nun dank des Schneepflugs bedeckt.

Wie das Glück es wollte, hatten Stevie und seine Freunde Probleme mit dem Auto und riefen uns im Haus unserer Freunde an, wir sollten sie abholen kommen. Es war meine Pflicht, sie abzuholen, zumal sie mein Kind bei sich hatten, ich machte also eine zwanzigminütige Tour in die Innenstadt, um sie zu retten. Als ich mir mühsam einen Weg durch die Berge

von Schnee bahnte, um die gestrandete Familie zu retten, hatte ich das Gefühl, ich hätte mir ein Fäßchen Brandy unters Kinn binden sollen. Nachdem ich die vierzigminütige Rundfahrt beendet hatte, lieferte ich Stevie
und unsere gestrandeten Nachbarn sicher in ihrem Haus ab. Von ihrer Einfahrt aus konnte ich die Hinterseite meines Hauses sehen. Ich saß hinter
dem Lenkrad, als die fünf Leute nacheinander aus meinem Auto ausstiegen und bemerkte, wie hübsch unser über und über mit Schnee bedecktes
Haus aussah. Ich hatte es selten aus diesem Blickwinkel gesehen, und es
sah von hinten anders aus. Die Sicherheitslampen im Garten strahlten eine
Seite, sowie den hinteren Teil des Hauses und fast den ganzen Garten an.
Es war ein klarer Abend. Der Mond schien all den Schnee und die ganze
Welt zu erleuchten.

Als ich unser Haus betrachtete, rannte ein großer Mann von der Vorderseite unseres Hauses weg, die Nordseite entlang, die Ecke herum und
zurück zur gläsernen Schiebetür vor unserem Eßzimmer. Er war ge-
bückt, offensichtlich, um durch die Fenster der Schlafzimmer hindurch
nicht gesehen werden zu können. Das war merkwürdig, denn die Schlafzimmerfenster liegen sehr hoch und sind ohne Zuhilfenahme eines
Stuhls oder etwas zum Draufstellen, unmöglich sauber zu halten. Als er
die Schiebetür erreichte, stellte er sich gerade hin und legte beide Hände
hoch über seinem Kopf aufs Glas, in einer Position, als ob er darauf
warte, von der Polizei durchsucht zu werden. Er schien genauso groß,
wie die Tür zu sein, obwohl vom Boden der Tür eine Treppenstufe hinunter führt.

Ich saß dort und beobachtete ihn, nicht ganz sicher, was ich davon halten sollte. Er schien eine Art leicht getönten, enganliegenden durchgehen-
den Overall zu tragen. Obwohl es draußen unter Null war, schien er für das
Wetter nicht warm eingepackt zu sein. Er schien vom Kopf bis zu den
Füßen dieselbe hellgraue Farbe zu haben, und ich konnte nicht sagen, wo
seine Kleidung anfing oder endete, oder ob er einen Hut oder Handschuhe
trug. Er bestand einfach überall aus einer einzigen Farbe.

Zu diesem Zeitpunkt hatte ich noch nicht gemerkt, daß meine Nachbarin ihn auch beobachtete, bis sie fragte: „Was macht dieser Kerl da, der um
euer Haus herumläuft?" Ich antwortete, daß ich es nicht wüßte, daß ich jedoch besser nach Hause gehen und es herausfinden sollte. In dem Bruch-
teil einer Sekunde, den es dauerte, meiner Nachbarin zu antworten, verschwand der Mann um die dunkle Seite des Hauses herum. Wir konnten
sehen, daß unsere Tür noch immer verschlossen war. Unsicher, wo sich

diese Person nun herumtrieb, verließ ich die Einfahrt unserer Nachbarn und kehrte zum Haus zurück, um es zu untersuchen. Es kam mir nicht in den Sinn, meine Nachbarin oder ihren Mann zu bitten, mich zu begleiten. Wenn ich zurückdenke, war das ziemlich dumm von mir. Ich brauchte weniger als eine Minute, um unsere Auffahrt zu erreichen. Als ich mich vor unserem Haus umschaute, bemerkte ich nichts Ungewöhnliches. Ich spähte durch die Glasscheibe unserer Haustür, und alles drinnen sah zufriedenstellend aus. Ich suchte nach Schneespuren auf dem Teppich, sah aber keine. Ich war mir vernünftigerweise sicher, daß, wenn jemand durch die Haustür hereingekommen wäre, er mit seinen Füßen eine Schneespur ins Haus getragen hätte. Der Hund schlief auf der Couch und hörte nicht einmal, wie ich in die Einfahrt fuhr. Das war das Ungewöhnlichste, das ich bemerkte. Der kleine Frechdachs schlief. Es war ein nervöser, gewöhnlich laut bellender Yorkshire-Terrier, der verrückt spielte, wenn ein Schmutzfleck im Umkreis von einem Meter vor ihm landete, es war also relativ sicher, daß niemand ins Haus gegangen war. Ich konnte nur nicht verstehen, warum er nicht bellte, als dort gerade ein fremder Mann um unser Haus gelaufen war, direkt vor die Glasschiebetür.

Vorsichtig trat ich durch die unverschlossene Tür ein. Nun machte der kleine Kläffer seinen Zirkus, lief im Kreis herum, sprang rauf und runter. Ich hätte ihm einen Klaps geben sollen. Was für ein Wachhund!

Nachdem wir drei Tage lang eingeschneit gewesen waren und die Straße immer noch kaum zu befahren war, schien es sinnlos, das Haus abzuschließen. Es war unwahrscheinlich, daß es hier, mitten im Nirgendwo, in einer Nacht wie dieser viel kriminelle Aktivität geben würde. Ich ging direkt in die Küche und holte ein Schlachtermesser. Wie schauerlich, dachte ich. Ich glaube nicht, daß ich jemals jemanden niederstechen könnte, doch es gab mir ein sichereres Gefühl, bewaffnet zu sein.

Das Telefon läutete. Wie unverschämt, dachte ich. Weiß dieser jemand nicht, daß ich mich mitten in einer sehr wichtigen Untersuchung befinde? Ich nahm den Hörer ab. Fast wie gerufen, war es Mom. Wenn es brenzelig wird, kann man sich darauf verlassen, daß sie es spürt. Mit dem Messer in der Hand erklärte ich ihr die Situation und behielt weiterhin den Flur im Auge, ob ich irgendein Geräusch oder Schatten ausmachen konnte. Ich hatte noch keine Zeit gehabt, den Rest des Hauses zu durchsuchen, und ich fing langsam an, die Nerven zu verlieren. Ich stieß fast an meine Grenzen. Ich faßte unser Gespräch kurz und rief bei unseren Freunden an, um Johnny und meine Kinder nach Hause zu zitieren. Schließlich war er der

Mann im Haushalt. Er sollte das Haus durchsuchen und Leib und Leben riskieren. Ich mußte heil bleiben. Schließlich mußte jemand übrig bleiben, um all die Wäsche und den Spül zu machen.

Johnny und die Kinder waren in weniger als zehn Minuten da. Ich wartete auf der vorderen Veranda, bereit, mich falls nötig, aus dem Staube zu machen, als sie in die Einfahrt fuhren.

Da wir uns alle zusammen sicherer fühlten, durchsuchten wir jeden Raum und jedes Klo im Haus gemeinsam, nicht ganz sicher, was wir tun würden, falls wir über jemanden stolperten. Der Täter würde sich bei diesem Ansturm zweifellos ergeben. Als wir nichts fanden und uns versichert hatten, daß niemand in unsere persönliche Behausung eingedrungen war, ließen wir uns zur Nacht nieder.

Ungefähr eine dreiviertel Stunde später bemerkten wir unten auf der Straße, etwa hundertzwanzig Meter von unserem Haus entfernt, ein großes Feuer. Jedermann drängelte sich, um vom Garagenfenster aus einen Blick hinunter zu werfen. Wir konnten sehen, daß es ein brennendes Auto war. Die Flammen schlugen hoch in die Nachtluft, und das ganze Auto wurde von ihnen verzehrt. Es ist überraschend, wieviel Aufregung man mitten im Nirgendwo haben kann. Wie sich herausstellte, war dies eine sehr interessante Nacht.

Die Männer von der freiwilligen Feuerwehr rückten an - alle drei von ihnen -, und die nächste Stunde wurde damit zugebracht, den Helden der Stadt bei ihrer Arbeit zuzusehen, wie sie das Feuer löschten.

Nun schien sich alles zusammenzufügen. Jemand war offensichtlich im Schnee steckengeblieben und war, um Hilfe zu holen, zu unserem Haus gelaufen. Als er an der Haustür keine Antwort bekam, mußte er um die Seite herum zur Hintertür gelaufen sein. Da er sah, daß Licht brannte, muß er angenommen haben, daß jemand zu Hause war, man ihn jedoch nicht hörte. Es war trotzdem merkwürdig, da das brennende Auto direkt vor dem Haus eines anderen Nachbarn stand, und diese waren definitiv zu Hause, denn sie standen draußen auf ihrer vorderen Veranda und sahen dem Spektakel zu. Ich weiß, daß diese Nachbarn ein Telefon haben, das die gestrandete Person hätte benutzen können.

Da mir noch immer nicht wohl bei dem Gedanken war, daß jemand um unser Haus herumschnüffelte, beschloß ich, daß Johnny und ich zur Haustür hinausgehen und die Spuren des Herumtreibers zurückverfolgen sollten, um zu sehen, ob draußen irgendetwas in Unordnung war.

Wir sahen uns an der Forderfront, an der beleuchteten Seite und hinter dem Haus um. Sechzig Zentimeter hoher Schnee machten die Überprüfung unangenehm. Ich liebte unberührten Schnee und haßte es immer, ihn aufzuwühlen, oder wenn die Kinder darüberliefen. Der Schnee in unserem Garten war, seit er gefallen war, unberührt geblieben. Es war ein total glattes Tuch aus Weiß, das alles unter einer glitzernden Decke verbarg.

Seit zwei Tagen hatte es kein Anzeichen für Wind gegeben, und die unheimliche Stille trug zur Schönheit bei.

Dann fiel mir auf, daß Johnny und ich selbst den Schnee aufwirbelten. Es waren unsere Fußspuren, die eine makellose Decke aus Weiß zertrampelt hatten. Erst da wurde mir klar, daß meine Nachbarin und ich einen sehr großen, sehr grauen Mann beobachtet hatten, der die Breite und Länge unseres Hauses abgelaufen war, angehalten hatte, um hineinzuspähen, und dann in einem Augenblick verschwunden war, und das alles, ohne einen einzigen Fußabdruck zurückzulassen.

13
Debbie
Aspen: Ein weiterer Wendepunkt

Im Oktober 1988 wurde ich zu einer Tagung zum Entführungsphänomen in Aspen, Colorado, eingeladen, um mit auf dem Podium zu sitzen. Die Idee bestand darin, eine Reihe von Wissenschaftlern und anderen Experten an diesem wunderschönen Ort zu versammeln, die zuhören sollten, was die Entführten über ihre Begegnungen zu sagen hatten. Sie wollten ihre Köpfe zusammenstecken und versuchen, Antworten zu finden. Ich schätze, sie warfen nur weitere Fragen auf!

Es war eine sehr interessante Reise, und ich bin froh, daß ich hinfuhr, obwohl es mir in dieser Höhe nicht allzu gut ging. Ich hatte Gelegenheit, einige der wichtigsten Personen auf diesem Gebiet kennenzulernen, und ich war beeindruckt. Ich lernte Travis Walton kennen, Betty Hill und Charles Hickson, um nur einige zu nennen. All ihre Geschichten ergaben so viel mehr Sinn, als ich sie aus ihrem eigenen Munde hörte. Ich hatte Gelegenheit, ihre Emotionen zu „fühlen", während sie sprachen - das macht einen Unterschied aus.

Wie sich herausstellte, war einer der wichtigsten Leute, die ich in Aspen kennenlernte, John Carpenter - kein Betroffener, sondern ein Forscher. Er half mir, die Richtung zu ändern, die ich eingeschlagen hatte, und mich selbst besser zu verstehen, ohne daß ich mir voll bewußt war, was für einen großen Einfluß er hatte. Er gab mir die Kontrolle über mein Leben und was damit los war, zurück. Ich werde Gott dafür immer dankbar sein, daß er uns zusammenbrachte.

Ich werde nie den Abend vergessen, den ich mit ihm und seiner Frau Denise in ihrer Suite verbrachte und an dem ich mich einmal so richtig aussprach über all die seltsamen Dinge, an die ich mich erinnert hatte und die ich über die Jahre aufgeschrieben hatte. Zuerst war es mir ein wenig peinlich, was ich ihnen erzählte, da mir voll bewußt war, daß das, was ich sagte, so verrückt klang. Doch ich dachte: Zum Teufel, er ist Psychiater. Wenn mir überhaupt jemand sagen konnte, ob ich im Begriff stand, meinen Verstand zu verlieren, dann er. Ich glaube, ich wollte bloß, daß er mir genau das sagte. Zumindest haben sie Medizin, um Geisteskrankheiten zu behandeln.

Stattdessen fing er aufgeregt an, mir von all den anderen Leuten zu erzählen, mit denen er kürzlich gearbeitet hatte, die dasselbe machten, was ich jahrelang getan hatte! Ein Teil von mir dachte: So ein Mist! Doch ein anderer Teil von mir war außer sich vor Erleichterung und Erregung. Das hat vielleicht wirklich etwas zu bedeuten!

Ich habe keine Ahnung, warum ich mich früher an diesem Abend auf ihn stürzte oder warum ich das Gefühl hatte, ihm all meine Erinnerungen erzählen zu müssen. Ich weiß nicht, ob ich mich an Dinge erinnere, die mir jemand vor vielen Jahren während meiner Erlebnisse sagte, oder ob ich jetzt eine Art Kommunikation erhalte. Eine Reihe der Erinnerungen scheinen so sehr ein Teil von mir zu sein - der ich heute bin -, daß ich nicht anders kann, als das Gefühl zu haben, als ob ich bereits mit ihnen in meiner Seele geboren worden wäre. Aus irgendeinem Grund ereignen sich diese Zufälle - „Synchronitäten", wenn Sie so wollen - ziemlich häufig, wenn es zu dieser Art von Erlebnis kommt. Ich glaube, es muß mir so bestimmt gewesen sein.

Als wir dort saßen und redeten, wurden wir beide immer aufgeregter. Ich wurde immer sicherer, daß das, was ich tat, nämlich John alles zu erzählen, genau das richtige war.

Als ich anfing, ihm von den Dingen zu erzählen, an die ich mich erinnerte oder die ich erhalten hatte, begann er meine eigenen Worte zu zitieren! Ich konnte nicht glauben, was ich hörte! Ich hatte niemandem, auch nicht Budd, von all den Dingen erzählt, an die ich mich zu erinnern begann. Wo zum Teufel hatte er dies gehört! Woher wußte er davon? Ich dachte bei mir, das ist kein Thema, das in Alltagsgesprächen aufgeworfen wird. Himmel, ich versuchte immer noch herauszufinden, ob ich den Verstand verloren hatte!

John erzählte mir von einer Frau, mit der er arbeitete, sie hieß Jeanne. Er meinte, wir sollten uns kennenlernen. Als ich ihn diese Worte sagen hörte, sprang ich auf. Ich wußte, das war der Grund, warum ich hier war und ihm all dies erzählte. Ich mußte diese Frau treffen. Er fing an, mir einige der

Dinge zu erzählen, die Jeanne für ihn aufgeschrieben hatte. Ich war verblüfft, daß eine Reihe ihrer Worte mit den meinen fast identisch waren!

Ich erfuhr, daß sie genauso verwirrt über einige ihre Aufzeichnungen war wie ich über die meinigen. Und auch sie machte sich große Sorgen um ihren Geisteszustand. Ich wußte genau, daß ich diese Frau noch nie getroffen hatte, noch hatten wir je über Telefon oder schriftlich miteinander kommuniziert. Es haute mich fast um, daß sie über dieselben Dinge schrieb wie ich. Ich glaube, auch John war darüber ziemlich aus dem Häuschen.

Ehe wir Aspen verließen, tauschten wir Adressen und Telefonnummern aus. Ich dankte Denise für ihre Geduld und dafür, daß sie mich und ihren Mann in dieser Nacht so lange zusammen aufbleiben ließ, und ich bekam von John Jeannes Adresse.

Ich konnte es nicht erwarten, nach Hause zu kommen und Jeanne einen Brief zu schreiben. Als mein Stift über die Seiten dieses ersten Briefes flog, bemerkte ich, daß die Hand, die ihn hielt, zitterte. Ich geriet außer Atem, als ich Seite um Seite meine Erinnerungen beschrieb und ihr die Übereinstimmungen nannte, auf die mich John hingewiesen hatte, als wir in jener Nacht in Aspen srpachen. Oh, wie sehr ich wünschte, daß Jeanne in Aspen gewesen wäre! Alles wäre soviel leichter gewesen, von Angesicht zu Angesicht.

Meine Hand hatte Schwierigkeiten, mit meinen Gedanken mitzuhalten, und meine Schrift auf dem Papier wurde bald schlechter. Ich mußte schließlich für diese Nacht damit aufhören und am nächsten Morgen weitermachen. Denn was würde es mir schließlich nützen, Jeanne diesen Brief zu schreiben, wenn sie ihn nicht einmal lesen konnte?

Am 26. Oktober 1988 erhielt ich einen Brief von Jeanne. John hatte ihr meine Adresse gegeben und ihr von unseren Parallelen erzählt. Sie schrieb ihren Brief an mich anscheinend am selben Tag, als ich ihr den meinen schrieb, und ihr erster Brief an mich überschnitt sich mit meinem ersten Brief an sie!

Ihr Brief - mehr als ein halbes Dutzend Seiten - enthielt fast dieselben Dinge, die ich ihr geschrieben hatte. Es war, als lese ich meinen eigenen Brief wieder. Hier ist ein kleiner Ausschnitt von dem, was sie schrieb, und ich zitiere daraus mit ihrer Erlaubnis:

„Zunächst einmal möchte ich Dir danken, daß Du Deine Erfahrungen in Buchform herausbringst. Es war dein Buch *Eindringlinge* und der Artikel im Omni Magazine, der meine Erinnerungen wachrief...

Ich dachte wirklich während dieser zwei Jahre, ich sei eine Spinnerin. Ich pflegte, mich selbst dafür niederzumachen, die Möglichkeit all dessen überhaupt in Erwägung zu ziehen. All diese Dinge aufzudecken, war eine Erleichterung und eine Tortur.

Ich habe Zeiten schrecklicher Einsamkeit durchgemacht, in denen ich mich so anders, als jeder andere fühlte, den ich kenne. Ich erinnerte mich an all diese erstaunlichen, unglaublichen Dinge, und ich hatte niemanden, mit dem ich darüber reden konnte.

Als ich *Eindringlinge* las, fühlte ich mich mit Deinen Erfahrungen verbunden und wußte nicht, warum. Es gab da eine Verwandtschaft, die mich ängstigte. Ich wußte schon damals, daß ich wirklich mit Dir reden wollte. Jetzt habe ich die Gelegenheit. Was John mir erzählt hat, hat mich echt umgehauen! Verdammt, Mädchen, wir haben offenbar dieselben Dinge gesehen! Es ist noch nicht wirklich alles davon durchgesickert, doch es ist eher eine Bestätigung, und genau das brauche ich. Ich habe immer noch Schwierigkeiten, all dies zu glauben."

Ich kann nicht beschreiben, was für ein Gefühl das war, von jemandem zu hören, der wirklich verstehen konnte, was ich fühlte. Als ich diese Teile des Briefes las, war mir danach, vor Erleichterung zu weinen. Sie verstand wirklich! Sie wußte! Ich will hier nicht den ganzen Brief wiedergeben, denn es würde eine ganzes Kapitel für sich beanspruchen. Und vieles von dem, was wir geschrieben haben, wird von mehreren Forschern noch als Kontrollinformation benutzt. Doch ich kann Ihnen sagen, daß die Einzelheiten, die wir verglichen, fast identisch waren, einschließlich unserer Gefühle gegenüber der ganzen Sache.

Jeanne und ich stehen uns immer noch sehr nahe. Tatsächlich lebten wir schließlich 1993 eine Zeitlang zusammen im selben Haus - Jeanne, ihre Tochter, meine beiden Söhne und mein neuer Mann K. O. - eine große glückliche Familie. Als Jeanne und ihre Tochter in unserer Einfahrt auftauchten, empfand ich die Erleichterung, die man hat, wenn alle Kinder endlich zu Hause sind, kurz bevor der große Sturm losbricht. Obwohl sie ein paar Jahre älter ist als ich, habe ich das Gefühl, sie beschützen zu müssen. Sie fühlt sich wie mein Kind.

Jeanne und ich nahmen an so etwas ähnlichem wie einem Test für John Carpenter und einen Mann namens Forest Crawford teil. Forest war ein Freund von John, und er war auch Gebietsleiter der MUFON-Gruppe Illinois. Sie hatten sich eine Art Test für Entführte ausgedacht, die sich daran erinnerten, Information erhalten zu haben. Sie suchten nach Übereinstimmungen der Informationen. Junge, davon fanden sie bei mir und Jeanne jede Menge!

Mit Forests und Jeannes Segen werde ich Ihnen einiges von meinen Informationen und der übereinstimmenden Information, die Jeanne niederschrieb, mitteilen:

Frage: Wie benutzt ihr Licht?

Debbie - Licht in seinen vielen Formen kann auf viele verschiedene
Weisen genutzt werden: als Nahrung, zur Heilung von Gewebe, zum Reisen, zerteile Moleküle/sie gehen hindurch (wie) Licht/vereinen sich wieder, Licht als ein Medium des Eigenantriebs.

Jeanne - Wir reisen mit Lichtfusion. Wir sind in der Lage, große Di-
stanzen durch die Anwendung dieser Kraft zu überwinden. Es ist eine Um-
wandlung von Lichtenergie zu Lichtkraftstoff. Er ist effizient und machtvoll. Wir haben diese Energie nutzbar gemacht und verstärkt, damit sie uns
auf unseren Reisen durch das Universum transportiert. Du wurdest durch
Spektraltransport an Bord unseres Raumschiffes gebracht. Deine Substanz
wurde mit dem Lichtstrahl verschmolzen. Es ist eine Methode zur Übertragung von Materie. Die Lichtpartikel durchdringen eure atomare Struktur, die auf den Umwandlungsspeicher übertragen wird. Die Materie wird
dann an der gewünschten Stelle des Erscheinens wieder zusammengesetzt.
Die Durchdringung der Materie mit Licht veranlaßt die Materie, zu Licht
zu werden, das in das gewünschte Gebiet der Reintegration gelenkt und gerichtet werden kann.

Frage: Was ist der Zweck der Implantate?

Debbie - Verfolgen, Überwachen des Individuums und der sensorischen
Rezeptoren und gelegentlich das Erhöhen des Energieniveaus des Indivi-
duums, um nötige Kommunikation und molekulare Veränderungen für das
Höhere durch Anpassung der Energielevels zu vereinfachen.

Jeanne - Die sensorischen Implantate dienen vielen Zwecken. Sie
sind Instrumente zum Aufspüren. Sie zeichnen sensorische Einflüsse
der Subjekte auf. Sie registrieren Vergiftungsgrade im Subjekt. Sie
messen das Ausmaß an Streß. Wir sind in der Lage, die Migrationsge-
wohnheiten eures Volkes zu studieren. Es ermöglicht uns, mit unseren
Testsubjekten zu kommunizieren, selbst aus großen Entfernungen. Es
ist eine ständige Überwachung unserer ausgewählten Personen. Die
Implantate sind auch Warninstrumente, die fähig sind, uns auf bestimmte Gefahren, die das Individuum bedrohen, aufmerksam zu machen. Dies vermindert die Möglichkeit eines vorzeitigen Todes der

Ausgewählten. Sie können nicht völlig beschützt werden, doch es minimiert unseren Verlust.

Frage: Eßt oder trinkt ihr?

Debbie - Absorption erfolgt über die äußere Hülle des Körpers, die Haut, über das weiche Gewebe im Inneren des Mundes. Energiestrahl (Licht irgendeiner Art?), nahrhafte Flüssigkeiten. Abfall wird über die Haut ausgeschieden. Wir trinken nicht in dem Sinne, was ihr unter trinken versteht, „schwitzen" nicht; Flüssigkeit wird über das Gewebe im Mund absorbiert.

Jeanne - Unsere Methode des Verzehrs ist von der euren sehr verschieden. Wir absorbieren, was wir brauchen, aus unserer und eurer Umgebung. Es ist ähnlich der Photosynthese. Wir brauchen Licht, mineralische Substanzen, die auf eurem Planeten nicht existieren, Proteine und Flüssigkeit.

Frage: Was ist Gott?

Debbie - Es gibt keine perfekte „Religion", kein perfektes Volk. Es gibt nur Leben. Leben in seiner reinsten Form ist der Anfang, die Basis, von der alles, was existiert, seinen Ursprung nahm. Deines, meines, alle Leben sind lediglich Nebenarme eines großen Flusses. Wir haben große Achtung vor allem Leben, da wir alle ein Teil dieses Lebens sind. Dies ist nicht bloß blinder Glaube. Wir haben „den Fluß" sozusagen durchschwommen, und auch ihr werdet „den Fluß" durchschwimmen, wenn ihr vollends bereit seid. Diese Worte, auf die ihr euch selbst beschränkt, machen es sehr schwierig, zu der Information durchzudringen, die ihr sucht. Religion ist ein soziologisches Phänomen, einzigartig bei eurer Gattung. Sie ist eine Schöpfung des Menschen, nicht mit dem Geist zu verwechseln. „Gott" ist der Geist. Jesus war ein Mensch, der vom Geist erschaffen wurde, um euch auf eurer Ebene verstehen zu helfen, in euren Begriffen und Zeiten. Offensichtich wart ihr noch nicht bereit. Der Prozeß wird weitergehen, bis ihr die Verständnisebene erreicht habt, die vom Geist, von dem ihr gekommen seid, für eure Lebensform vorgesehen wurde. Könnt ihr das vielleicht verstehen? Ihr habt euch euer Leben ausgesucht, und ihr habt keinen Platz für den Geist in euch gelassen. Nun ist es an der Zeit, sich an das zu erinnern, von dem ihr kamt. Schaut in euch selbst. Seht euch um. Alles, was schön, alles, was häßlich, aber beseelt ist, alles, was Leben ausstrahlt, ist der Geist, ist das, was ihr Gott nennt. Ihr seid durch euer Leben geblendet worden. Eure Negativität und eure Angst halten das innere Auge verschlossen. Fürchtet euch nicht. Gott ist ewiges Leben. Unser Höheres ist das, was zusammenarbeitet, um dem Geist das zu geben, was ihm gehört. Um ihm

Stärke und Leben zu geben. Um ihm Leben zu geben, bringen wir auch uns selbst Leben. Bedenke, es gibt nur Leben, wenn ihr daran glaubt, es gibt nur Liebe, wenn ihr daran glaubt, es gibt nur Böses, wenn ihr daran glaubt. Wenn ihr glaubt, daß diese Dinge für euch existieren, dann werden sie das auch. Wenn ihr nicht glaubt, daß sie für euch existieren, dann tun sie es auch nicht. Euch wurde diese Wahl gegeben.

Jeanne - Wie ich euch zuvor gesagt habe, ist Gott die Lebenssubstanz des Universums. Wir sind durch Achtung vor allem Leben mit dieser Substanz verbunden. Wir beschützen Leben, wenn es in Gefahr ist. Dies ist unser Ziel. Unsere Methode der Verehrung ist eine Meditation für unser inneres Selbst. Wir stimmen uns so auf die universelle Lebenskraft ein.

Es gibt noch weit mehr Übereinstimmungen, die John und Forest in ihren Untersuchungen fanden. Ich hoffe, daß sie eines Tages selbst ein Buch schreiben werden. Ich kann es auf keinen Fall alles hier einfügen, es ist einfach zuviel. Und es betrifft nicht nur Jeanne und mich. Es gibt viele, viele Menschen im ganzen Land, die alle dieselben Dinge schreiben. Die meisten von uns haben die anderen nie kennengelernt oder von ihnen gehört. Ich hatte Glück genug, dank John, Jeanne kennenzulernen.

Ich kann nicht sagen, ob ich an Channeling glaube. Mehrere Leute haben mir gesagt, daß ich diese Information channele. Ich weiß es einfach nicht. Ich bin sicherlich nicht in der Position, den Glauben anderer zu beurteilen. Ich verfüge einfach nicht über genügend Information, um eine intelligente Einschätzung des ganzen Themas vorzunehmen.

Ich kann mir nicht helfen, aber ich habe das Gefühl, daß eine Menge davon immer in mir war, oder zumindest, daß jemand mir all diese Information vor Jahren, als ich noch ein kleines Kind war, erzählt - mich gelehrt - hat, wenn Sie so wollen. Und es war in meinem Unterbewußtsein verschlossen und wartete auf die richtige Zeit, bis ich „aufwachte" und mich erinnerte.

Ich erinnerte-erhielt Informationen zu den merkwürdigsten Zeiten. Ich machte alles mögliche - Spülen oder meinen Sohn zum Basketball fahren -, wenn etwas zu mir durchkam. All diese Gedanken fingen an, in mein alltägliches Denken einzudringen, soweit, daß ich mich nicht mehr auf das konzentrieren konnte, was ich gerade tat, bis ich es aufschrieb, was auch immer es war, das ich erinnerte-erhielt. Ich mußte sogar mein Auto an die Straßenseite fahren und etwas aufschreiben, weil ich fürchtete, daß ich sonst einen Autounfall haben würde! Es schien mich immer wie eine

Tonne Ziegelsteine zu erschlagen. Ich war danach oft so erschöpft, daß ich ein kleines Nickerchen machen mußte.

Mehr als einmal erwachte ich aus tiefem Schlaf mit ganzen Abschnitten, die in meinem Kopf herumschwirrten, und ich konnte nicht eher wieder einschlafen, bis ich alles aufschrieb. Auf diese Weise schrieb ich mehrere Gedichte, und es dauerte Jahre, ehe ich die tiefere Bedeutung der Botschaften in diesen Gedichten voll verstehen konnte. (Ich habe zwei solcher Gedichte im Anhang angefügt.) Es haute mich fast um, daß ich solche tiefen bedeutungsvollen Dinge schrieb. Einiges der technischen Themen ging über meinen Wissenshorizont hinaus. Die Beklemmung, die ich spürte, ehe etwas bei mir durchkam, war schrecklich. Ich schwitzte und zitterte. Ich hatte das Gefühl, als sei dort in meinem Geist so viel, das nicht durchkommen konnte, daß mein Kopf zerspringen könnte! Dann drang es endlich in mein Bewußtsein durch. Ich schrieb es auf, und es fühlte sich an, als ob der Druck etwas nachlassen würde, bis er sich das nächste Mal aufbaute. Was für eine Erfahrung diese paar Jahre waren!

Ich habe auch einige Zeichnungen in diesem Buch auf dieselbe Weise angefertigt. Ich konnte auf ein leeres Blatt Papier schauen und auf dem Papier sehen, was ich zeichnen sollte. Es war, als ob etwas in meinem Geist das Bild auf das leere Papier projezieren würde, und ich folgte nur den Bildern und füllte die Schatten aus.

1989 kam jemand in mein Haus, während ich in der Stadt war, und nahm zwei Mappen voller Zeichnungen, zwei Journale und die Skulptur des Alienkopfes mit, die ich vor Jahren gemacht hatte. Sie lasen auch mein Tagebuch. Wer auch immer es war, er ließ unsere Hintertür sperrangelweit offen und hinterließ andere verräterische Zeichen, daß er dagewesen war. Er ging nicht an unsere teure Video- und Spielausrüstung oder sonst etwas im Haus, das wertvoll war. Ich möchte, daß derjenige, der meine Sachen stahl, folgendes weiß: Sie können mir meine physischen Dinge nehmen, nicht aber das, was in meinem Geist ist. Alles ist so tief in meinen Geist eingebrannt, daß ich nie irgendetwas davon vergessen werde. Ich werde nur noch mehr Zeichnungen machen und das neu aufschreiben, was Sie mir weggenommen haben. Wenn Sie irgendein Problem haben und Hilfe brauchen, werde ich dafür beten, daß Sie sie finden.

„Sie" hatten mir gesagt, daß Schlaf Antworten bringen würde. Mir wurde gesagt, daß Angst den Prozeß verlangsame und daß Schlaf optimal sei, sich zu erinnern. Als mir John seinen Fragenkatalog zum Beantworten gab, hielt ich mich also an „ihren" Ratschlag. Jede Nacht las ich, ehe ich

Schlafen ging, eine von Johns Fragen. Dies war das letzte, was ich im Bewußtsein hatte, bevor ich hinüberglitt. Ich las die Frage noch einmal und schrieb das erste auf, was mir in den Sinn kam. Auf diese Weise erinnerte ich mich schließlich an das meiste dessen, was ich aufschrieb. Hier sind ein paar weitere Beispiele für das, an was ich mich erinnerte oder was mir gesagt wurde:

Frage: Warum zeigt ihr euch den Menschen nicht von Angesicht zu Angesicht?

Antwort: Ihr seid physisch weit stärker als wir. Vielen von euch persönlich gegenüberzustehen, wäre dumm und gefährlich. Außerdem könnten viele von euch - mit dem Verstand - nicht alles akzeptieren, was wir sind. Uns physisch zu berühren, wäre für eure Art gefährlich. Der Geist ist nicht ausgerüstet. „Die Sicherung brennt durch"? Versteht ihr? Du und andere wie du sind umstrukturiert. Ihr habt die Fähigkeit, ohne Gefahr zu absorbieren. Wir strahlen unabsichtlich viele Dinge ab. Es ist unsere Art, voneinander zu „wissen". Wir strahlen auch Energie ab, die für viele menschliche Funktionen und für das Gewebe schädlich ist. Physischen Kontakt zu meiden, dient vornehmlich eurer (der Menschen) Sicherheit.

Frage: Wie können wir Schizophrenie heilen?

Antwort: Gedanken-Disfunktion. Untersucht die DNA, Veränderungen in der Struktur wurden beobachtet, die mit dieser Disfunktion einhergehen. Warum fragt ihr ständig nach Informationen, euch selbst zu reparieren? Ihr habt dieses Wissen bereits, warum wendet ihr es nicht zum Wohle aller an? Das ist sinnlos. (Die Stimme klang, als sei sie ziemlich verärgert über mich! Ich hatte das nicht erwartet!)

Frage: Wie reist ihr in euren Raumschiffen? (Nicht der genaue Wortlaut, doch die allgemeine Idee.)

Antwort: Wenn wir einmal hier sind, nutzen wir die elektromagnetischen Wellen eures Planeten. (In meinem Geist konnte ich die Wellen des Ozeans sehen und visualisierte das Blatt eines Baumes, wie es dahintrieb und von den Wellen hin- und hergetragen wurde. Fragen Sie mich nicht, warum!) Wir haben Raumschiffe, die allein für den Gebrauch auf diesem Planeten gebaut wurden. Andere, größere Raumschiffe, die viel weiter reisen, nutzen verschiedene Antriebsmedien, je nach gereister Entfernung. Wir passieren durch Grenzen im Kontinuum, indem wir Licht und Zeit beugen. (Eure Worte)

Dies ist wohl das Unheimlichste, das ich sie je sagen hörte: „Erzwingt die Erinnerung nicht. Wenn wir bereit sind, werdet ihr euch erinnern. Angst verlangsamt unseren Prozeß. Hypnose wird nicht enthüllen, was in eure genetische Struktur einkodiert ist. Jedoch eine einwandfreie Körperchemie. Ihr seid gegenwärtig widerspenstig. (Ihre Worte) Dies wird verstanden und wurde erwartet. Wir haben mit der Beschleunigung begonnen. Wisset, alles ist so, wie es sein muß."

Ich weiß nicht, was all das bedeutet. Ich weiß nicht einmal, ob es überhaupt irgendetwas bedeutet. Bitte denken Sie daran, wenn Sie diese Seiten lesen, daß ich Ihnen nur Dinge sage, an die ich mich erinnert habe. Ich bin mir nicht sicher, was all das bedeutet, oder ob es überhaupt etwas bedeutet. Irgendwie bekomme ich das Gefühl, daß das, an das wir uns erinnern, nicht so wichtig ist wie die Tatsache, daß wir uns erinnern. Ich glaube, das bedeutet etwas. Dieser ganze Prozeß ist nicht ganz dasselbe, wie „Stimmen hören". Es sind Gedanken und Vorstellungen, visuelle Bilder, für die ich häufig meine eigenen Worte suchen muß, um sie zu beschreiben. Das kann schwer sein, wenn das Vokabular begrenzt ist. Es war eine Erleichterung, endlich jemanden zu treffen, dem dieselben Dinge passierten, und festzustellen, daß wir nicht allein waren. Es gibt Hunderte, vielleicht Tausende von Leuten wie Jeanne und mich. Vielleicht ist sogar Ihr Nachbar oder Ihr Bruder so wie wir. Es ist nicht überraschend, daß die meisten Leute nie offen darüber reden werden, und ich merke, daß ich eine Chance wahrnahm, als ich mich dazu entschloß. Irgendjemand mußte es tun.

John und Forest hatten arrangiert, daß Jeanne und ich uns in St. Louis, Missouri, treffen sollten. Ich konnte es wirklich nicht erwarten, sie kennenzulernen, und freute mich schon im voraus sehr auf das Ereignis.

Schließlich, am 18. April 1990, trafen Jeanne und ich uns zum ersten Mal von Angesicht zu Angesicht. Als ich ihr in die Augen sah, wußte ich. Ich konnte in ihr sehen, was ich in mir selbst fühlte. Ich wußte, daß es eine Unmenge mehr über diese ganze UFO-Entführungs-Sache gab, als sich irgendjemand je hätte träumen lassen. Ich wußte, daß es über genetische Manipulation oder alles andere hinausging, das Forscher zu folgern begonnen hatten. Ich merkte, daß keiner von ihnen mit seinen Theorien ganz richtig lag. Ich sage nicht, daß sie alle irgendwie falsch liegen, ich erkannte nur, daß keiner von ihnen all das aufgerollt hatte. Was John und Forest taten, war von äußerster Wichtigkeit, nicht nur für Jeanne und mich, sondern für alle Menschen. Ich sage Ihnen, Jeanne, ich und Menschen, wie wir sind der lebende Beweis dafür, daß etwas viel Größeres vor sich geht, und es ist

Dies ist ein Foto von der Markierung, die das UFO im Garten meiner Eltern hinterließ. Es wurde wenige Wochen, nachdem die Stelle auftauchte, aufgenommen.

Dies ist einer der vielen schwarzen Hubschrauber, die meine Familie und mich jahrelang belästigt haben. Dieses Foto wurde 1992 im Garten meiner Eltern aufgenommen.

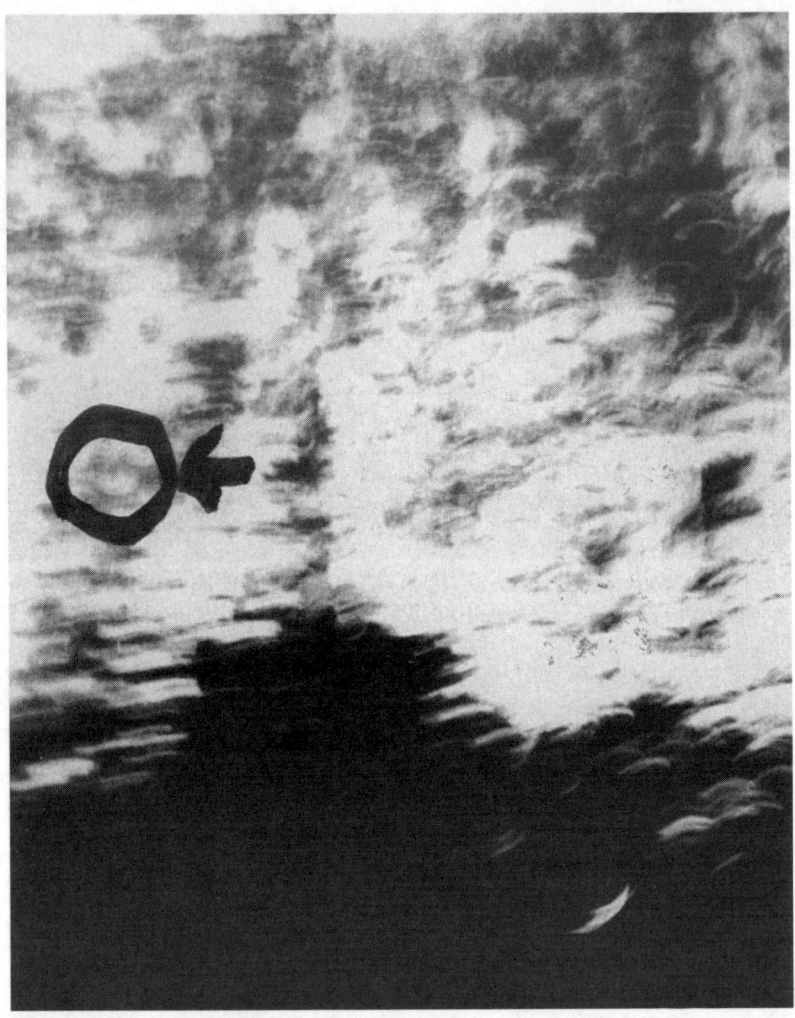

Dies ist das erste Bild auf dem Film, das ich während unserer „Campingreise zur Hölle" von unserem Sohn gemacht habe. Beachten Sie das „Auge" links im Bild. Es ist identisch mit einem Auge, das ich in meinem Geist am 31. Oktober 1988 sah. (An der Stelle, wo der kleine helle Fleck im unteren Teil des Fotos zu sehen ist, befand sich das Lagerfeuer.) Achten Sie auf die weißen, federartigen Gebilde um die Baumstämme herum und wie das Zeug sich in zwei, manchmal drei Richtungen gleichzeitig bewegt. Fotoexperten haben ausgesagt, daß das Bild durch die Linse entstand und nicht ein Ergebnis eines schadhaften Films ist.

*Dies ist das zweite Foto, schätzungsweise eine Minute nach dem ersten aufge-
nommen. Sehen Sie das rauchartige Gebilde, das sich durch die Bäume hinter dem
Kopf meines Sohnes zieht? Die Kamera ist gedreht worden, um den Aufnahme-
winkel zu verändern. So hätte das erste Bild aussehen sollen (allerdings horizontal).*

Dieses Foto habe ich im Flur meiner Wohnung aufgenommen. Ich wollte meine Kamera gerade in mein Zimmer bringen, um sie wegzulegen, als mich der Wunsch überkam, ein Foto von dem leeren Flur zu machen. Als ich es aus der Entwicklung zurückbekam, war ich überrascht, das intensiv rote Licht darauf zu sehen und das, was wie ein Häschen auf dem Boden des Flurs aussieht. Der Rest des Films kam gut heraus, und ich kann mir nicht erklären, was ich da fotografiert habe.

Das ist eine Zeichnung, die ich von dem blonden Mann machte, der mich aufweckte und mich fragte, ob ich noch immer friere. Als ich die Zeichnung beendete, erschien ein kleiner weißer Lichtball in meinem Hotelzimmer, bewegte sich über diese Zeichnung, stoppte, wie um es zu begutachten, und verschwand dann.

 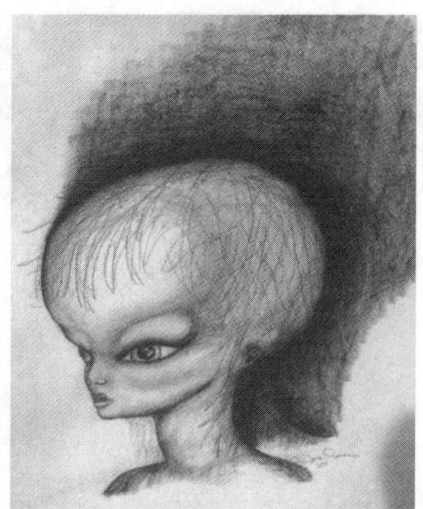

Das sind Zeichnungen, die ich gemacht habe. Den männlichen Alien zeichnete ich 1993, die Hybridin 1985. Die Frau wurde innerhalb einer halben Stunde fertigestellt, nachdem ich einen Traum gehabt hatte, in dem ich sie sah. Der männliche Graue ist einer, dem ich bei zahlreichen Gelegenheiten in meinem Leben begegnet bin.

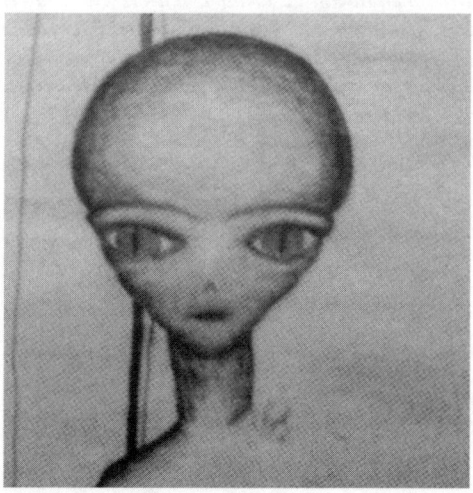

Diese Zeichnung machte ich 1987 nach einem Traum, in dem ich den Kopf eines Grauen ohne die schwarzen Augen sah.

 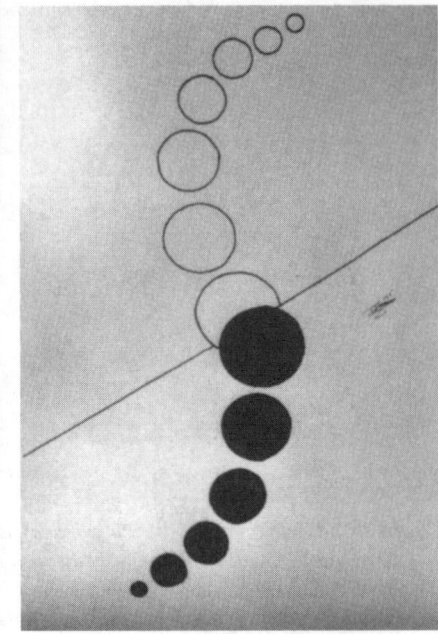

Dies sind Zeichnungen, die ich ursprünglich 1984 anfertigte. Ich habe seit dem Original viele Versionen davon gezeichnet. Ich erhielt/erinnerte diese Bilder in dieser verrückten Zeit, als ich soviel Angst verspürte. Ich brach in kalten Schweiß aus und hatte das Gefühl, als ob mein Kopf gleich platzen würde, bis diese Bilder schließlich herauskamen, und dann fühlte ich mich erleichtert. Ich habe diesen Tick mit Dreiecken und Kreisen.

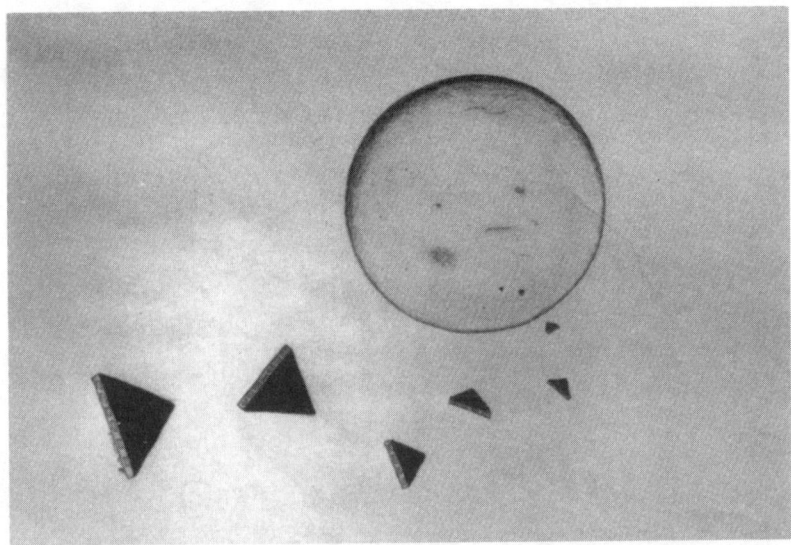

Diese Zeichnung war das Ergebnis einer meiner ersten „Virtual-Reality"-Träume. Ich hatte das Bild dieser schwarzen dreieckigen Raumschiffe vor mir, die vom Mond Richtung Erde flogen. 1990

Diese Zeichnung machte ich, kurz nachdem die Untersuchung begann. Ich fühlte deutlich, daß dies meins war, das Symbol für mich.

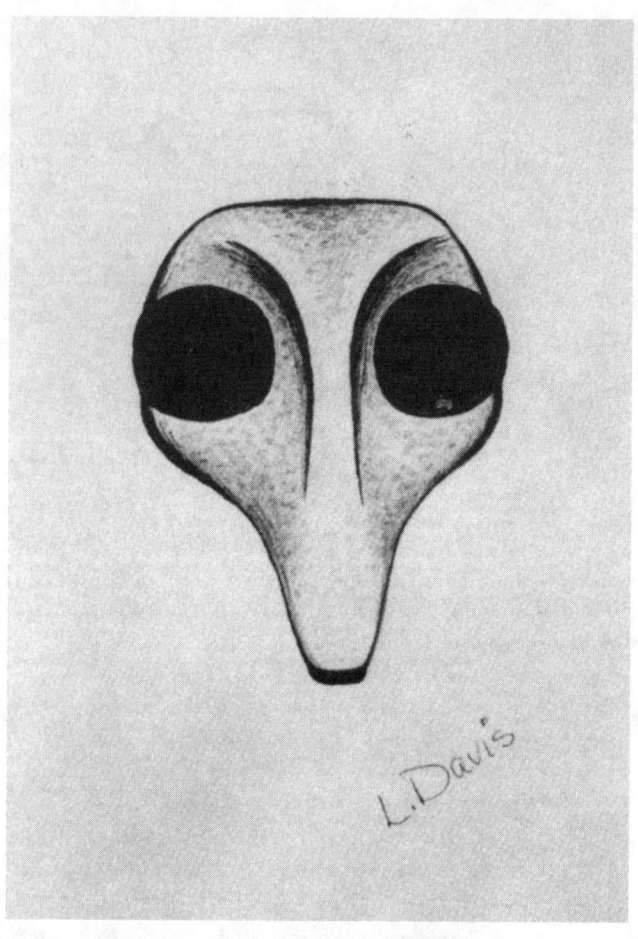

Kathys Zeichung. Es ist das Gesicht des Aliens, mit dem sie sich Kontakt gehabt zu haben erinnert. Sie beschrieb die Haut als von bräunlicher, „rindfleischartiger" Struktur und Farbe. (Kathy verwendet hier und auf anderen Zeichnungen noch ihr Pseudonym aus Eindringlinge.)

Das Bild links gibt das Licht wieder, das das Vogelhäuschen im Garten meiner Eltern am 30. Juni 1983 umgab, wie meine Mutter es beschrieb.

Kathys Zeichnung nach ihren Erinnerungen. Es zeigt den ganzen Körper des größeren Aliens und die drei Silhouetten der kleineren in dem erleuchteten Türeingang des Raumschiffs, in dem sie sich 1966 wiederfand.

Die Zeichnung links gibt die Nacht wieder, als der schwarze Hubschrauber sie und eins ihrer Kinder fast von der dunklen Landstraße in der Nähe ihres Hauses abbrachte, auf der sie gerade fuhren.

Das rechte Bild zeichnete Kathy nach Johnnys Schilderungen seiner Begegnung auf einem seiner Jagdausflüge. Er beschrieb, daß er einen riesigen Lichtstrahl sah, der vom Himmel herabkam und in den Wäldern nahe seiner Hütte zu enden schien.

Rechts ist eine schwarz-weiß Collage aus Symbolen wiedergegeben, an die ich mich erinnerte. Ich habe sie in Schwarz-Weiß gehalten, weil ich sie so gesehen habe. Die Bedeutung dieser Symbole ist unbekannt. Das Gemälde links ist ein Bild, das mir in einem Traum kam.

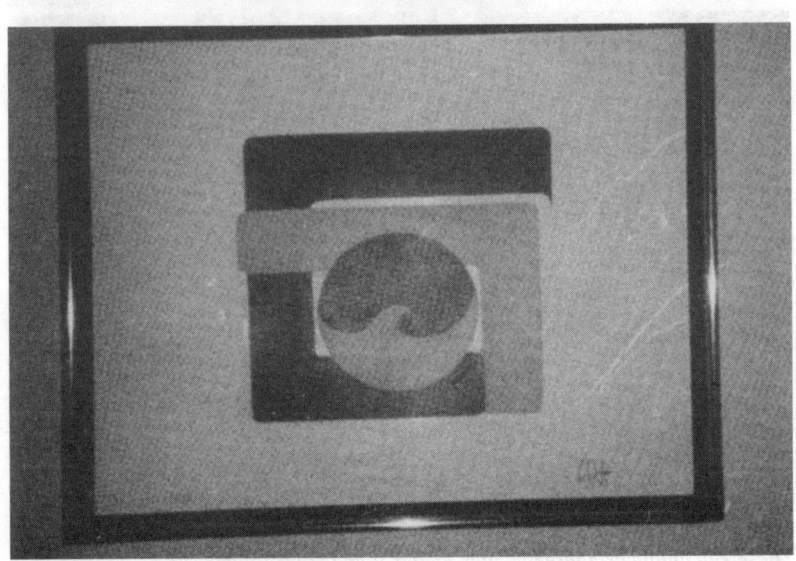

Diese Inschrift bedeutet Einheit.

Dies ist ein Foto von der Tonbüste eines Aliens, die ich gemacht habe. Sie wurde 1988 von einem Einbrecher in meinem Haus gestohlen.

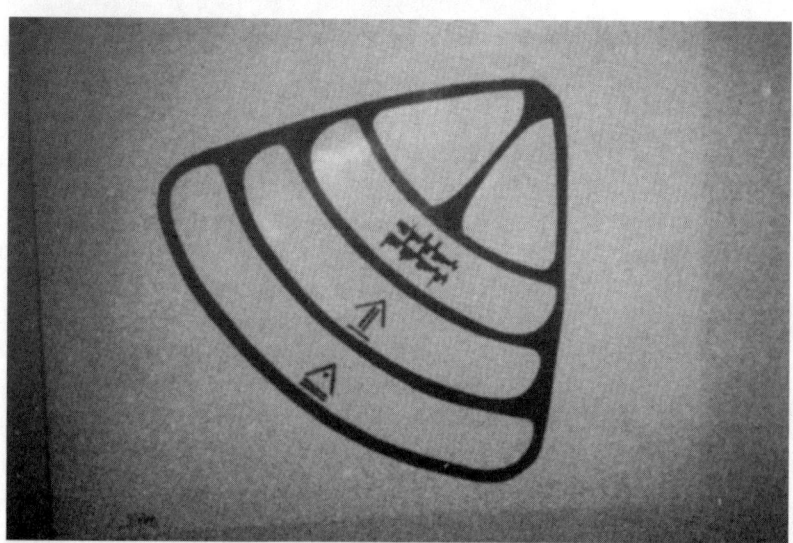

Diese Zeichnung erinnere ich mich an der Wand eines Raumschiffs gesehen zu haben.

Ich erinnere mich, dieses Bild gesehen zu haben, als ich auf eine Art Bildschirm im Inneren eines Raumschiffs schaute. Als ich es zuerst sah, dachte ich, es sei lebendig, weil es sich bewegte. Später merkte ich, daß es ein dreidimensionales Bild war, das sich drehte.

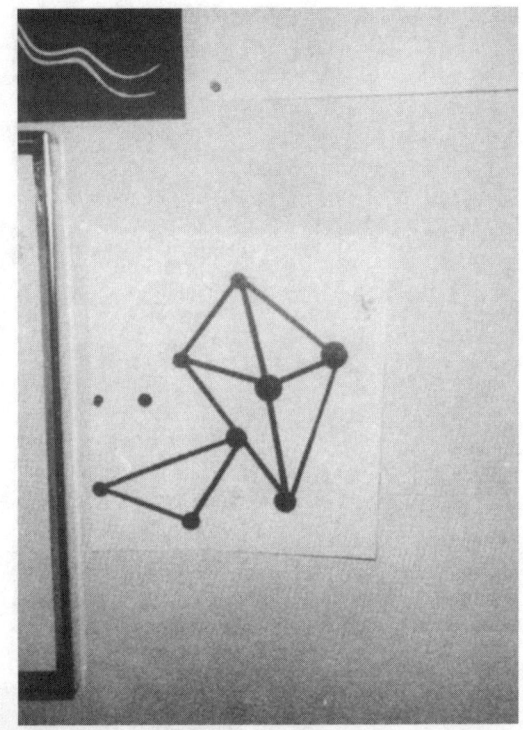

Mir wurde gesagt, dies sei das Symbol für mich und alle Frauen wie mich.

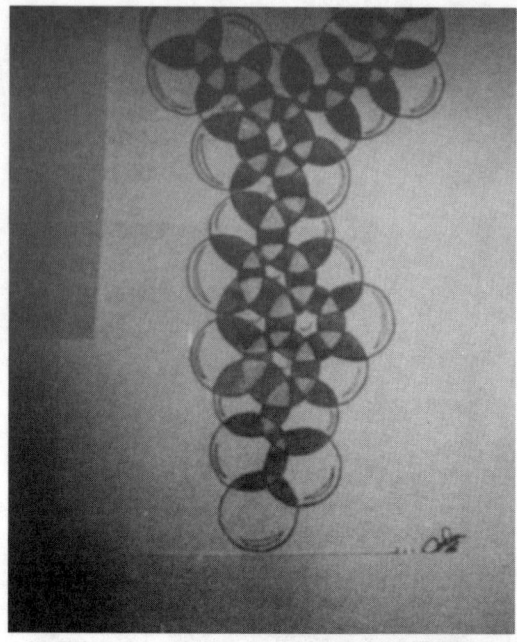

Ich nenne dies „Caseys Blasen". Es ist ein Bild, das mir in einem Traum kam. Ich weiß nicht, ob oder was für eine Bedeutung es hat.

Ich habe eine Faszination an Dreiecken, Pyramiden und Kreisen entwickelt. Dieses Bild kam mir in einem Traum.

Dies ist das Zentrum der Markierung in unserem Garten, kurz bevor sich der Boden erholte. Es wurde mehrere Jahre nach ihrem Auftauchen aufgenomen. Beachten Sie, wie kräftig und dick das neue Gras aussieht.

Dies ist eine Seitenansicht des fünfzehn Meter langen Streifens, der vom Hauptkreis wegführt. Beachten Sie die dickeren, dunkleren Grashalme in dem Streifen. Im frühen Frühjahr hatte das Gras einen purpurfarbenen Stich.

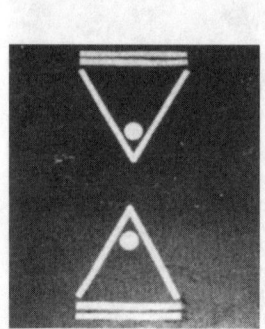 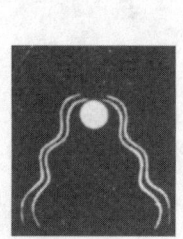 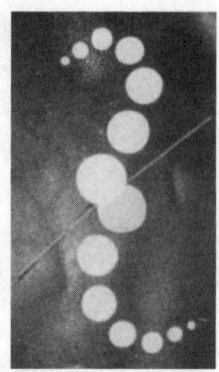

*Die ganz linken und die mittleren Muster habe ich in einem Raumschiff gesehen.
Ich weiß nicht, was sie bedeuten. Das Muster rechts sah ich in einem Traum. In
meinem Traum sagte mir jemand, dies bedeute Vereinigung.*

*Eine weitere Aufnahme vom Zentrum des Kreises im Garten meiner Eltern, als er
nachwuchs. Beachten Sie, wie dunkel und anders das neue Gras herauskam.*

Zeit, daß wir unsere Augen öffnen und das größere Bild sehen. Fangen Sie an zu lauschen und wirklich zu hören. Beginnen Sie zu reden, und seien Sie wirklich nicht peinlich berührt von dem, das Sie erinnern. Lachen Sie nicht über das, was Sie nicht verstehen, denn es könnte und wird wahrscheinlich Ihnen als nächstem passieren.

Ich hatte mehrere Monate, bevor ich anfing Jeanne zu schreiben, eine kleine Kristallpyramide in einem Geschenkartikelladen gekauft. Jedes Mal, wenn ich einen Brief von ihr bekam, benutzte ich diese Pyramide als Briefbeschwerer, um die Seiten während des Lesens zu fixieren. (Ich las viel auf der vorderen Veranda in unserem alten Haus. Das Licht war gut, und die leichte Brise war entspannend.)

Ich hatte überlegt, sie Jeanne zu schicken, denn wir hatten mehrere Gespräche über Pyramidenformen und die Bedeutung, die sie für uns hatten, geführt. Als ich wußte, daß wir uns in St. Louis treffen würden, hielt ich sie zurück, so daß ich sie ihr geben konnte, als wir uns trafen. Ich dachte, es sei ein nettes Zeichen unserer Freundschaft.

Als ich ins Hotelzimmer kam, war Jeanne da. Wir waren Zimmergenossinnen. Toll! Als ich anfing, meine Taschen auszupacken, stieß ich auf die Pyramide, die ich für Jeanne mitgebracht hatte. Als ich sie herausholte und ihr schenkte, dachte ich, sie finge an zu weinen. Ihr fiel der Kiefer runter, und ich hörte, daß sie schwer atmete, als sie sich aufs Bett fallen ließ. Nachdem sie ihre Fassung wiedergewonnen hatte, erzählte sie mir, daß sie genau die dreidimensionale Form fast zwanghaft die ganze letzte Woche über gezeichnet hatte. Sie sagte, sie wußte irgendwie, daß sie eine haben mußte. Sie hatte überall in ihrer Stadt gesucht, wo sie eine kaufen könne. Ich sagte ihr, ich glaubte zu fühlen, daß es ihr helfen würde, ihre Gedanken zu sammeln. Ich fühlte, daß sie sie haben mußte.

Die ganze Zeit, die wir zusammen waren, waren wir faktisch unzertrennbar. Wir merkten, daß wir praktisch gegenseitig unsere Gedanken lesen konnten. Wenn die eine etwas dachte, dachte die andere es auch. Es war das unglaublichste Gefühl, daß ich je hatte.

Jeanne zu treffen, öffnete etwas in meinem Geist, das darauf gewartet hatte, geweckt zu werden. Die Verbundenheit, die sich zwischen uns entwickelte, war um ein Vielfaches größer als jede Verbundenheit, die zwei Menschen je untereinander empfinden können. Es ging viel tiefer als die Verbundenheit, die Menschen teilen, die dieselbe Art von Trauma erlebt haben. Es war, als wären wir ein Wesen. Wir sind bis heute wie Schwestern.

Leider hatte ich noch immer einen weiten Weg vor mir, insofern es darum ging, meine Angst in den Griff zu bekommen. Selbst, nachdem ich Jeanne getroffen hatte, war ich noch nicht so stark, wie ich dachte, daß ich es wäre. Das alte Sprichwort über Stärke, die sich mit der Zeit einstellt, gilt nicht immer.

Am 25. Juli 1990 saß ich vor meinem offenen Küchenfenster und telefonierte mit John Carpenter. Vorher war mein ältester Sohn in die Küche gekommen, um mir zu sagen, daß seine Nase angefangen hätte zu bluten und er es nicht zum Stoppen bringen könne. Ich kümmerte mich um ihn und nahm dann mein Gespräch wieder auf. Nachdem wir aufgelegt hatten, beschloß ich, zurück in sein Schlafzimmer zu gehen und nach ihm zu sehen, ehe ich ins Bett ging. Es wurde ziemlich spät. Unmittelbar, bevor ich von meinem Stuhl aufstand, sah ich mehrere Blitze in der Küche. Dann schien dort eine Art von Spannungsstoß stattzufinden, der die Lichter hell aufleuchten ließ. Dann wurden sie schwächer, als sie sein sollten. Ich ging ins Schlafzimmer und versuchte, meinen Mann aufzuwecken, um ihn zu fragen, ob es sein könne, daß mit der Klimaanlage etwas nicht stimme, das dies verursache. Er war ziemlich müde und sagte, er hätte gesehen, was die Lichter machten, ich solle mir jedoch um die Klimaanlage keine Sorgen machen. Was für eine Hilfe er war! Ich glaube nicht, daß er je wirklich wach war.

Ich beschloß ins Badezimmer zu gehen, ehe ich mich in die Falle haute, und das war vielleicht gut, daß ich das tat! Als ich aus dem Badezimmer kam und in Richtung des Zimmers meines Sohnes ging, sah ich einen kleinen grauen Alien, der am Ende des Flurs stand. Ich sprang ungefähr dreißig Zentimeter in die Luft und schrie lauter, als ich je gedacht hätte, daß ich das könnte. Von dem Gefühl her, das ich bekam, als ich ihm ins Gesicht sah, glaube ich, daß ich auch ihn überraschte. Ich bekam den deutlichen Eindruck, daß ich ihn nicht hätte sehen sollen. Das hielt mich nicht davon ab, den Flur hinunter zu rennen, durch die Tür zu meinem Schlafzimmer zu schlüpfen und mit meiner flachen Hand auf den Lichtschalter zu klatschen. Die Lichter gingen an und wieder aus, als ich mich vom Türeingang aus mit einem Hechtsprung ins Bett stürzte. (Wenn Sie den Schnitt meines Schlafzimmers sehen könnten, wüßten Sie, was das für eine Leistung war!) Unnötig zu sagen, daß ich diesmal meinen Mann natürlich aufweckte! Ich begrub mein Gesicht im Kopfkissen neben ihm und umklammerte ihn, als ob es um mein Leben gehe. Er hörte nicht auf, mich zu schütteln und zu schreien: „Was ist los, Debbie? Was hast du gesehen? Was ist da draußen?" Ich konnte nichts sagen. Ich schätze, ich stand unter einer Art Schock. Ich konnte ihn brüllen hören, doch nicht antworten. An einem Punkt bemerkte ich sogar, wie ich bei mir dachte, es ist nur James. Sprich mit ihm. Nein, sie wollen nur, daß du denkst, es ist James. In Wirklichkeit sind sie es. Wie verrückt man werden kann!

Es dauerte ganze zehn Minuten, bis ich tatsächlich mit ihm reden und ihm sagen konnte, was ich gesehen hatte. Er war wie gelähmt. Als ich schließlich meinen Kopf hob, um ihn anzuschauen, konnte ich sehen, daß das Kopfkissen, das ich umklammert hatte, mit Blut beschmiert war. Keine riesige Menge, doch genug, um zu sehen, daß etwas nicht stimmte. Ich schaute auf meine Hände und sah zwei dreieckige Furchen in der linken Handfläche. Sie bluteten ziemlich stark. Ich dachte zuerst, ich hätte mich am Schalter geschnitten, auf den ich geklatscht hatte, als ich um die Tür herum ins Bett segelte. Ich stand schließlich auf und betrachtete den Schalter, um zu sehen, wo ich mich geschnitten haben konnte. Auf dem Schalter war kein Blut und nichts, an dem ich mich hätte schneiden können. Ich weiß immer noch nicht, wie es passierte.

Können Sie sich vorstellen, daß mein Sohn bei all dem Tumult nicht aufwachte? Am nächsten Tag ging es ihm bestens, und er hatte keine Erinnerung an irgendetwas in der Nacht zuvor, einschließlich dem Gekreische seiner verrückten Mutter. Glückliches Kind!

Am 10. August 1990 machten wir unsere Campingreise zur Hölle. Lassen Sie mich erklären.

Wir alle liebten das Campen. Wir hatten einen Flecken als Ziel gesucht, den wir noch nicht kannten. Wir waren der immer gleichen alten Plätze überdrüssig. Eine Freundin von mir schlug vor, die „Lieber State Recreational Area" zu testen. Ihre Familie fuhr häufig dorthin, und sie mochten es, bis auf „all die Mücken", wie sie sagte. (Sie warnte mich, eine Menge Insektenschutzmittel mitzunehmen.)

An dem Morgen, an dem wir fahren wollten, hatte ich das komische Gefühl, daß wir nicht fahren sollten, und ich sagte dies meinem Mann. Trotz meines Gefühls fuhren wir zu dem Campinggelände, das etwa eine Autostunde von unserem Haus entfernt liegt.

Auf halbem Wege dorthin stießen wir auf einen Autounfall auf dem Highway. Er blockierte unsere Ausfahrt, so daß wir ganz schön steckenblieben. Ich sagte James, das sei ein schlechtes Omen.

Als wir dort ankamen, haßte ich den Ort direkt. Zuerst gaben sie uns einen viel zu kleinen Platz für unser Zelt, so daß wir wechseln mußten. Die

einzige andere freie Stelle war direkt neben Ma und Pa Kettle (Name einer beliebten amerikanischen Fernsehfamilie, die die „Trottel vom Land"
mimen, Anm. d. Übers.) mit ihren zwölf Kindern, zwei Jagdhunden und
einem 57er Chevy-Lieferwagen mit zwei ein Meter hohen Lautsprecher-
boxen am Bett, aus denen die jüngsten Hits von Boxcar Willy* (* kanadi-
scher Countrysänger, Anm. d. Übers.) dröhnten. Wenn sie nicht am nächsten Morgen abgereist wären, wäre ich es.

Ich bemerkte sofort, daß es kein Naturleben um diesen Platz zu geben
schien. Ich meine, keine Vögel oder ähnliches. Ich glaubte, die Kettles
mußten sie verscheucht haben. Es dauerte ein paar weitere Tage, ehe ich
mir darüber ernsthaft Gedanken machte. Ich bemerkte auch, daß keinerlei
Käfer zu sehen waren. Mir fiel ein, daß meine Freundin mich vor den Insekten gewarnt hatte, und ich hielt dies für ziemlich seltsam. Obwohl mein
jüngster Sohn und ich von dem Moment an, als wir dort ankamen, bis zur
Abreise ständig etwas auf uns krabbeln spürten, sahen wir nie einen einzigen Käfer. Wir hörten auch nie einen Vogel singen oder sahen ein wildes
Tier (außer den drei Mokassinschlangen, die uns von drei verschiedenen
Angellöchern vertrieben). Ich fand auch das ziemlich merkwürdig.

Ich machte ein paar Fotos von den Jungen, wie sie eines späten Nachmittags Marshmallows über dem Lagerfeuer rösteten (siehe Fotos). Nachdem wir nach Hause zurückgekehrt waren und ich die Bilder aus der Entwicklung zurückbekam, konnte ich sehen, was ich nur gefühlt hatte,
während ich dort war, und ich wußte, daß ich recht mit diesem Platz hatte.
Das erste Foto war gut. Das zweite, das ein paar Momente später aufgenommen worden war, war ein Durcheinander aus wirbelnder Energie, und
dort, wo mein Sohn hätte sein sollen, war ein großes bernsteinfarbenes
Auge mit einer diamantförmigen Pupille, genauso wie dasjenige, das ich
am 30. Oktober 1988 in meinem Kopf gesehen hatte. Das dritte Bild ist in
Ordnung, außer, daß man sehen kann, wie sich die Energie im Hintergrund
durch die Bäume wegbewegt.

Als ich diese Bilder sah, war ich froh, daß wir zwei Tage eher als geplant abgereist waren. Merkwürdig war, daß selbst die Kinder nicht besonders dagegen protestiert hatten, früher zu fahren. Normalerweise hätten wir einen Kampf austragen müssen.

Auf halbem Weg nach Hause sagten wir alle plötzlich gleichzeitig:
„Junge, bin ich froh, nach Hause zu kommen!"

14
Kathy
Nirgendwo kann man sich verstecken

Die Zeit verstrich für uns in einem Rhythmus, der von der Norm leicht abwich. Budds Behauptung, daß die unheimlichen Begegnungen in unserer Familie aufhören würden, erwies sich vielfach als falsch.

Während dieser Periode hatte ich ein Erlebnis, das mich mehr in Angst versetzte als irgendein anderes, an das ich mich bewußt erinnern kann. Mom und ich hatten in dieser bestimmten Nacht Bingo gespielt, und ich fuhr gegen 23.30 Uhr über die Landstraße zurück nach Hause. Ich schaute zufällig nach Osten und sah drei Flugobjekte, untereinander circa eine Meile voneinander entfernt, die in gerade Linie in meine Richtung flogen. Alle drei hatten jeweils einen großen Scheinwerfer, der direkt auf die Vorderfront gerichtet war. Von diesem Winkel aus sah ich keine anderen Lichter.

Ich beschloß, dort mitten im Nirgendwo anzuhalten und sie über meinen Kopf passieren zu lassen, damit ich einen besseren Blick bekäme. Als das erste vorüberflog, konnte ich keine klare Form erkennen, doch ich sah, daß es ein einzelnes rotes Schlußlicht hatte, das direkt auf sein Heck gerichtet war. Wieder bemerkte ich keine anderen Lichter, nur ein weißes an der Vorderfront und ein rotes am Heck.

Ich saß dort allein und wartete darauf, daß das zweite Flugobjekt über mir vorbeizog. Ich war total überrascht, als ich anstelle des roten Schlußlichtes das helle weiße Frontlicht sah und merkte, daß das erste Flugobjekt seinen Kurs um hundertachtzig Grad geändert hatte und jetzt auf die anderen zwei Flugobjekte und mich zukam. Ich konnte meilenweit in alle Richtungen schauen und sah nirgendwo in der Nähe des ankommenden Objekts ein anderes Flugobjekt.

Ich bin kein Pilot, doch ich bezweifle, daß solch ein großes Luftschiff sich innerhalb von Sekunden komplett in der Luft drehen und seinen Kurs wieder aufnehmen kann, zumindest kein menschengemachtes.

Nun bekam ich Angst. Ich stellte meine Gangschaltung auf Fahren und raste in Richtung unseres Hauses davon.

Als ich auf die nächste Straße abbog und mich bemühte, stur geradeaus zu schauen, versuchte ich nicht über das nachzudenken, was ich gesehen hatte.

Wie das Glück es wollte, geriet ich in eine Nebelbank, die London alle Ehre gemacht hätte. Ich konnte keine drei Meter geradeaus schauen. Das einzige, an das ich jetzt noch denken konnte, war, nicht in einen Graben zu fahren.

Den Blick immer stur nach vorne gerichtet, kam ich im Schritttempo zu Hause an, sprang aus dem Auto, wurde dann mutig und schaute zum Himmel hoch, während ich mich mit dem Rücken zur Haustür stellte.

Schnell schloß ich die Tür hinter mir, drehte mich um und stand Johnny direkt gegenüber. Er erschreckte mich fast zu Tode, denn sonst ist nie jemand wach, wenn ich nach Hause komme. Er sagte, er sei aufgeblieben und habe seit der letzten halben Stunde auf mich gewartet und gedacht, daß ich vielleicht Schwierigkeiten im Nebel hätte.

Als ich die Uhrzeit prüfte, bemerkte ich mental keinen Zeitverlust, doch ich spürte, daß meine Beine sich anfühlten wie zwei dicke Gartenschläuche. Diese Bingonächte gerieten definitiv außer Kontrolle.

Aus einer anderen Bingonacht entwickelte sich eine sogar noch viel phantastischere Geschichte. Am 3. Februar 1987 hatte ich um 1.15 Uhr gerade zu Mom gesagt, daß wir diesmal auf dem Heimweg keinerlei ungewöhnliches Luftschiff gesehen hätten. Als wir bei der Kreuzung einen Block von ihrem Haus entfernt ankamen, entdeckten wir den einzelnen Scheinwerfer eines großen, langsam fliegenden Flugobjektes. Mom rief mir zu, ich solle nach Osten schauen, und sie erschreckte mich nicht nur, als sie laut aufschrie, sondern jagte mir sinnlos Angst ein, als sie fast einen Telefonmast traf. Ehe ich Gelegenheit hatte, einen guten Blick auf das sich nähernde Flugobjekt zu werfen, schrie sie wieder: „Da vorne ist noch eins", und zeigte nun nach Südwesten. Wir fuhren an die Straßenseite, und ich war froh, heil geblieben zu sein. Wir zählten am Himmel vier große Flugobjekte, die aus vier Richtungen kamen. Es hatte den Anschein, daß sie, wenn sie weiter geradeaus flogen, irgendwo nahe der Stelle, an der wir

uns befanden, zusammenstoßen würden. Wir saßen im Auto und beobachteten die vier Raumschiffe. Ich erinnere mich, wie ich zu ihr sagte:
„Das ist fast wie eine Invasion". Mir war recht unbehaglich zumute. Gewöhnlich bin ich aufgeregt, wenn ich das Unbekannte vorbeiziehen sehe,
doch aus irgendeinem Grund war mir in dieser Nacht dabei unwohl.

Mehrere andere Autos befanden sich auf der Straße bei der Kreuzung.
Ich bemerkte niemanden sonst, der den Himmel beobachtete. Wir fuhren
zurück auf die Straße, ehe wir die Aufmerksamkeit auf uns selbst zu lenken begannen. Wir fuhren die zwei Blocks bis zu ihrem Haus, und als wir
aus dem Auto ausstiegen, bemerkten wir, daß der helle Scheinwerfer durch
die Bäume in unsere Richtung kam. Wir standen draußen in ihrem Vorgarten und beobachteten, wie die vier Raumschiffe eins nach dem anderen
langsam näher kamen, wobei jedes aus einer anderen Richtung anflog.

Wir standen rund fünf Minuten im Garten, kicherten, zeigten in verschiedene Richtungen und riefen: „Da ist eins, da ist noch eins". Wir müssen ausgesehen haben wie Laurel und Hardy, als wir dort draußen wie Idio-
ten auf- und absprangen. Jedes Raumschiff schien die Größe eines kleinen
Flugzeugs zu haben, und wir konnten kein Geräusch hören, das von ihnen
ausging.

Nachdem das Raumschiff über all die Bäume geflogen war und wir das
Gefühl hatten, daß die „Invasion" vorüber war, startete ich mein Auto und
beschloß zu fahren. Es war jetzt 1.30 Uhr, und wir hatten das Raumschiff
ab der Kreuzung fünfzehn Minuten lang beobachtet.

Mom ging in ihr Haus, stand aber wie immer an der Tür, bis ich wohl-
behalten auf meinem Weg war. Am Ende ihrer Einfahrt achtete ich auf
vorbeifahrende Autos, ehe ich auf die Straße einbog. Als ich nach links
blickte, südlich von mir, blieb mir fast das Herz stehen. Direkt über der
Straße, in der Höhe von etwa drei Telefonmasten, konnte ich die extrem
hellen Scheinwerfer an dem größten Raumschiff wahrnehmen, das ich je
gesehen habe. Es flog ungefähr mit derselben langsamen Geschwindigkeit
und kam direkt auf mich zu. All die anderen Flugobjekte, die wir beobachtet hatten, besaßen nur einen Scheinwerfer, doch als ich die drei Lichter an diesem Raumschiff sah, geriet ich ins Schwitzen.

Ich blickte zurück in Moms Richtung, und ich schätze, sie konnte das
Raumschiff aus ihrem Blickwinkel nicht sehen, ich legte also den Rück-
wärtsgang ein, setzte mit dem Wagen bis zu ihrem Haus zurück und sprang
bei laufendem Motor raus. Sie kam rechtzeitig heraus, um das Objekt vor-
beischweben zu sehen.

Es hatte seinen Kurs geändert und befand sich jetzt nicht mehr über der Straße, sondern leicht westlich. Es war immer noch nahe genug, um festzustellen, daß es mit nichts Ähnlichkeit hatte, was wir je zuvor gesehen hatten.

Die gesamte Unterseite des Objektes war mit langen „Röhren" aus Licht bedeckt, die riesigen Leuchtstoffröhren glichen. Als wir das Raumschiff beobachteten, konnte ich feststellen, daß es vom Bug an fest war und beiderseits so etwas wie Flügel herausragten. Es hatte die Form eines riesigen Boomerangs. Am Heck befanden sich lediglich rote Lichter. Es schien zumindest so groß zu sein wie das größte Düsenflugzeug, das je hergestellt wurde, vielleicht sogar ein wenig größer.

Ich stellte den Motor meines Autos ab, um besser auf Geräusche achten zu können. Wir hörten ein schwaches Geräusch, das nicht lauter war als das eines kleinen Elektromotors, und bei solch einem Raumschiff hätte ich ein ohrenbetäubendes Dröhnen erwartet.

Mom rannte hinein, um ihre Kamera zu holen, und ich rannte mit ihr. Gemeinsam liefen wir wieder hinaus und schossen eine Reihe von Bildern, doch das Objekt war nun so weit weg, daß wir uns ziemlich sicher waren, daß die Fotos für niemanden von großem wissenschaftlichen Nutzen sein würden. Wir beobachteten den Himmel ein paar weitere Minuten lang, sahen aber nichts. Es war jetzt 1.50 Uhr, und fünfunddreißig Minuten waren seit unserer ersten Sichtung an der Kreuzung verflossen.

Ich würde nun sehr spät nach Hause kommen, und ich wußte, wenn noch irgendjemand auf war, würde er sich große Sorgen machen. Dennoch wollte ich nicht anrufen, denn in der Regel war nie jemand auf, und es schien keine Notwendigkeit zu geben, sie jetzt aufzuwecken.

Ich setzte mich wieder ins Auto. Durch all das war der Motor abgesoffen. Ich startete ihn neu, war jedoch am Boden zerstört, weil der Motor klang, als ob jede Stange unter der Haube wild durcheinanderfliegen würde. Er rasselte und lief wie ein Schrottmotor. Warum hast du kleines Miststück es immer auf mich abgesehen, dachte ich bei mir. Ich startete den Motor mehrere Male, und der Krach hörte schließlich auf, doch er lief so schnell, daß ich fürchtete, er könne explodieren. Ich konnte Gas riechen, und eine rote Lampe mit einem G darauf leuchtete auf. Es ist ein altes ausländisches Auto, und ich wußte nicht, ob das G für Lichtmaschine oder für Ölkontrolle stand.

Ich beschloß, zum Teufel damit! Wir haben nur zweihundert Dollar dafür bezahlt, und ich wollte die Kiste fahren, bis sie den Geist aufgab. Ich fuhr also los, nannte Mom die Strecke, die ich nach Hause nehmen würde, und vereinbarte, daß ich sie anrufen würde, wenn ich dort ankam. Wenn ich sie in einer dreiviertel Stunde nicht anriefe, sagte ich, indem ich mir selbst eine Reserveviertelstunde einräumte, würde ich sie bitten, nach mir sehen zu kommen.

Ich war etwa fünf Kilometer von ihrem Haus entfernt, als ich riechen konnte, wie der Motor heiß wurde. Ich fuhr von der Hauptstraße ab und auf einen Supermarktparkplatz, in der Hoffnung, daß es dort vielleicht eine Telefonzelle geben würde. Natürlich war dort keine, ich ließ also den Wagen ein paar Minuten abkühlen, startete ihn wieder und fuhr weiter. Manchmal bin ich so blöd und stur, daß es mich selbst erstaunt.

Ich fuhr ungefähr eine weitere Meile, als der Motor wieder zu qualmen begann. Ich fuhr an den Straßenrand. Nun habe ich wirklich alles vermasselt, dachte ich. Ich habe mein Auto kaputt gemacht, und ich bin nicht auf der Route, die ich Mom genannt habe. Ich sah keine Telefonzellen, und ehe ich in der Lage sein würde, zu einer hinzuwandern, wäre sie wahrscheinlich bereits abgefahren, um nach mir zu sehen.

Ich saß ungefähr fünf Minuten da und überlegte: Wenn ich es diesmal eine Meile weit geschafft hatte, konnte ich vielleicht gleich eine weitere Meile zurücklegen. Ich drehte meinen Kopf rechtzeitig um, um die volle Wirkung eines Blinklichtes abzubekommen, das mir direkt ins Gesicht strahlte. Es waren zwei Polizisten. Ich war froh, sie zu sehen, doch sie werden nie erfahren, was sie mit ihrem Licht meinem Herzen antaten. Ich fürchtete mich fast, mich zu bewegen, da ich zur Hälfte erwartete, das „Mutterschiff" dort auf der Straße neben mir sitzen zu sehen. Ich hatte mich früher so aufgeregt. Jetzt war ich wütend, kalt, angewidert und nicht in der Stimmung, mich von solch einem hellen Licht, das mich so unerwartet erwischte, blenden zu lassen.

Sie fragten mich, ob ich Probleme mit dem Wagen hätte - eine logische Frage, da ich mitten im Dampf saß.

„Ja", entgegnete ich lammfromm. Ich wollte eigentlich sagen: „Gut geraten, du Pfeife", und ausholen, um ihm eine zu klatschen. Ich riß mich zusammen, da ich meine Nacht nicht damit krönen wollte, im Gefängnis zu landen. Horizontale Streifen machen mir sowieso nichts aus.

Die Polizisten sagten, sie müßten zu einem Unfall zwei Blocks weiter, und sie wären in wenigen Minuten zurück, ich solle nur in meinem Auto bleiben und die Türen geschlossen halten. Ich wußte sofort, daß ich mich dadurch nicht allzu sicher fühlen würde, dieses Auto war solch ein verrostetes Stück Schrott, daß ein Sechsjähriger die ganze Tür einfach mit geringer Anstrengung herausreißen könnte. Ich nickte zustimmend mit dem Kopf und tat, wie man mir geheißen hatte.

Weg waren sie, mit heulender Sirene, und ich saß da und fror. Ich bin nicht für meine Geduld bekannt oder dafür, das zu tun, was man mir sagt, so beschloß ich nach ungefähr fünf Minuten, den Block hinunter zur Feuerwache zu gehen. Ich wußte, jemand würde da sein.

Von der Feuerwache aus rief ich Mom an, sie solle kommen und mich retten. Sie kam nach etwa zehn Minuten, und während ich wartete, hatte ich ein nettes Schwätzchen mit einem Sanitäter, dem einzigen Menschen, der dort wach war. Er überzeugte mich, daß wahrscheinlich der Keilriemen meines Wagens gerissen sei oder ich vielleicht nur den Choke abgewürgt hätte und daß ich es vielleicht die fünf Kilometer zurück zu Moms Haus schaffen würde, anstatt das Auto von der Stadt abschleppen zu lassen oder fünfundsiebzig Dollar zu bezahlen, um ihn selbst abzuschleppen. Fünfundsiebzig Dollar für ein zweihundert-Dollar-Auto auszugeben, wäre sicherlich Verschwendung, so daß ich beschloß, es noch einmal zu Moms Haus zurück zu versuchen, wenn sie käme.

Als Mom eintraf, war ich entschlossener als je zuvor, mein Auto zu ihrem Haus zurückzufahren. Als wir rückwärts von dem Parkplatz herunterfuhren, blickten wir zum Himmel, mehr aus Gewohnheit, als wirklich zu erwarten, etwas Seltsames zu sehen. Wir hatten sicherlich das Gefühl, für eine Nacht genug gesehen zu haben. So unglaublich es uns erschien, wir schauten hoch und sahen dasselbe große „Mutterschiff" oder was auch immer es war, das mitten in der Luft fast direkt über der Feuerwache saß. Als wir dort in Schock und Zweifel saßen, schwebte das riesige, wunderschöne, unirdische Raumschiff ebenso langsam wie zuvor davon, bis es nicht mehr zu sehen war. Wir fingen an zu lachen, entweder vor Angst, Müdigkeit oder aufgrund der vorgerückten Stunde. Lachen war wahrscheinlich keine angemessene Reaktion auf solch ein grandioses Finale, für solch einen ungewöhnlichen Abend, doch zwei eingefleischten UFO-Beobachtern, wie uns, erschien es genau passend.

Ohne Spielplan war es nun schwierig, die Spieler zu benennen. Wer beobachtete eigentlich wen? Ich konnte mir ausmalen, wie zwei oder drei Aliens dort oben saßen, hinunterschauten und bei sich dachten: Warum hat diese Idiotin nicht einfach ihr Auto stehen gelassen, den Wagen ihres Vaters genommen, um sich morgen darum zu kümmern? Erdlinge sind so eigensinnig. Sind sie beleidigt, wenn wir bei ihrem Anblick lachen? Sind sie sich dessen bewußt, daß wir vielleicht in unserem Auto sitzen und lachen? Aber wenn dieses „Mutterschiff" angefangen hätte, sich uns zu nähern, zu landen oder uns zu folgen, wären sowohl Mom als auch ich auf der Stelle gestorben. Ich sah bereits den Nachruf vor mir: ZWEI SAUDUMME BIN-GOSPIELERINNEN WERDEN AM FREITAG ZUR LETZTEN RUHE GELEITET, UND IHRE STERBLICHEN ÜBERRESTE WERDEN ZU BINGOCHIPS GEPRESST UND IN EINE KEKSDOSE EINGE-SCHWEISST. Eine passende Huldigung.

Als wir das „Mutterschiff" nicht mehr sehen konnten, kehrten wir zu meinem Auto zurück. Ich war nun entschlossener als je zuvor, es noch einmal zu versuchen, das Auto zumindest zurück zu ihrem Haus zu fahren. Überraschend genug, sprang der Wagen sofort an, und weg war ich, wie vom Teufel geritten, unterwegs zu ihrem Haus, eine dicke Rauchfahne hinter mir herziehend. Ich sah aus wie ein Himmelsschreiber, als ich über die Hauptstraßen zischte. Mein Rauch buchstabierte wahrscheinlich: VORSICHT, VERRÜCKTE FRAU AN BORD.

Ich schaffte es bis zu Moms Haus und fuhr mit Vaters Wagen heim. Ich kam um 3.15 Uhr dort an, ohne irgendwelche Zwischenfälle unterwegs.

Johnny war auch diesmal noch wach und hatte seit 0.30 Uhr auf mich gewartet. Ich hätte schließlich zu Hause anrufen können, sein Schlaf wäre dann sowieso im Eimer gewesen.

Am nächsten Morgen schoß mir ein Gedanke durch den Kopf. Vielleicht versuchte „jemand" oder „etwas", über mich zu wachen. Wenn mein Auto nicht angefangen hätte zu qualmen, wäre ich in dieser Nacht vielleicht weitergefahren und möglicherweise in den Unfall geraten, von dem die Polizei erzählte, nur zwei Blocks entfernt von dort, wo ich angehalten hatte. Vielleicht versuchte ein Schutzengel dafür zu sorgen, daß ich heil blieb. Vielleicht war es einfach nur Glück; Glück tarnte sich als Pech. Vielleicht war ich für irgendjemanden irgendwo von Nutzen. Vielleicht war die ganze Nacht bloß eine Reihe von Zufällen.

Wie auch immer, sowohl Mom als auch ich wissen, daß wir mehrere unirdische Flugobjekte mehrere Minuten lang an mehreren Stellen der Stadt gemeinsam beobachtet haben. Wir wußten, daß wir nicht beide zur selben Zeit „Dinge sehen" konnten. Wir wissen, was wir gesehen haben, wir wissen nur nicht, warum.

Direkt am nächsten Abend, den 4. Februar, sahen Mom und Dad etwa gegen 19 Uhr über ihrem Haus abermals ein ähnliches Raumschiff wie eines aus der Vierer-Gruppe, das sie und ich in der vorigen Nacht beobachtet hatten. Es hatte einen Scheinwerfer, dieselbe langsame Geschwindigkeit und dieselbe niedrige Höhe. Sie konnten nur schwach ein Motorengeräusch hören und waren sich sicher, daß es kein Flugzeug war.

Meine Familie und ich machten weiter in unserem Alltagstrott, und wir bewegten uns auf der dünnen Linie zwischen der Realität und Wer-weiß-Was, wobei unser Leben gelegentlich durch die fortgesetzte Reihe unerwarteter und unerklärlicher Ereignisse unterbrochen wurde. Über die Familie Davis war bei mehreren Tagungen und bei offiziellen Versammlungen von Leuten, die daran interessiert waren, die UFO-Erlebnisse zu untersuchen, diskutiert worden. Die Namen der meisten Familienmitglieder waren geändert worden, um ihre Identität zu tarnen, so daß ich zuversichtlich war, daß meine Privatsphäre voll geschützt war.

Meine Eltern haben keines der merkwürdigen Vorkommnisse, in die sie verwickelt worden waren, anderen Familienmitgliedern außer uns anvertraut. Ich frage mich oft, wie die übrigen Verwandten reagieren werden, wenn sie es herausfinden, und früher oder später werden sie es erfahren. Ich bin mir nicht ganz sicher, warum meine Familie sich entschloß, verschiedene Tanten, Onkel und meine einzige noch lebende Großmutter da herauszuhalten. Wenn die ganze Geschichte des seltsamen Lebens unserer Familie öffentlich wird, wäre ich nicht überrascht, wenn die übrigen Verwandten nicht auch ihre eigenen Storys zu berichten hätten. Vielleicht gehen ja unsere drei Generationen umfassenden Begegnungen noch tiefer, als wir überhaupt wissen. Zum Glück für Johnny lebt seine ganze Familie bis auf einen Bruder außerhalb des Landes. Sie wissen nichts von der ganzen Situation und sind eingefleischte Ungläubige. Ich bin sicher, daß man mir vorwerfen wird, ihren jüngsten Sohn verdorben zu haben. Ich höre schon, wie sie sagen: „Ich wußte doch, daß du diese verrückte Hereford besser nicht geheiratet hättest. Jetzt sieh dir an, was aus ihr geworden ist und was sie aus dir gemacht hat!"

Es gab Vermutungen, daß meine Familie nicht nur von denen, die nicht von dieser Erde waren, beobachtet wurde, sondern auch von ebenso mysteriösen Leuten, die durchaus von dieser Erde waren. Wir haben Grund zu glauben, daß unsere Telefone überwacht wurden, und gelegentlich habe ich mich dabei ertappt, wie ich meine Worte sorgfältig wählte, um nicht wie ein völliger Trottel zu wirken. Das ist an sich lächerlich, denn man kann offensichtlich aus einem Kieselstein keinen Diamanten schleifen. Ich habe das Gefühl, daß derjenige, der es aushält, mein Telefon beliebig lange abzuhören, ziemlich zäh sein muß. Denn wenn sich vier Teenager ein Telefon teilen, muß das kindische Geschwätz selbst die Geduld eines Heiligen auf die Probe stellen. Wer auch immer mithörte, mußte ziemlich gut bezahlt werden, anderenfalls hätte sich er oder sie bestimmt am Ende von einem Hochhaus gestürzt.

Mysteriöse schwarze Hubschrauber ohne irgendeine Kennung sind häufig über meinem Haus, dem von Debbie und dem meiner Eltern zu sehen. Ich bin mir sicher, daß sie uns ebenfalls beobachten. Sie sind nicht aufgrund ihrer Bewegungen offensichtlich, sondern sie tauchen auch an den seltsamsten Orten auf. Einmal fuhren Stevie und ich eine einsame Landstraße in der Nähe unseres Hauses entlang, als ein lautes grollendes Geräusch selbst unsere Gedanken übertönte. Da es sonst keinen Verkehr gab, dachte ich natürlich, mein Auto falle auseinander, was zu dieser Zeit sehr gut hätte sein können. Ich fuhr ein paar Blocks weiter, entschied mich aber anzuhalten, ehe das Auto in seine Einzelteile zerfallen würde. In dem Moment, als ich stoppte, erschien ein riesiger schwarzer Hubschrauber direkt über unserem Auto, so nahe, daß ich dachte, er würde die Windschutzscheibe zerschlagen. Wenn er auf dem Dach meines Autos gewesen wäre, hätte ich hinauslangen und jemanden anfassen können.

Als Stevie und ich uns von unserem Schock erholten, machten wir uns auf eine Explosion gefaßt, denn ich war mir sicher, daß der Hubschrauber abstürzen würde. Es mußte jedenfalls ein ziemlich zwielichtiges Flugobjekt sein, das zwei unschuldige Zuschauer, wie uns, in solche Angst versetzte.

Wir sahen mehrere Minuten zu, als das zwielichtige Objekt seinen Flug fortsetzte, wobei es gefährlich nahe über dem Boden blieb. Ich fing an, mir zu wünschen, daß es nicht abstürzen, sondern vielleicht nur einen Propeller verlieren würde. Dieser Verrückte ängstigte mich fast zu Tode. Manche Leute haben absolut keine Klasse.

Diese seltsamen Hubschrauber waren fast täglich um unser Haus herum zu sehen. Sie fliegen so auffällig, daß es fast schon komisch ist. Unzählige Male schwebten sie über unserem Haus und einmal mehrere Minuten lang über mir, wobei sie nicht versuchten, sich oder die Tatsache, daß sie uns beobachten, zu verbergen. Selbst wenn ich draußen bin und offensichtlich zurückbeobachte, scheint es sie nicht zu stören. Sie sitzen einfach dort in der Luft, etwa zwanzig bis dreißig Meter über dem Boden, wirbeln herum und beobachten. Sie haben keinerlei Kennung und sind immer tief genug, daß ich den Piloten leicht erkennen könnte, wenn die Windschutzscheibe aus klarem Glas wäre. Doch die Windschutzscheibe ist rauchschwarz mit einer Oberflächenbeschaffenheit, die es unmöglich macht zu sehen, wer drinnen sitzt.

Ich habe dreißig Kilometer entfernt wohnende Freunde besucht, draußen gesessen, als einer über uns hinwegflog. Ich bin viele Male zu Debbie gefahren, und wenn ich ausstieg und nach oben sah, bemerkte ich einen schwarzen Hubschrauber. Ich bin bei meinen Eltern gewesen und habe beobachtet, wie einer hinter den Bäumen herumschwirrte. Mom schaut dann hoch und sagt zu mir: „Wer sind sie, und was wollen sie von uns?" Dann steht sie tatsächlich da und erwartet von mir eine Antwort, als wenn ich eine Art von Doppelagentin oder so etwas wäre. Ich sehe sie nur an, schüttle meinen Kopf und entgegne: „Warum ist Gras grün?"

Jeder von uns kann inzwischen das Geräusch dieser schwarzen Hubschrauber von gewöhnlichen Hubschraubern unterscheiden. Sie machen ein deutliches Knallgeräusch, wenn der Propeller herumschwirrt, und sie sind viel lauter als gewöhnliche Hubschrauber.

Als ich sie mehrere Wochen lang nicht mehr gesehen hatte, bemerkte ich zu Johnny, daß sie es wohl leid geworden wären, uns zuzusehen, wie wir so hart arbeiten. Er zögerte nie mit seiner Antwort. Er schaute nur hoch und sagte: „Sie kommen nachts, ich kann sie die ganze Zeit hören." Unser ältester Sohn sagte ebenfalls, daß er sie spät nachts höre.

Wenn sie von der Regierung sind, wie die meisten Leute zu glauben scheinen, kann ich nicht einsehen, warum ich eine Bedrohung für die nationale Sicherheit darstelle, wenn ich unsere Wiese mähe oder Blumen pflanze.

Ich fühle mich fast genötigt, mich herauszuputzen, ehe ich den Müll hinausbringe. Ich hoffe nur, daß sie keine Bilder von mir gemacht haben. Ich bin wahrscheinlich die unfotogenste Person, die es je gegeben hat. Einmal flogen sie vorüber, als ich ein Sonnenbad nahm, und instinktiv versuchte ich, meinen Bauch einzuziehen. Obwohl mein schwarzer Badeanzug schlank machen sollte, würde ich von diesem Winkel aus sicherlich aussehen wie ein gestrandeter Wal auf einem Liegestuhl.

Eines Abends, Mitte Dezember, hatten wir Freunde zu Besuch und bemerkten, daß mindestens zwei, vielleicht auch drei dieser unidentifizierten Hubschrauber über unser Haus kreisten. Sie näherten sich von Westen aus schätzungsweise acht Kilometern Entfernung und kreisten circa vier Kilometer östlich unseres Hauses, während sie ihre kreisförmige Rute fortsetzten. Das ging fast drei Stunden lang so. Während wir uns unterhielten, bemerkten gelegentlich ich oder unser Freund, wie seltsam das sei und wie extrem irritierend.

Wir beobachten also und werden beobachtet. Viele Male verfluchten wir den Tag, an dem Debbie den Schutz unserer Privatsphäre durchbrach und damit in die kalte grausame Welt hinaustrat. Obwohl der Rest von uns sich entschied, dem Rampenlicht fernzubleiben, wurden wir ebenfalls beobachtet.

Zu dieser Zeit sprach Debbie bei UFO-Versammlungen und wurde gebeten, Fernseh- und Radio-Interviews zu geben. Keiner von uns hätte je gedacht, daß ein Brief an einen Fremden in New York all dies auslösen würde. Budd schrieb schließlich *Eindringlinge*, und dann endete die Geschichte in einem TV-Mehrteiler.

Budd hat den Stein vor zehn Jahren ins Rollen gebracht, und er rollt noch immer.

15
Debbie
Beschleunigung

Ein Aspekt dieses Phänomens, das nie aufhört, mich zu erstaunen, sind die gründlichen, nicht zu leugnenden Veränderungen, die wir schließlich alle während und nach unseren Erlebnissen durchzumachen scheinen. Ich nenne es „Erwachen". Manche Menschen scheinen länger zu brauchen als andere, doch wir scheinen uns alle in dieselbe Richtung zu bewegen. Diejenigen von uns, die das alles relativ intakt überstehen, scheinen sich zu einem neuen Sein hin zu entwickeln. Wir stehen mit einem Fuß in der linearen Art zu denken - die nur in unserem Geist existiert -, und mit einem Fuß in der höheren Ebene des freien Denkens. Es ist fast, als würden wir während eines Erlebnisses neu geboren, bereit, zu einem neuen und besseren Muster heranzuwachsen. Alle Prioritäten ändern sich, und was uns bislang wichtig erschien, die Dinge, um die wir uns zu sorgen pflegten, werden angesichts des größeren Lebensplans gering.

Wir scheinen auch die Fähigkeit zu entwickeln, dies in anderen zu spüren, an dem Punkt, an dem wir uns zueinander hingezogen fühlen wie Nachtfalter zu einer Flamme. Die Kraft dieser Anziehung ist so groß, daß selbst geographische Entfernungen uns nichts mehr bedeuten. Ich glaube, dies geht weit darüber hinaus, bloß ein traumatisches Erlebnis gemeinsam zu haben, und über die Verbundenheit, die daraus erwächst, obwohl ich sicher bin, daß es ein kleiner Teil davon ist. Wenn wir uns finden, ist es, als ob wir ein kleines Stück von uns selbst gefunden hätten - unser Herz und unsere Seele. Wir teilen ein unausgesprochenes und häufig unbewußtes Wissen, das nicht in Worten zu beschreiben ist. Wir fühlen bestimmte Emotionen, die wir aufgrund der Beschränktheit der menschlichen Sprache und des geschriebenen Wortes nicht voll ausdrücken können. Wir lieben so tief, so bedingungslos, daß es für diejenigen, die diesen Teil in sich noch nicht entdeckt haben, fast überwältigend ist. Wir alle scheinen das überwältigende Verlangen zu teilen, anderen dazu zu verhelfen, sich genauso zu fühlen, für sie selbst, für diejenigen um sie herum, für diesen Planeten und für alles Leben.

Nach Jahren des Nachdenkens darüber und vielen Diskussionen mit Familie, Freunden und denjenigen, die ich für meine Lehrer in diesem Leben halte, bin ich zu dem Schluß gekommen, daß ich in dieses Leben mit einer bestimmten Absicht geboren wurde. Während die Jahre vergehen, und ich reifer werde, ist mir die Absicht klarer geworden.

Ich habe gelernt, daß das wichtigste, das ich mit all den Erfahrungen, die ich gemacht habe, tun kann, ist, mich darauf zu konzentrieren, wie ich in das größere Bild passe, und mein Bestes zum Wohle der Menschheit und meines eigenen zu geben. Ich habe erkannt, daß ich die Situationen, in denen ich mich wiederfinde, nicht immer kontrollieren kann, doch ich kann kontrollieren, wie ich auf diese Situationen emotional und spirituell reagieren will.

Ich bin sicher, ich bin nicht die einzige, die sich endlich daran erinnert, wozu wir alle bestimmt sind. Ich glaube, es gibt Tausende von uns, die gerade anfangen zu „erwachen".

Ich begann mit mehreren Forschern zu sprechen, die anfingen, dieselben Dinge zu entdecken und sich wunderten, was das alles zu bedeuten hat. In den letzten Jahren haben sie Material erhalten, das vieles von dem bestätigte, was ich ihnen gesagt hatte. Einer dieser Forscher war Linda Howe, eine Emmy-Preisträgerin, Produzentin von Fernsehdokumentationen und Autorin des UFO-Buches „Alien Harvest".

Wir standen uns schnell so nahe, daß ich vermute, daß sie mehr in diese ganze Sache verwickelt ist, als sie selbst glaubt. Doch darauf möchte ich hier nicht eingehen. Ich glaube, viele der Forscher auf dem UFO-Gebiet sind tiefer damit verbunden, als sie wissen. Selbst die Entlarver werden aus irgendeinem Grund dazu „getrieben" zu entlarven. (Und einige von ihnen werden dermaßen „getrieben", daß sie im Begriff stehen, über das Ziel hinauszuschießen!) Liebe, Haß und Angst sind Emotionen der Leidenschaft. Damit jemand große Leidenschaft für etwas empfindet, muß es irgendeine gefühlsmäßige Beteiligung daran geben. Wenn die lautesten, unangenehmsten Entlarver nicht emotional sehr tief am UFO-Thema beteiligt wären (persönliche Verwicklungen, ein dicker Barscheck etc.), würden sie sich einfach nicht darum kümmern, was andere Leute denken oder glauben. Sie würden es nicht auf sich nehmen, „die Welt gerade zu rücken".

Immer, wenn sich etwas Ungewöhnliches ereignete, rief ich Linda an. Es war mehr, wie mit einem Freund zu reden, als mit einer Forscherin. Sie machte sich Notizen von dem, was ich ihr erzählte und verstand, daß ich das Gefühl hatte, als ob nichts davon wichtig sei oder von mir richtig gedeutet würde. Doch für den Fall, daß jemand anders dasselbe berichtete, war es vielleicht gut, es irgendwo aufgeschrieben zu haben.

Im Januar 1992 rief ich Linda an. Ich war mit einer verzückten, extatischen Erregung erwacht. Ich wußte nur, daß etwas Wundervolles geschehen würde. Ich sagte Linda, daß ich das Gefühl hatte, als ob dies das Jahr sei, das mein Leben ändern würde, daß sich alles in Bezug auf mich und mein Leben ändern würde und daß es wunderbar sein würde!

Ich bin schon früher in guter Stimmung erwacht, doch dies war lächerlich! Ich hatte mich noch nie so gefühlt, und ich dachte sofort daran, Linda anzurufen und ihr zu erzählen, wie ich mich fühlte.

In den Monaten, die diesem Gefühl und dem Telefongespräch mit Linda folgten, begannen sich wilde Dinge zu ereignen.

Im März 1992 gewann ich tausend Dollar bei einem Radiowettbewerb! Ich habe in meinem ganzen Leben nie etwas in dieser Höhe gewonnen. Ich lernte in diesem Monat auch einen sehr netten Mann kennen. Sein Name war Joe.

Joe hatte eine schwere Zeit gehabt, in der er mit ähnlichen Erfahrungen wie ich konfrontiert wurde, und einer seiner engen Freunde hatte Kontakt mit MUFON Indiana aufgenommen, um Hilfe für ihn zu finden. Jerry Seivers, stellvertretender Gebietsleiter für MUFON Indiana, hatte mir Joes Adresse gegeben. Wir tauschten Briefe aus und machten bald Pläne, uns zu treffen.

Wir einigten uns darauf, uns in Dennys Restaurant in der Nähe meines Hauses zu treffen. Ich kam ungefähr eine Viertelstunde vor Joe dort an. Mein Mann James und ich bestellten Kaffee und warteten auf Joes Ankunft. Joe hatte gesagt, er würde ein Sweatshirt mit einem Wolf darauf tragen. Mehrere Männer mit Sweatshirts betraten das Restaurant, und ich sah sie mir genau an, ob einer davon Joe sein könnte. Als er schließlich kam, trug er ein Jacket. Ich schätze, er muß vergessen haben, daß er mir gesagt hatte, nach dem Sweatshirt Ausschau zu halten. Doch aus irgendeinem Grund wußte ich, wer er war. Als er durch die Tür kam, sah ich gerade zufällig dorthin, und als mein Blick ihn traf, machte ich einen Satz! Ich drehte mich zu James um und sagte: „Das ist er! Ich weiß es!" James war ziemlich schockiert über meine Reaktion, doch da er mit der ganzen Sache nun schon einige Zeit gelebt hatte, lehnte er sich zurück und sah zu.

Joe wandte sich in meine Richtung, stellte Blickkontakt mit mir her und setzte das breiteste Grinsen auf, das ich je gesehen habe. Es war Erkennen und Freundschaft auf den ersten Blick.

Wir drei, James, Joe und ich, saßen mindestens zwei Stunden in dem Restaurant und tranken Kaffee. Es war eine Erfahrung, die uns die Augen öffnete. Joe und ich stellten fest, daß wir eine Menge Erinnerungen und Gedanken teilten. Es war ein sehr merkwürdiges Gefühl, mit Joe zu sprechen, so, als teilten er und ich denselben Geist. Ich bekam den deutlichen Eindruck, daß wir dies zuvor getan hatten, zu einer anderen Zeit, in einem anderen Leben, wenn dies möglich ist. Und ich hatte das Gefühl, ihn beschützen zu müssen, genauso wie bei Jeanne.

Als wir uns auf dem Parkplatz verabschiedeten, gab mir Joe ein Buch, das er gelesen hatte und von dem er wollte, daß ich es auch las. Das Buch hieß „Black Elk Speaks" (Schwarzer Elch spricht). Joe wußte aus unseren Briefen, daß ich begonnen hatte, mich für indianische Tradition zu interessieren, seit ich herausgefunden hatte, daß ich indianische Vorfahren habe. Er hatte das Gefühl, daß ich das Buch interessant finden würde, und er hatte recht. Er nannte mir noch ein weiteres Buch, von dem er dachte, daß ich es lesen sollte. Dieses Buch hieß „Return of the Bird Tribes" (Rückkehr der Vogelstämme) von Ken Carey. Wir machten aus, daß er sein Exemplar mitbringen solle, wenn wir uns in den nächsten Wochen in meinem Haus wiedersehen wollten.

Zwei Wochen später traf ich Joe tatsächlich in meinem Haus wieder. Und er brachte das andere Buch mit.

Ich war erstaunt, wie meine Tiere auf Joe reagierten. Sie stürzten sich alle auf ihn und schienen zu spüren, daß er ein guter Kerl war, ein wirklich besonderer Mensch. Meine Vögel sangen für ihn, und mein Hund und meine Katze wollten nicht von ihm ablassen, jeder wollte auf seinem Schoß sitzen. Meine Tiere haben sich noch nie zuvor einem Fremden gegenüber so verhalten, und ich war ziemlich überrascht!

Wir saßen da und redeten bis spät in die Nacht hinein. Selbst James schien von Joes sanfter Stimme und seiner netten Art mesmerisiert zu sein.

Ehe Joe an diesem Abend ging, überreichte er mir das Buch, das er mitgebracht hatte, und ich gab ihm das zurück, das er mir im Restaurant gegeben hatte. Ich hatte den Titel wiedererkannt, als er ihn zuerst erwähnte.

Ein anderer Freund von mir hatte mich gebeten, das Nachwort dieses Buches zu lesen, mehrere Wochen, bevor ich Joe überhaupt kennenlernte. Ich hielt es für interessant, daß zwei meiner besten Freunde mich baten, dasselbe Buch zu lesen, so daß ich auf der Stelle mit dem Buch anfing. Natürlich las ich zuerst das Nachwort. Wie Sie sich vielleicht erinnern, beginne ich ein Buch stets am Ende! Als ich diese Worte las, konnte ich spüren, wie Erregung in mir aufstieg. Der Mann, der dieses Buch schrieb, sprach über mich! Ich weiß, daß dies verrückt klingt, doch ich erkannte alles wieder, was er sagte. Ich „wußte" bereits, was er geschrieben hatte, und er erklärte Dinge, die ich mich (über mich selbst) viele Jahre lang gefragt hatte. Es war solch eine Erleichterung, diese Worte zu lesen, zu wissen, daß jemand anders meine Gefühle verstanden hatte!

Ich rief den ersten Freund an und sagte ihm, daß ich endlich das Buch gelesen hätte, das er mir empfohlen hatte, und ich erzählte ihm, wie ich dazu gekommen war, es zu lesen. Sein Kommentar war: „Erkennst du irgendetwas?" und ich konnte ihn lächeln hören. Er hatte gewußt, daß ich wirklich mit dem Buch in Verbindung stand.

All die positiven Botschaften in diesem Buch halfen mir, die nächsten paar verrückten Monate zu überstehen.

Kurz nach Joes Besuch bei uns begann sich einiges aufzulösen.

Zweimal in einer Woche im Mai 1992 erwachte ich krebsrot. Mein Körper war so rot wie ein Feuerwehrauto, und ich fühlte mich, als ob ich brennen würde. Geistig fühlte ich mich wunderbar! Ich hatte das Gefühl, daß bald etwas Großes geschehen würde, und ich war aufgeregt. Ich war etwas besorgt wegen der Röte, ich maß also meine Temperatur, um zu sehen, ob ich Fieber hatte. Sie war normal, und nach ungefähr einer Stunde begann die Röte sich zu legen. Ich konnte zusehen, wie sie langsam meinen Körper verließ, vom Kopf bis zu den Zehen, ähnlich wie ein Thermometer absinkt. Eine weitere merkwürdige Sache für mein Tagebuch, dachte ich bei mir.

Am Ende dieser Woche hatten James und ich bemerkt, daß der Hund nicht mehr bei mir im Bett schlafen wollte. Das war höchst ungewöhnlich. Ich hatte jahrelang versucht, ihn aus meinem Bett herauszubekommen, und nun konnte ich ihn nicht mehr hineinbekommen! Am Fußende des Bettes ging er winselnd und scharrend vor und zurück. James nahm ihn hoch, legte ihn zu mir, und er brach sich fast den Hals, um herunter und weg von mir zu kommen. Wir waren, gelinde gesagt, verwirrt.

Der Gipfel davon war, daß James am Wochenende zu mir kam und mich bat, mich hinzusetzen. Er sagte, er hätte mir etwas Wichtiges zu sagen. Wir saßen am Küchentisch zusammen und schlürften Kaffee. Dann ließ James eine Bombe los.

Er sagte, er wisse, warum der Hund nicht mehr bei mir schlafen wolle, und daß sein merkwürdiges Verhalten ihn an etwas erinnert habe. Er erzählte mir, er sei eines Nachts in dieser Woche von einer heftigen Bewegung in unserem Wasserbett erwacht. Er sagte, die Wellen seien so groß gewesen, daß ich ihn fast aus dem Bett geworfen hätte, und er hätte sehen können, wie der Hund hilflos auf dem Bett hin- und hergeworfen wurde, dem Rand gefährlich nahe. Er jammerte und winselte. Ich war nirgendwo zu sehen, und er konnte nicht verstehen, wie ich so schnell aus dem Raum gegangen sein konnte, wenn ich diejenige gewesen wäre, die das Bett durcheinandergebracht hätte. Er stand auf und suchte überall im Haus nach mir. Ehe er das Zimmer verließ, sah er einen gewaltigen blauen Lichtblitz, der durch die Schlafzimmertür kam. Er sagte, er sei vom hinteren Flur gekommen, nahe dem Eingang zur Garage. Dann beschloß er aus unerfindlichem Grund, zurück ins Bett zu gehen. Klingt ziemlich verrückt, nicht wahr. Es kommt noch schlimmer.

Die Nacht, die er beschrieb, war eine der Nächte vor einem der Morgen, an dem ich gerötet, heiß und voller Erregung erwacht war. All dies ist für mich, der Person, der es passierte, nicht wirklich schwer zu glauben. Wir haben uns alle an solche Dinge ziemlich gewöhnt. Worüber ich aber einfach nicht hinwegkam, war das, was er mir anschließend sagte.

James sagte mir, er glaube, er habe in meinem Leben als mein Ehemann nichts zu suchen. Seine genauen Worte waren, er sei mir „ein Klotz am Bein". Er sagte mir, daß ich nicht zu ihm oder irgendjemand sonst gehöre und daß er Angst habe, eines Tages aufzuwachen und festzustellen, daß ich für immer weg sei. (Ich glaube nicht, daß er meinte, ich würde ihn auf die übliche Art verlassen.) Meine rote Lampe ging direkt an.

Ich konnte einfach nicht verstehen, was er sagte. Ich fragte ihn, ob er versuche, mir die ganzen UFO-Geschichten anzulasten, so daß er mit irgendeiner anderen Frau weglaufen und mir das Gefühl vermitteln könne, es sei irgendwie mein Fehler. Aus irgendeinem Grund bekam ich den Eindruck, daß er von etwas oder jemandem erschreckt worden sei. Er blieb hartnäckig dabei, daß es niemand anderen gebe, und er bestand darauf, daß er nicht wollte, daß wir uns trennten. Er blieb ebenso hartnäckig dabei, wie er sich fühlte, und er sei sich sicher, daß er recht habe. Ich sagte ihm, wenn es keine andere Frau gebe und er wirklich wolle, daß wir zusammenblieben, solle er einfach vergessen, worum er sich sorge, alles werde wieder gut werden. Er willigte zögernd ein, die ganze Sache fallenzulassen, und jeder ging weiter seinen Beschäftigungen nach. Leider erwiesen sich seine Gefühle als prophetisch.

Innerhalb von einer Woche nach unserem Gespräch geschah etwas, das zu bestätigen schien, daß ein Wechsel im Gange war. Eines Morgens erwachte ich bedeckt mit Gras. James hatte am Abend zuvor die Obstwiese gemäht. Zuerst beschuldigte ich ihn, da ich dachte, er habe mit seinen Schuhen das Gras durchs ganze Haus geschleppt. Als ich aus dem Bett aufstand, merkte ich, daß nirgendwo im Hause Gras lag, und noch nicht einmal auf seiner Seite des Bettes lag welches! Ich schaute in den Schlafzimmerspiegel und war schockiert, Gras an der Rückseite meines Nachthemdes, an meinem Hinterkopf und auf meinen bloßen Armen und Beinen zu finden! Ich konnte mir nicht vorstellen, was passiert war. Ich fühlte mich gut. Eigentlich fühlte ich mich so großartig wie an den beiden Tagen, als ich völlig rot erwachte.

Ich holte den Staubsauger raus, und als ich anfing, das Gras vom Bett zu saugen, bemerkte ich, daß meine Finger begannen zu jucken. Ich wollte sie kratzen und stellte fest, daß meine Eheringe weg waren! Wo sie gewesen waren, war die Haut gerötet und hatte angefangen , ich zu schälen! Ich war verzweifelt, als ich meine Ringe nicht finden konnte. Ich stellte das Haus auf den Kopf, um sie zu suchen. Ich riffelte sogar den Staubsaugerbeutel auf in der Hoffnung, daß ich sie zufällig eingesaugt hatte. Was zum Teufel sollte ich James sagen, wenn er merkte, daß sie weg waren? Dies war das zweite Mal, daß Ringe, die James mir geschenkt hatte, unter mysteriösen Umständen verschwanden! Wollte mir das etwas sagen?

Drei Tage vergingen, ehe die verschwundenen Ringe auftauchten. An diesem Morgen machte ich gerade unser Bett und hatte die Tagesdecke ausgeschüttelt, so daß sie flach auf dem Bett lag. Ich stieß zufällig mit einer Ecke der Tagesdecke an einen der Steine des Fenstersimses und haute ihn aufs Bett. Als ich den Stein zurück aufs Fenstersims legte, lagen genau dort, wo der Stein gewesen war, meine Eheringe!

Ich sammle Steine und Kristalle, die ich auf meiner Fensterbank aufbewahre, so daß sie das Sonnenlicht reflektieren können. Sie sind wirklich wunderschön, wenn die Sonne scheint. Die Fensterbank war die erste Stelle, an der ich nachsah, als ich die Ringe zuerst vermißte. Sie befand sich direkt über dem Kopf meines Bettes und diente als eine Art Ablage am Bett. Ich dachte, vielleicht hatte ich meine Ringe abgenommen und sie mitten in der Nacht auf die Fensterbank gelegt. Ich sah gründlich auf der

Fensterbank nach, und die Ringe waren nicht dort. Nun waren sie dort, an der offensichtlichsten Stelle, einer Stelle, die ich bereits drei Tage zuvor gründlich abgesucht hatte. Das kam mir ganz schön verrückt vor. Doch schließlich taten das damals eine Menge Dinge.

Unsere Beziehung verschlechterte sich danach schnell. Ich war mir immer sicherer geworden, daß etwas Wundervolles geschehen würde, trotz des erbärmlichen Zustandes meines Privatlebens war ich wirklich guter Dinge. James wurde zunehmend mißmutiger, bis zu dem Punkt, an dem ihn jede kleine Sache nervte. Er war immer ziemlich launisch gewesen, doch es wurde täglich schlimmer. Auf der einen Seite tat es mir leid um ihn; doch auf der anderen Seite konnte es für uns alle nicht mehr so weiter gehen, wie es war. Ich könnte nicht sagen, daß all die ungewöhnlichen Erlebnisse meine Ehe zerstörten - ich vermute, sie war von Anfang an zum Scheitern verurteilt. Doch ich glaube, sie machten es auch nicht besser.

Am 14. Juni 1992 verließ ich ihn. Die Jungen und ich zogen wieder in das Haus meiner Eltern ein, das Haus, in dem alles begann. Der Umzug bereitete mir Schmerzen, doch ich empfand größtenteils eine solche Erleichterung, daß ich wußte, daß ich das Richtige tat.

Am 18. Juni 1992 wurde das Haus meiner Eltern von einem Tornado heimgesucht. Mutter Natur hat so ihre eigene Art von Timing! Wir hatten gerade alles ausgepackt, die Kinder waren in Aufruhr, ihre Heimat, ihre Freunde und ihren Stiefvater in der alten Nachbarschaft zurückzulassen. Dad hatte gerade seinen Papierkram erledigt, um sich nach fünfunddreißig Jahren im selben Beruf pensionieren zu lassen. Seine Pensionierung sollte in weniger als einer Woche beginnen.

Gottseidank blieben wir alle unversehrt. Das Haus hatte nur minimale Schäden - ein zerbrochenes Fenster, ein paar fehlende Dachschindeln, kaputte Dachrinnen, beschädigtes Immergrün, aufgerissene Beton-Gehwege und -treppen und ein undichtes Dach. Unseren Fahrzeugen erging es jedoch nicht so gut. Der Stamm einer zwanzig Meter hohen Buche wurde vom Tornado abgeknickt und bohrte sich durch meinen Lieferwagen und durch das neue Auto meiner Mutter. Sie hatten gerade zwei Tage zuvor die letzte Zahlung getätigt, und mein Lieferwagen war schuldenfrei und ebenfalls makellos gewesen.

Die Fahrzeuge wurden regelrecht durchbohrt, und der Baum landete drei Meter von der Stelle entfernt, an der ich stand. Ich beobachtete, wie der Baum wie ein schnell herumwirbelnder Speer auf mich zukam, und mein Leben raste blitzschnell vor meinen Augen vorbei. Ich stand unter solch einem Schock, und es ging alles so schnell, daß ich mich nicht bewegen konnte! Jetzt weiß ich, wie sich ein Opossum fühlt, wenn es in herannahende Scheinwerfer starrt! Das einzige, was mein Leben in dieser Nacht rettete, waren die beiden Fahrzeuge.

Als die Sonne am nächsten Tag aufging, begannen wir uns anzusehen, was uns die Nacht zuvor beschert hatte. Die ganze Vorderfront des Hauses war von umgeknickten Bäumen bedeckt, so daß Dad und ich durch die Hintertür hinausgingen und um die Vorderseite herum, um den Schaden zu inspizieren. Ich stand nur weinend da und hatte das Gefühl, als ob ich nun alles verloren hätte, was ich je besessen hatte, außer meinen Kindern und meiner Familie (das Wichtigste überhaupt!). Der Lieferwagen war das letzte Verbindungsglied zu James gewesen.

Es war, als wäre ein Traum wahr geworden, und wir hatten eine Menge Pläne mit diesem Lieferwagen gehabt. Jedes Mal, wenn ich ihn fuhr, dachte ich daran, daß unsere Ehe gescheitert war und wie leid mir dies tat. An dem Nachmittag, als der Sturm kam, hatte ich auf der vorderen Veranda gesessen, den Lieferwagen betrachtet und mich schlecht dabei gefühlt, wie sich die Dinge mit James und mir entwickelt hatten. Mom sagte, jemand hätte dafür gesorgt, daß ich mich darum nicht mehr sorgen müsse. Sie hatte eine gute Einstellung zum Verlust unserer Fahrzeuge. Sie sagte, wenn wir in der Lage gewesen wären, mit diesen Fahrzeugen am nächsten Tag zu fahren, wären wir vielleicht bei einem Unfall ums Leben gekommen oder hätten jemand anders bei einem Unfall getötet. Wenn es nicht um diese Fahrzeuge gegangen wäre, wäre ich offenbar jetzt nicht hier gewesen! Sie glaubt, daß es für alles, was geschieht, einen Grund gibt, selbst wenn wir es nicht gleich verstehen. Ich denke, sie hat recht.

Noch mehrere Tage, nachdem der Tornado eingeschlagen war, hatten wir keinen Strom. Da wir an eine Quelle und an eine Sickergrube angeschlossen waren, hatten wir auch kein Wasser und keine Abwasserentsorgung. Doch wir hatten aus dem Blizzard von 1978 gelernt, so daß wir mit einem Generator ausgerüstet waren. Leider hatte der Generator die Tendenz, zu den ungünstigsten Zeiten leer zu laufen.

In der dritten Nacht ohne Strom hatte ich ein äußerst ungewöhnliches Erlebnis. Als ich ins Bett gegangen war, lief der Generator, um den Kühlschrank und die Kühltruhe in Betrieb zu halten. Irgendwann in der Nacht hatte er kein Benzin mehr und wir keinen Strom. Ich hörte, wie Dad aufstand, um den Tank wieder mit Benzin aufzufüllen. Als ich dort allein und ruhig im Dunkeln lag und über die letzten paar Tage nachdachte, merkte ich, daß ich nicht allein im Zimmer war. Ein sanftes Leuchten erschien am Fußende und an den Seiten meines Bettes. Es war gerade hell genug, um zu sehen, daß die merkwürdigste Gruppe von Leuten, die ich je gesehen habe, um mein Bett herumstand. Es waren insgesamt acht - alte, junge, männliche und weibliche, die mich alle mit unterschiedlichem Grad von Sorge und Neugier anblickten. Eine alte Frau stand am nächsten bei mir am Kopfende des Bettes. Sie beugte sich über mein Ohr und flüsterte: „Erinnerst du dich nicht an uns?" Ich lag dort, so still ich konnte, sah aus dem Augenwinkel zu ihr herüber und sagte zu ihr: „Nein, ich weiß nicht." Dann sagte sie: „Wir sehen eigentlich nicht so aus, doch wir wissen, daß du in letzter Zeit eine Menge durchgemacht hast. Du hast dich sehr tapfer geschlagen. Wir sind nur zu deinem Wohl in dieser Weise erschienen. Sieh mich an, und du wirst dich erinnern." Dann kam sie ganz nahe an mein Gesicht, Nase an Nase. Ich bewegte mich nicht, doch ich schloß meine Augen so fest ich konnte und schrie laut: „Ich sehe dich auf keinen Fall an. Geh weg! Ich bin jetzt gerade nicht in der Stimmung dafür! Verschwinde!" Sie forderte mich weiterhin auf, sie anzuschauen, und ich fuhr fort, ihr zu sagen, sie solle verschwinden. Schließlich sagte sie: „Nun gut. Wir wissen, daß du müde bist. Wir werden dich jetzt verlassen, doch wir werden zurückkommen. Hab Geduld. Alles wird besser werden."

Dann, bumm, war ich allein. So schnell, wie es geschehen war, war es - sie - verschwunden. Ich fühlte mich wirklich merkwürdig. Ich lag immer noch in derselben Position, in der ich mich befand, als sie da waren, und ich war mir sicher, daß ich die ganze Zeit über wach gewesen war.

Plötzlich sprang der Generator an, und die Lichter gingen wieder an. Ich lag ein paar Minuten lang da und versuchte zu begreifen, was gerade geschehen war. Schließlich überkam mich die Erschöpfung, und ich glitt hinüber in den Schlaf.

Am nächsten Morgen erwachte ich und dachte immer noch darüber nach, was in der Nacht zuvor geschehen war. Ich erzählte meiner Familie davon und rief dann Budd Hopkins und Linda Howe an, um ihnen davon zu berichten. Als ich mit Linda sprach, erinnerte ich sie an meinen Anruf im Januar, als ich ihr gesagt hatte, dies sei das Jahr, in dem mein Leben sich ändern und wunderbar sein werde. Dann sagte ich zu ihr: „Nun, ich sehe die Veränderungen, aber wo ist jetzt der wunderbare Teil?" Ich konnte hören, wie sie lächelte, als sie mich ermahnte, geduldig zu sein. Es erinnerte mich an das, was die alte Dame mir in der Nacht zuvor gesagt hatte. Wie sich herausstellte, hatte sie recht.

Am 29. Juni hatte ich einen weiteren „Virtual-Reality"-Traum. Dieses Mal bereitete er mir großes Behagen.

Ich stand vor einem kleinen Teich. Der Wasserpegel war sehr niedrig, aber steigend. Ich konnte sehen, wie aus einer großen Maschine auf der anderen Seite des Teiches Wasser sprudelte. Das Wasser begann sich vor mir aufzuwühlen, und ehe ich wußte, was los war, begannen etwa sechs Meter vor mir zwei Männer aus dem Wasser emporzusteigen. Einer dieser Männer, ein großer, blonder, gutgebauter Kerl, ging über die Wasseroberfläche direkt auf mich zu. Sie sagten mir, sie brächten Wasser zurück, das sie entnommen hatten, um es zu untersuchen, und daß ich mit ihm kommen solle. Ich willigte ein, und er streifte mir ein Paar enganliegender gummiartiger Stiefel über meine Füße und ging mit mir über die Oberfläche des Teiches zu der Maschine, die Wasser entlud. Der andere Mann folgte ruhig hinter uns.

Innerhalb der Maschine brachte er mich zu einem Raum mit sanftem Licht. Er setzte mich hin und erzählte mir, ich teile sein Erbe und solle mich erinnern, daß er mich immer geliebt habe und immer lieben werde. Er sagte auch, er hätte meine Mutter gekannt, und sie sei auch an diesem Ort gewesen. Ich kann mich nicht erinnern, worüber wir sonst noch sprachen, doch ich glaube, es war größtenteils trivialer Stoff. Als er sein Gespräch mit mir beendete, nahm er mich wieder dorthin mit zurück, wo er mich zuerst gesehen hatte, und ehe er ging, sagte er mir, daß er eines Tages zurückkommen werde, um wieder nach mir zu sehen, und ich solle ihn bitte dieses Mal nicht vergessen. Ich wachte auf, sobald der Traum vorüber war. Er hinterließ in mir ein Gefühl von Wärme, Sicherheit und Frieden mit der Welt. Was für eine merkwürdige Art von Gefühl nach so einem Traum!

16
Kathy
Traumwelt

Debbie war damit beschäftigt, auf Tagungen und UFO-Versammlungen zu sprechen. Sie war im Fernsehen und im Radio gewesen und hatte begonnen, unter ihrem eigenen Namen aufzutreten, sehr zu unserem Verdruß. Ich blieb freiwillig am Rande und sah mit einer Mischung aus Schock und Bewunderung zu, wie sie ihre Seele allen interessierten Parteien öffnete. Auf der einen Seite war ich entsetzt, daß sie sich tatsächlich der öffentlichen Billigung oder Mißbilligung aussetzte. Auf der anderen Seite hatte ich das Gefühl, daß ich dort bei ihr sein sollte. An manchen Tagen fühlte ich mich ziemlich ausgeschlossen, und an anderen Tagen war ich äußerst froh, daß niemand mein Gesicht kannte.

Wir haben selbst nach zehn Jahren immer noch das Gefühl, daß unsere Telefonleitungen angezapft sind. Irgendwo da draußen konnte einer sein, der Kopfhörer trug und ein leeres Blatt Papier bereithielt. Wir wissen nicht, ob es wirklich stimmt, doch wir haben eine Menge schlechter Verbindungen gehabt, seltsame Klickgeräusche und das Gefühl, daß jemand anders in der Leitung ist.

Meines Wissens hat sich mir nie jemand von der Regierung genähert, obwohl es mehrere Gelegenheiten im Hause meiner Eltern gab, bei denen fremde Leute gesehen wurden, die herumschnüffelten. Das ist für mich sehr beängstigend. Es klingt vielleicht ziemlich ungewöhnlich, doch ich würde lieber von einem UFO verfolgt als von der CIA.

Zu dieser Zeit meines Lebens hatte sich Johnny auf die Yankee-Seite geschlagen (die einsame Seite), und meine Kinder hatten aufgehört, über mich zu lachen. Zum ersten Mal seit vielen Jahren wurde nicht von beiden Seiten an mir gezerrt. Nun mußte ich mich nur mir selbst gegenüber behaupten.

Ich wurde sogar von Johnny ermutigt. Das war überraschend neu. Als ich ihn fragte, ob er wolle, daß ich ihn aus dem Buch heraushalte, gab er mir sein Einverständnis, über ihn zu schreiben. Eigentlich sagte er: „Es macht mir nichts aus", und ich nahm dies als Ja. Ich glaube immer noch nicht, daß er einer Hypnose zustimmen würde, um den fehlenden elf Stunden seiner unglaublichen Nacht mit dem platten Reifen auf die Spur zu kommen, doch vielleicht überrascht er mich eines Tages. Ich schätze, er ist darauf vorbereitet, sich mit seinen Freunden und seiner Familie auseinanderzusetzen. Unsere Kinder wissen noch nicht einmal von dieser Nacht. Wenn dieses Buch veröffentlicht wird, werden sie sicherlich überrascht sein. Wenn ich sie hier einbringe, bevor das Buch herauskommt, wollen sie vielleicht ausziehen. Sie sind alle erwachsen, so daß ich sie nicht einmal als Entschuldigung benutzen kann, mich noch länger zurückzuhalten. Sie werden nur mit Perücken und Sonnenbrillen herumlaufen müssen.

Ich frage mich jetzt, ob ich habe, was ich brauche, um von unseren Begegnungen zu berichten, und ob ich ein ausreichend dickes Fall habe, um das Lachen der Ungläubigen zu ertragen.

Ich bin nur ein ganz normaler Mensch, wie jeder andere. Ich hoffe, ich bin in der Lage, meine Gedanken in einer verständlichen Form zu vermitteln. Mir ist es wirklich egal, was die Ungläubigen denken. Ich weiß, was ich gesehen habe, und ich weiß, was ich fühle, und im Moment ist das alles, was mir wichtig ist. Ich verstehe auch den Standpunkt der Ungläubigen. Es klingt alles sehr unglaublich und beängstigend für jemanden, der nie etwas dergleichen erlebt hat. Ich akzeptiere den Standpunkt der Entlarver und Ungläubigen, denn ich finde, daß jeder das Recht hat, seine eigene Meinung zu haben und diese Meinung zu äußern.

Es ist nicht meine Art, auf ein Podium zu steigen und meine Meinung vor einem oder fünfhundert Zuhörern zu predigen, wenn also die Zeit kommt, plane ich nur, die Fakten vorzubringen, wie ich sie kenne. Ich kenne nicht all die Antworten, und ich würde nie versuchen, so zu tun, als wüßte ich sie. Ich wünschte nur, daß es so wäre.

Ich kann mitfühlen mit denen, die nie ein unidentifiziertes Flugobjekt oder seine Insassen gesehen haben. Es wird sicherlich schwer für sie sein, das ganze Thema ernst zu nehmen. Einem Ungläubigen die Aliens als kleine graue Wesen mit großen schwarzen Augen zu beschreiben, mit riesigen haarlosen Köpfen und der Fähigkeit, telepathisch zu kommunizieren - nun, man könnte sie genauso gut als purpurrote Menschenfresser beschreiben und dieselbe Reaktion erwarten. Wir können nur berichten, was wir gesehen haben und uns auf die Reaktionen gefaßt machen.

In diesem Kapitel möchte ich gerne von einigen der seltsamen Träume berichten, die wir hatten. Normalerweise gebe ich nicht viel auf Träume, und gewöhnlich erinnere ich mich nicht an meine. Wenn ich doch einmal einen Traum habe, habe ich versucht, ihn am nächsten Tag aufzuschreiben, egal, wie seltsam er mir zu dieser Zeit erscheint. Wenn ich einen Traum habe, der mich beschäftigt und den ich scheinbar nicht aus dem Kopf bekomme, dann habe ich das Gefühl, daß er etwas bedeuten muß, selbst wenn es etwas ist, das ich nicht wissen oder an das ich mich nicht erinnern will.

Ein Traum, den ich hatte, weckte mich aus tiefem Schlaf und verfolgte mich mehrere Tage lang. Ich habe diesen Traum nicht mit irgendeinem professionellen Deuter erörtert, in erster Linie verwirrt mich die Tatsache, daß er für mich keinerlei Sinn ergibt. Ich werde ihn Ihnen berichten, und vielleicht haben sie mehr Glück als ich bei der Deutung.

Ich war in einem Raum, der mich an eine Arztpraxis erinnerte, sehr nüchtern und sehr weiß. Alles um mich herum machte den Eindruck, als befände ich mich in einer Art steriler Umgebung. Ich trug ein langes fließendes Kleid und einen passenden Mantel, und ich erinnere mich, wie ich das Material befühlte und dachte, wie teuer es gewesen sein mußte. Der blaßblaue Stoff fühlte sich kühl und glatt an wie der feinste Satin, und als ich ihn glattstrich und seine Pracht fühlte, wußte ich, daß mir die Kleider nicht gehörten. Ich hatte das Gefühl, in einer Art Trance zu sein, bewegte mich sehr langsam und mechanisch. Ich war allein in diesem Raum, doch nicht lange. Die Tür öffnete sich und herein kam eine Person mittlerer Größe, die einen weißen Arztkittel trug. Ich erkannte diese Person sofort, er hatte das Gesicht eines Doktors aus einer Fernsehserie, die ich jahrelang gesehen habe. Wie beschränkt, dachte ich Tage später bei mir. Wenn jemand anfängt von den Charakteren der Fernsehserien zu träumen, ist es Zeit aufzuhören, sich solche Serien anzusehen. Als der „Doktor" auf mich zukam, schien eine Art Gespräch zwischen uns stattzufinden, doch ich kann mich nicht erinnern, worüber wir sprachen. Der „Doktor" wollte anscheinend, daß ich etwas tat, was ich nicht tun wollte, doch aus irgendeinem Grund hatte ich das Gefühl, daß er wollte, daß ich dieses Entscheidung selbst träfe und daß er mich nicht zwingen wollte, mit was für einer Macht auch immer, die er über mich hatte. Ich weiß nicht, was er wollte, doch ich erinnere mich, daß ich mich weigerte. Daraufhin wurde ich in einen anderen Raum geführt, in dem ich meinen ältesten Sohn Bill sah, der offenbar bewußtlos auf einem Tisch in der Mitte des Raumes lag.

Als ich zu dem Tisch ging, traute ich meinen Augen nicht. Was um alles in der Welt machte Bill hier? Wie konnten sie ihn dazu gebracht haben, mit ihnen zu kommen, und warum? Ich ging sehr nahe an sein Gesicht heran und beobachtete, wie er atmete. Er sah genauso aus wie Bill, doch ich war mir nicht hundertprozentig sicher, daß er es wirklich war. Es waren andere Leute im Raum, die Krankenschwestern zu sein schienen und die Bill hochhoben, auf seine Füße stellten und ihn auf den Boden fallen ließen. Die Krankenschwestern taten dies mehrere Male, sehr zu meinem Verdruß, und ich versuchte, sie zu stoppen, doch sie beachteten mich nicht. Irgendwann ließen sie ihn fallen und ließen mich allein, und ich versuchte, ihn zurück auf den Tisch zu heben, was mir nicht gelang.

Dann wurde ich in einen anderen Raum gebracht, in dem ich meine Tochter Lisa, begleitet von zwei Krankenschwestern, in einem tranceartigen Zustand vorfand. Sie bemerkte meine Anwesenheit nicht, als sie sie vor- und zurückgehen ließen. Ich sah nach unten und bemerkte, daß ihre Füße abgetrennt worden waren, und es bot sich mir der entsetzliche Anblick blutigen Fleisches. Ich schrie sie an, sie sollten aufhören, sie zum Gehen zu bringen, und sie irgendwo hinlegen, um sie von ihren verstümmelten Füßen zu nehmen. Ich hob jeden Fuß einzeln hoch, um den Schaden zu inspizieren, und war nun noch mehr verwirrt festzustellen, daß anstelle von Knochen in jedem Fuß eine Art seltsam aussehender struktureller Stütze aus Metall zu sein schien. Nun, das ist wirklich verrückt, dachte ich dauernd. Wenn das ein Roboter ist, warum haben sie dann nicht einen echt aussehenden Knochen heraußtehen lassen, um mich wirklich zu erschrecken? Dies war wahrscheinlich nicht Lisa, doch ich konnte kein Risiko eingehen. Ich mußte sie in jedem Fall davon abbringen, sie zu quälen.

Nun, da stand ich nun mit einem bewußtlosen Bill, der wahrscheinlich nicht Bill war, einer verstümmelten Lisa mit Stangen anstelle von Knochen in ihren Füßen und einem Doktor aus einer Fernsehserie.

Während die Welt sich dreht, das geleitende Licht hin zum Ende der Nacht, werde ich meine Suche durch das Krankenhaus lieben, nach all meinen Kindern suchen und mich bei meiner Suche nach dem Morgen, nach einem besseren Leben sehnen.

Das trifft es, ich bin über die dünne Grenze zwischen Normalität und Verrücktheit getänzelt, und wir wissen, auf welcher Seite ich gelandet bin.

An dieser Stelle in meinem Traum wurde ich hysterisch, als ich zurück in den ersten Raum mit dem unechten Doktor geführt wurde. Ich wurde sofort völlig ruhig und stellte mich hinter ihn, entschlossen, so zu tun, als sei er eigentlich gar nicht da.

An diesem Punkt nahm der Doktor seinen Arztkittel ab und verwandelte sich vor meinen Augen in ein kleines widerliches und sehr erschreckendes Wesen. Ich erinnere mich genau, wie ich auf seine Arme sah und dachte, wie schrecklich und abstoßend er sei. Seine Arme waren sehr dünn und weiß, total gerade, als gebe es keine Muskeln, sondern nur einen sehr zerbrechlichen Knochen, der das Fleisch zusammenhält. Sie sahen sehr biegsam aus, wie kleine Gummiarme, und ich dachte, sie könnten in jede gewünschte Richtung gebogen und gedreht werden. Seine Haut sah schwammartig aus, wie ein Pilz.

Dieser Teil des Traumes ist vage. Ich erinnere mich, wie dieses häßliche kleine Gummimännchen mir nahe bei meinem Gesicht sagte, daß ich nie jemandem davon erzählen könne.

An dieser Stelle öffnete sich wieder die Tür, und Johnny kam herein. Ich schrie und weinte und versuchte ihm von Bill und Lisa zu erzählen, und daß diese Leute mich nicht gehen lassen wollten und er mir helfen müsse, die Kinder hier herauszuholen. Als ich weiter tobte und wetterte, begann ich aufzuwachen. Irgendwie wußte ich, wenn dieser Traum weiterging, würde ich einen Johnny vorfinden, der sich in etwas verwandelte, das nicht Johnny war.

Ich wachte sicher in meinem Bett auf, Johnny neben mir (der echte Johnny) und Bill und Lisa sicher in ihren Zimmern.

Dieser Traum verfolgte mich monatelang, und ich weiß nicht, warum. Er war so blöd, daß er eigentlich komisch hätte sein müssen, doch das war er damals nicht und ist es auch heute noch nicht. Jetzt verstehe ich, warum andere Menschen von ihren zwingenden, quälenden Träumen sprechen, und ich kann ihnen das nachfühlen.

Ich hatte nur zwei andere Träume, die so verrückt wie dieser waren. Einer scheint nicht der Rede wert zu sein. Es erscheint mir merkwürdig, daß ich, nachdem ich solch ein einzigartiges Leben voller seltsamer unidentifizierter Begegnungen gehabt habe, viele weitere solcher bizarren Träume hatte. Es scheint, daß mein Unterbewußtsein während des Schlafs an die Oberfläche kam und zumindest Bruchstücke vergessener Erinnerungen hervorholte. War dieser seltsame Traum vielleicht eine Erinnerung an einen ähnlichen Vorfall, der in meiner Mentalbank versteckt war? Könnte mein Geist den „Doktor" in den Darsteller in einer Fernsehserie verwandelt haben, um ein furchterregendes Gesicht gegen ein vertrautes Gesicht zu tauschen? Wenn es einfach nur ein seltsamer Traum ohne Bedeutung war, warum verfolgte er mich dann so?

Meine Mutter hatte einen besonders seltsamen Traum, den ich gerne in diesem Kapitel erzählen möchte. Sie müßten Sie kennen, um diesen Traum richtig einzuschätzen. Meine Mutter ist in gewisser Weise medial begabt und hat eine Reihe von Träumen gehabt, die wahr geworden sind. Wenn sie von irgendeinem Ereignis mehr als einmal träumt, können Sie sicher sein, daß es eintreffen wird. Das klingt sehr seltsam, doch wir sind daran gewöhnt und haben tatsächlich die Endresultate gesehen. Sie hat geträumt, Geld zu gewinnen, und es traf ein. Sie träumte einmal, daß Johnny in einen kleineren Autounfall verwickelt werden würde, erzählte mir von den Einzelheiten des Traumes etwa zwei Monate, ehe der Unfall passierte, und er ereignete sich genauso, wie sie es beschrieben hatte. Kürzlich träumte sie, ein Baum würde nachts durch ihr Schlafzimmerfenster fallen, das Haus zerquetschen, doch niemanden verletzen. Im darauffolgenden Sommer wurde ein gigantischer Baum entwurzelt und fiel zu Boden, indem er nur knapp das Haus verfehlte, aber ihres und Debbies Auto zerquetschte.

Sie hat viele weitere Träume gehabt, die schließlich Tatsache wurden, und zwei Medien hatten ihr gesagt, sie sei ebenfalls ein Medium und offensichtlich ein so gutes, daß das eine Medium das Gefühl hatte, Mom sollte oder könnte professionelle Readings geben.

Der merkwürdige verrückte Traum, den sie hatte und von dem ich Ihnen gleich berichten werde, ergab für keinen von uns einen Sinn. Sie schien sich ebenso wie ich nie an ihre Träume zu erinnern. Als sie mir also diesen hier erzählte, schrieb ich ihn sofort auf.

Ihr Traum begann in einem riesigen Gebäude mit drei Etagen. Es war größer als ein Haus, und sie kannte es nicht. Eine Menge Leute liefen herum, doch sie war sich nicht sicher, was sie taten. Sie sagte, es erinnerte sie an Las Vegas. Für mich war dies logisch, denn wir hatten im vorhergehenden Monat eine Reise nach Las Vegas geplant, doch die Pläne verliefen im Sande. Sie erinnerte sich, daß Debbie mit ihr in diesem großen Gebäude war, und sie sah sie an und sagte: „Jemand möchte dich dort oben treffen", und sie zeigte auf das obere Stockwerk des Gebäudes.

Mom trug ein sehr leichtes dunkelhaariges Baby (Parallele zu *Eindringlinge*, doch sie erkannte es nicht als das Baby von einem in der Familie oder als das einer Bekannten.

Sie und Debbie gingen nach oben in einen großen Raum und wanderten einen langen Gang entlang. Dort sahen sie drei oder vier Männer, die an einem großen Tisch mit einem Mikrophon saßen. Sie erinnerte sich, daß sie einen von ihnen ansah und sagte: „Ich kenne dich. Du warst schon einmal hier", doch sie erinnert sich nicht, wie diese Person aussah.

Er nickte und lächelte sie an.

Dann ging sie in einen anderen Raum und brachte dieses merkwürdige Baby zu Bett, das sie offenbar die ganze Zeit mit sich herumgetragen hatte. Sie wußte, daß dieses Baby nicht ihr jüngster Enkel war, weil dieser jetzt neben ihr stand. Sie ging dann durch einen Eingang in einen riesigen Raum mit einer Reihe von Maschinen und einer Menge Leute. Sie erinnert sich nicht, was diese Leute taten oder wie diese Maschinen aussahen oder was ihr Zweck gewesen sein könnte. Sie wanderte zurück in den Raum mit dem Bett und beobachtete, wie jemand hereinkam und das Baby weckte. Sie beobachtete, wie das Baby und ihr jüngster Enkel den Raum verließen.

Nun war ich in dem Traum. Sie sagte, sie und ich gingen die beiden Kinder suchen, und wir fanden sie in einer Wasserpfütze spielend. Der Traum wurde noch verworrener, als wir plötzlich auf dem offenen Highway in einem Auto fuhren, das ich steuerte. Sie saß vorne mit mir, und meine jüngste Schwester und ihr Sohn befanden sich auf dem Rücksitz. Dies war derselbe Enkel, der vorher im Traum mit ihr zusammen gewesen war.

Sie ist sich nicht sicher, wer von uns schrie: „Oh Mist", als wir alle hochschauten und eine riesige fliegende Untertasse sahen, die direkt auf uns zukam. Sie erinnert sich, ein großes rotes Licht auf der Unterseite gesehen zu haben, und es schien die klassische Scheibenform zu sein. Sie war sich bewußt, daß es andere Autos auf dem Highway gab, und als sie sie betrachtete, bemerkte sie, daß keiner der Fahrer und Beifahrer die riesige Scheibe wahrnahm, die über der Straße schwebte.

Sie erinnert sich, daß meine jüngste Schwester noch nie eine fliegende Untertasse gesehen hat - zumindest erinnerte sie sich nicht daran, eine gesehen zu haben -, und Mom sagte zu ihr: „Shari, siehst du das?" An dieser Stelle wachte sie auf, so daß wir nie erfahren werden, ob Shari sie sah oder nicht.

Das war ein ziemlich verrückter Traum, und ich habe nicht die leiseste Ahnung, wofür er stehen könnte. Ich bin mir nicht sicher, ob ich es wissen will. Ich kann ihn nur so wiedergeben, wie er mir erzählt wurde. In dem

Wissen, daß Moms Aufzeichnungen ihrer Träume Wirklichkeit werden, können wir nur abwarten und sehen, was passiert.

Fast wie aufs Stichwort, wurden wir zwei Wochen nach Moms Traum zu einer spontanen Reise nach Las Vegas eingeladen, und in einer gleichermaßen spontanen Entscheidung, beschlossen wir zu fahren. Vielleicht war ihr Traum nur eine Vorahnung der unerwarteten Reise und hatte überhaupt nichts mit UFOs, großen Räumen, merkwürdigen Babys und noch merkwürdigeren Leuten zu tun. Auf der einen Seite freute ich mich sehr darauf, nach Las Vegas zu fahren, auf der anderen Seite hatte ich Schuldgefühle, meine Flugreservierung einfach auf monatlicher Ratenzahlungsbasis vorgenommen zu haben, was bedeutet, daß die Zahlungen nur solange leicht fallen, bis sie fällig werden.

Ich brach in meinem üblichen Geisteszustand zum Flughafen auf: wahnsinnig. In zehntausend Metern Höhe hielt ich nach einem freundlichen Himmel Ausschau, doch das einzig Merkwürdige, was ich sah, war mein eigenes Spiegelbild in der Fensterscheibe.

Wir werden drei glorreiche Tage ohne Spülen, Waschen und ohne Zeitplan verbringen, sagte ich mir. Ein wohlverdienter Urlaub, wenn ich mir das sage. Vielleicht werden wir das große Los ziehen, vielleicht werden wir Pech haben.

Vierundzwanzig Stunden später entdeckten wir, daß wir Pech hatten. Wir blieben die ganze Nacht auf und fütterten die undankbaren Spielautomaten. Wir fütterten sie mit zwanzig Dollar, und sie spuckten acht Dollar aus, als sie an den Punkt kamen, an dem sie nichts mehr fassen konnten. Mit einem eigenen Kopf schienen sie zu wissen, wenn jemand innerlich gelobte: „Noch drei Vierteldollarmünzen, das ist alles, was du bekommst." Diese drei Münzen werden verschlungen, und der Automat spuckt zwei wieder aus in dem lahmen Versuch, einen ein bißchen länger bei der Stange zu halten. Es funktioniert. Man wirft diese zwei letzten Vierteldollarmünzen ein, und, bingo, kommen zwölf heraus. Einige davon kommen einem vage bekannt vor und vermitteln einem die trügerische Hoffnung, daß einem schließlich all seine kleinen Münzen vielleicht zurück ins Portemonaie fallen. Der Automat hat eine Art, diese zwölf Vierteldollarmünzen klingen zu lassen wie fünfhundert. Glocken läuten und gratulieren einem wie bei einem Salut zum einundzwanzigsten Geburtstag, stärken das eigene Vertrauen und vermitteln einem das Gefühl, daß dies der Anfang von etwas Großem sein könnte.

Als wir uns nachmittags zum Mittagessen niederließen, schienen im Essen bunte Lichter zu flackern, und das Eis in unseren Gläsern klang wie Glocken, wenn es zusammenstieß. Dann hatten wir das Gefühl, daß es Zeit war, zurück auf unsere Zimmer zu gehen und endlich etwas Ruhe zu bekommen. Ich war pleite, denn ich hatte meine Dreitagesration an einem Tag ausgegeben. Als wir zurück zum Zimmer gingen, merkten wir, was für ein wunderschöner Tag es war. Ein weiterer Schlag ins Gesicht. Es ist unamerikanisch, solch einen großartigen Tag zu verschlafen. Ich schätze, das geschah uns recht.

Zwei lange Tage später waren wir auf unserem Heimweg, ohne Geld, ohne UFO-Geschichte, ohne alles. Die Selbstmordrate in Vegas muß unglaublich hoch sein, denn es ist der deprimierendste Ort in der Welt, wenn man pleite ist. Wenn man pleite ist, kann man ebenso gut nach Hause fahren, denn die Kasinobesitzer haben nicht die Absicht, einem den Aufenthalt angenehm zu machen. Solange man spielt, bringen sie einem kostenlose Drinks, einen nach dem anderen. Wenn man es sich nicht leisten kann zu spielen, findet man nicht einmal eine Wasserfontäne und ist gezwungen, seine Hände zusammenzulegen und aus dem Wasserhahn im Badezimmer zu trinken. Es überrascht mich, daß sie keine kostenpflichtigen Toiletten haben. Dann wären die Ruinierten sicherlich gezwungen, früher abzuhauen oder versucht, sich in Straßenecken zu stellen und zu betteln: „He, Kumpel, hast du mal 'nen Groschen für die Toilette?"

Solange man spielt, findet man einen Sitzplatz. Verlier dein Geld, und du wirst bis in alle Ewigkeit stehen! Selbst wenn man die Ersparnisse seines ganzen Lebens gestiftet hat, berechtigt einen das nicht zu einem Sitzplatz. Dein Pech, Dummkopf, zisch ab! Wenn ich im Flugzeug hätte stehen müssen, hätte ich das Gefühl gehabt, es zu verdienen. Glücklicherweise durfte ich im Flugzeug sitzen, und ich starrte aus dem Fenster und summte: „Nobody knows the trouble I've seen", bis wir wieder in Indianapolis landeten.

Zwei Stunden nach unserer Ankunft daheim schienen die grellen Lichter und die klingelnden Glocken Jahre zurückzuliegen. Zurück zum Alltagstrott und zum Kochen.

Das war vor acht Jahren, und seit dieser Reise sind wir noch einmal in Vegas gewesen. Moms Traum hängt immer noch in der Luft, und mit ein wenig Glück wird er dort bleiben.

Wie ich zuvor sagte, lege ich nicht allzuviel in Träume hinein, doch wahrscheinlich haben sie weit mehr Bedeutung, als mir bewußt ist. Wenn man schläft, ist man sich wirklich selbst auf Gedeih und Verderb ausgeliefert, denn man kann sich nicht bewußt davon abhalten, über ein Thema zu reflektieren, das man unterdrückt, wenn man wach ist. Man ist sehr verletzlich im Schlaf, und manchmal kann man selbst sein schlimmster Feind sein, ohne es wirklich zu wissen.

Wenn man im Wachzustand eine Reihe emotionaler Probleme hat, kann es hilfreich sein, seinen schlafenden Geist auf einen positiven Kanal zu konzentrieren. Vor seinen Problemen wegzulaufen oder sie zu ignorieren, wird nur die Genesung verlangsamen. Man muß der Situation offen ins Auge sehen, um damit fertig zu werden. Man kann sich nicht vorwärts bewegen, ehe man nicht aufhört, zurückzuschauen.

Es ist manchmal hilfreich, ein Tagebuch über seine Träume zu führen, um Wiederholungen zu erkennen. Sie sollten in die Bibliothek gehen und Bücher über das Thema lesen, um eine Idee zu bekommen, was Ihre Träume vielleicht bedeuten. Wenn Sie größere emotionale Probleme haben, sollten Sie Selbsthilfegruppen oder vielleicht professionelle Hilfe aufsuchen.

Viele Selbsthilfegruppen sind kostenlos oder erheben nur eine geringe Gebühr, und sie sind für viele eine große Quelle der Stärke und Hilfe gewesen. Es ist immer tröstlich zu wissen, daß man nicht die einzige Person ist, die unter einem bestimmten Problem leidet. Vielleicht könnten Sie für jemand anderen eine große Hilfe sein, so, wie wir hoffen, es für jeden zu sein, der dies hier liest.

Wenn ich nie wirklich ein UFO gesehen hätte, wäre es leicht, die Träume, die ich hier erwähnt habe, als bloße Träume ohne irgendeine Bedeutung abzutun. Doch wenn man tatsächlich ein Raumschiff oder Besucher gesehen hat, fragt man sich, ob seine Träume nicht wirklich unbewußte Erinnerungen an echte Ereignisse sein könnten. Könnten sie Erinnerungen an Begegnungen sein, die mein bewußter Verstand sich einfach zu akzeptieren weigert?

Der menschliche Geist ist so kompliziert und mächtig, daß es schwer für uns ist, seine wirkliche Großartigkeit zu begreifen. Jeder hat die Fähigkeit, Ideen nicht nur zu erinnern und abzuspeichern, sondern dieses Vermögen durch Gefühle und Emotionen zu verstärken, etwas, das ein Computer nicht kann. Ich habe das Gefühl, daß den Besuchern diese Gefühle fehlen. Sie mögen uns wissenschaftlich Lichtjahre voraus sein, doch vielleicht hat all ihr Fortschritt keinen Raum für Gefühle und Emotionen gelassen. Vielleicht waren sie uns vor Äonen sehr ähnlich, fühlende und fürsorgliche Wesen, die sensibel und mitfühlend sein können. Vielleicht merken sie jetzt, daß ihre Zivilisation möglicherweise etwas von uns lernen könnte. Mag sein, daß ich hierbei auf dem Holzweg bin. Mag sein, daß ihre Welt der unseren sehr ähnlich ist. Vielleicht haben sie Supermärkte, Einkaufspassagen und Schulen. Sie haben möglicherweise Familientreffen und mähen am Wochenende den Rasen. Vielleicht haben sie jede Menge Emotionen und Gefühle. Vielleicht fürchten sie sich vor uns ebenso, wie wir uns vor ihnen und sind genauso neugierig auf uns, wie wir auf sie. Das scheint nicht außerhalb der Welt des Möglichen zu liegen. Schließlich sind sie lebende Kreaturen, und selbst unsere Tiere scheinen Emotionen und Gefühle zu haben. Warum sollten diese Wesen so etwas nicht auch haben? Vielleicht träumen sie ebenfalls.

Ich kann fast einen jungen Mann visualisieren, der einem Freund einen Alptraum erzählt:

Letzte Nacht träumte ich, die Jungs und ich hätten Papas Raumschiff ausgeliehen, und wir hätten die andere Seite besucht. Ich wußte, daß Mama sich ziemlich aufregen würde, wenn sie es herausbekäme; sie war nie wieder dieselbe, seit ihr Ältester nicht mehr von seiner Mission dort zurückkehrte. Sie hat uns ständig vor den Gefahren auf dem blauen Planeten gewarnt, doch ich wollte es selbst herausfinden.

Zum Spaß haben wir einen der Riesen unter unsere Kontrolle gebracht, um sie einmal aus der Nähe zu betrachten. Ihre Augen sind klein und haben einen wilden Ausdruck, und sie scheinen ziemlich unten auf der Intelligenzskala zu stehen. Wir waren zu Tode erschrocken, wenn wir nur an die Konsequenzen dachten, wenn sie nicht paralysiert gewesen wären. Ihre Köpfe waren so klein, daß sie deformiert erschienen. Doch das Merkwürdigste von allem waren die Millionen von Auswüchsen, die aus den winzigen Löchern ihrer Hülle kamen, besonders oben auf ihrer Kranialzone. Das müssen wohl eine Art Antennen sein.

Wir beeilten uns, dort herauszukommen, ehe wir von weiteren dieser Kreaturen entdeckt wurden, und wir amüsierten uns auf dem ganzen Heimweg über die Erregung des abendlichen Abenteuers.

Mama hatte recht, sie sehen sehr furchterregend aus, doch ich möchte bereits wieder hinfahren.

Ich hatte irgendwie das Gefühl, in der Lage zu sein, diesen unglücklichen Kreaturen zu helfen.

Bevor ich aufwachte, hatte ich das Gefühl, daß vielleicht ich der Auserwählte bin, der in der Lage sein wird, diese Bestien zu zähmen, doch sicherlich bin ich froh, daß alles nur ein Traum war.

Vielleicht werden sie für uns eine Hilfe sein. Offensichtlich meistern sie die Weltraumfahrt wesentlich effizienter als wir. Sie haben die molekulare Übertragung ihrer eigenen Körper perfektioniert, was uns sicherlich nicht gelungen ist. Sie können feste Objekte an jeden gewünschten Ort levitieren, und sie können mental kommunizieren. Doch den größten Fortschritt, den sie, soweit ich sehe, vollzogen haben, ist, daß sie Millionen von Dollar pro Jahr an Zigaretten, Haarteilen und Schönheitsprodukten sparen.

17
Debbie
Entdecken neuer Fähigkeiten

Selbst vor vielen Jahren, als ich mit meinem Dreizehnjährigen schwanger war, legte ich Fähigkeiten an den Tag, die jeder Erklärung spotteten.

Eines Mittwochabends im Winter war mein erster Mann Chuck mit seinem Vater zum Kegeln gegangen. Sie kegelten jeden Mittwoch in einer Liga. Ich hatte mich früh ins Bett gelegt. Ich fühlte mich nicht allzu gut, ein normaler Nebeneffekt meiner Schwangerschaft.

Gegen Mitternacht erwachte ich aus tiefem Schlaf mit einem enormen Gefühl von Dringlichkeit. Nein, ich mußte nicht zur Toilette! Irgendetwas stimmte nicht. Ich ging mindestens zehn Minuten lang auf und ab. Ich war nicht etwa besorgt, weil mein Mann spät heimkam oder so etwas. Wenn die beiden kegelten, kamen sie oft erst nach ein Uhr nach Hause. Während ich umherstreifte, fühlte ich mich mehrere Male zur Terrassentür hingezogen, und ich erwischte mich dabei, wie ich draußen auf den gefrorenen See starrte, ohne auf etwas Bestimmtes zu schauen.

Langsam merkte ich, daß irgendetwas mit dem See oder am See nicht stimmte. Ich wußte nicht, was. So beschloß ich hinunterzugehen, um ihn mir einmal aus der Nähe anzusehen. Dick und schwanger, wie ich war, stapfte ich in meinem Morgenmantel und in Pantoffeln durch den Schnee vor meinem Appartmenthaus, um nach dem Grund meiner Schlaflosigkeit Ausschau zu halten. Klingt ziemlich verrückt, nicht wahr? Was ist daran neu?

Ich gelangte zum Rand des Sees und konnte nichts Ungewöhnliches entdecken. Als ich dort stand, wie ein Narr, überkam mich dieses schreckliche Gefühl von Entsetzen und Dringlichkeit. Ich wußte, daß irgendetwas nicht stimmte und daß irgendjemand Angst hatte. Und ich wußte, daß ich helfen mußte!

Von dort, wo ich stand, konnte ich noch immer nichts sehen, so daß ich beschloß, ein wenig weiter am Ufer entlangzugehen. Als ich am nächsten Gebäude vorbeikam, konnte ich sehen, daß ein Lastwagen in den See gefallen war. Die Frontseite war im Eis festgefroren, und das Fahrgestell guckte aus dem Eisschlamm hervor. Ich suchte um den Lastwagen herum nach Fußspuren im Schnee, und obwohl ich welche sah, waren sie so unregelmäßig verteilt, daß ich nicht sagen konnte, wohin sie führten.

Etwa um diese Zeit kamen mein Mann und sein Vater um das Gebäude herumspaziert. Sie waren nach Hause gekommen, hatten gesehen, daß ich weg war und waren herausgekommen, um nach mir zu suchen. Aufgeregt zeigte ich auf den Lastwagen und ignorierte die Standpauke meines Mannes, was ich in meinem schwangeren Zustand hier draußen in der Kälte zu suchen habe. Er sagte, wer auch immer mit dem Lastwagen verunglückt sei, sei bestimmt irgendwo draußen, um zu versuchen, einen Schleppwagen zu finden, und ich solle aufhören, mir darüber Sorgen zu machen und hereinkommen, sonst werde er mich hineinzerren. Seien Sie nie herrisch einer schwangeren Frau gegenüber! Ich sagte ihm, er solle verschwinden, und ich würde reinkommen, wenn ich dazu bereit sei. So gingen er und sein Vater zurück hinauf in die Wohnung und ließen mich dort zurück, damit ich meine Suche fortsetzen konnte.

Ich stand mehrere Minuten lang am Ufer und blickte auf den gefrorenen See. Ich meinte, jemanden um Hilfe rufen zu hören, doch ich konnte nichts sehen. Dann hörte ich es wieder, und diesmal gab es keinen Zweifel. Ich sah ein kleines, dunkles Objekt, das direkt über der Oberfläche des Eises auftauchte. Dieser Mann mußte seine ganze Kraft zusammengenommen haben, um so weit über die Oberfläche zu gelangen. Ich konnte seine frostige Stimme kaum hören, die mich um Hilfe anrief. Ich rief ihm zu, er solle durchhalten, ich würde ihm, sobald ich könne, Hilfe schicken. Ich schrie zum Gebäude hinter mir hoch, jemand solle den Rettungswagen anrufen. Ich sah, wie in einer der Wohnungen Licht anging, ein Kopf hinter einem Schatten hervorlukte, und dann - ich konnte es nicht glauben - knipste dieser Mensch das Licht aus und schloß das Fenster! Verdammt, das machte mich wütend!

Ich rannte die Treppen zu meiner Wohnung hoch, griff zum Telefon und wählte 112. Mein Mann hatte den allerdümmsten Gesichtsausdruck auf. Als ich ihm zurief - „Ich habe es dir gesagt!" - rannte ich wieder hinunter zum See und suchte nach dem Mann im Eis. Ich hatte dem Rettungswagen gesagt, daß er mich auf der anderen Seite des Sees antreffen werde, da er näher an diesem Ufer als an meinem zu sein schien. Inzwischen ging ich hinüber zur anderen Seite des Sees, sie hatten ihn schon zur Hälfte herausgezogen. Als sie ihn ans Ufer zogen, ging ich zu ihm und dem Mann, der ihn herausgezogen hatte. Der Rettungsmann fragte mich, ob ich diejenige gewesen sei, die angerufen hätte. Ich sagte ihm, ja, und fragte, ob es dem Mann gut gehe. Sie versicherten mir, daß es ihm besser gehen werde, sobald sie ihn ein wenig aufgewärmt hätten, doch wenn ich ihn nicht gerade noch rechtzeitig gefunden hätte, hätte er nicht mehr lange überlebt. Ich dachte bei mir - ich habe eine Neuigkeit für dich, Kumpel, er hat mich gefunden! Der „Eismann" schaute aus den Armen seines Retters zu mir auf und schaffte es kaum, „danke" zu flüstern. Ich war dankbar, daß er noch lebte, und daß ich die Ursache meiner Gefühle und meiner Unfähigkeit zu schlafen, gefunden hatte. Ich ging in die dunkle Nacht davon, zurück um den See und in meine warme Wohnung, ohne den Rettungsleuten auch nur meinen Namen genannt zu haben. Ich hatte das Gefühl, daß meine Aufgabe erfüllt war, und ich brauchte Schlaf!

So viele Veränderungen sind in den letzten paar Jahren meines Lebens eingetreten, daß es mir allmählich vorkommt, als wären es Jahrzehnte gewesen. Besonders dieses letzte Jahr (1992) hat für mich einen Wirbelwind von Veränderungen gebracht. Es ist, als ob etwas Wichtiges angefangen hätte, eine Art Transformation. Ich habe gelernt, mich an die Veränderungen anzupassen, und ich fange an zu glauben, daß dies ein Teil des Plans war. Nichts überrascht mich mehr!

Ich begann, mehr Zeit mit meinen Freunden zu verbringen. Ich danke Gott, daß sie da waren. Sie haben mir geholfen, durch die schwierigen Zeiten meines privaten Lebens zu kommen.

Mein Freund Joe und ich beschlossen, nach St. Louis zu fahren, um Forest zu treffen. Joe und Forest hatten sich noch nie getroffen, und ich wollte sie miteinander bekannt machen. Wir hatten geplant, ums Lagerfeuer herumzusitzen, die Natur und die gegenseitige Gesellschaft zu genießen. Ich kam nicht oft hierher, um Forest zu sehen, dies würde also eine echte Erholung für mich sein, Zeit mit Forest zu verbringen und auch meinen Freund Joe um mich zu haben.

Als wir bei Forest waren, bekam er Besuch. Ein Freund von ihm, ein Physiker namens Dave, kam vorbei. Er brachte ein paar Experimente mit, die Forest an mir und einer Reihe von anderen Frauen in der Gegend um St. Louis testen wollte, die ebenfalls Erlebnisse mit UFOs und Außerirdischen hatten. Dave ist ein sehr netter Mann. Ich würde ihn nicht als Skeptiker bezeichnen, doch ich weiß, daß er nichts unbesehen glaubt. Er überprüft die Dinge sehr sorgfältig. Er ist ein echter Wissenschaftler.

Joe und ich waren draußen in Forests Garten, um eine Zigarette zu rauchen und das bewaldete Grundstück hinter seinem Haus zu bewundern. Als ich wieder hineinging, war Dave gekommen. Er, Forest und die beiden Frauen saßen um den Eßzimmertisch. Ich sah, daß die beiden Frauen untereinander eine kleine Papiertüte hin- und herreichten, und ich vermutete, daß sie herauszufinden versuchten, was da drin war. Dave hatte dieses kleine Experiment angeregt, und er sah aufmerksam zu, während die Mädchen arbeiteten.

In dem Moment, als ich ins Haus ging, fühlte ich mich sehr schwer. Als ich an dem Tisch saß und zusah, begann ich das vertraute Brennen und Prickeln meiner physischen Reaktion auf Magneten zu spüren. Ich stellte fest, daß ich seit einem Jahr oder früher die Fähigkeit hatte, starke Magneten pyhsisch zu fühlen. Ich hatte an einem Experiment mit einem Forscher aus dem benachbarten Staat Ohio teilgenommen.

Während des Experimentes hatte ich die Augen verbunden. Eine andere Person sollte dann einen Supermagneten um meinen Kopf und meinen Körper herum bewegen, ohne mich tatsächlich zu berühren, und dabei auf physische und psychologische Reaktionen achten. Ich wurde auch an einen Biofeedback-Monitor angeschlossen, der die geringsten Veränderungen der Hauttemperatur, der Hautfeuchtigkeit oder unwillkürliche Muskelbewegungen aufzeichnen sollte. Die Empfindungen, die ich während dieses Tests verspürte, hauten mich total um. Ich war extrem überrascht, daß ich etwas gefühlt hatte! Ich erwartete überhaupt keine Reaktion, so daß ich es zuerst ignorierte, als ich die Hitze und das Prickeln verspürte. Als der Test weiterging, konnte ich spüren, daß sich die Empfindungen verstärkten, bis zu dem Punkt, daß ich sie kaum aushalten konnte. Ich begann auch zu spüren, wie in mir ohne ersichtlichen Grund ein verstärktes Angstgefühl aufwallte. Als die physischen Gefühle zunahmen, wuchs auch die Angst. Als die Gefühle fast ihren Höhepunkt erreichten, hatte ich plötzlich die Empfindung, als würde ich durch den Scheitelpunkt meines Kopfes aus meinem Körper herausgezogen. An diesem Punkt brach ich den Test ab. Ich konnte es einfach nicht mehr aushalten. Und ich erkannte, daß ich diese Gefühle schon zuvor gehabt hatte, mehrere Male.

Ich hatte diese Gefühle auch unmittelbar vor paranormalen oder Alien-Erlebnissen. Dieselben Empfindungen hatte ich auch während einer Untersuchung mit Magnetresonaz-Tomographie, die vor Jahren mit mir gemacht worden war. Die Bedienerin, die die Untersuchung durchführte, hatte die Gefühle auf Klaustrophobie zurückgeführt. Ich versicherte ihr, daß ich dieses Problem nicht hätte und daß ich mich schon komisch gefühlt hätte, als ich das Gebäude betrat. Ich schätze, sie muß gedacht haben, ich sei einfach nur verrückt. Ich erkannte nicht, daß der Magnet auf mich wirkte, und ich bin mir sicher, sie erkannte dies auch nicht.

Nun, da saß ich im Eßzimmer meines Freundes und hatte wieder diese Empfindungen. Es gab nur eine Sache, die dies verursachte; darum wußte ich, was in der Tüte war.

Ich lehnte mich über den Tisch, lenkte Forests Aufmerksamkeit auf mich und sagte: „Ich weiß, was in der Tasche ist." Er flüsterte zurück: „Was?" Sie sollten sein Gesicht gesehen haben, als ich ihm sagte, daß es ein Magnet war. Es war zum Schreien! Er packte Daves Arm und sagte ihm, er solle sich anhören, was ich ihm gerade gesagt hatte. Als ich Dave erzählte, daß ein Magnet in seiner kleinen Tüte sei, und ihm sagte, woher ich das wisse, war er ebenso erschüttert. Das war das erste Mal, daß ich Zeugen für das hatte, wovon ich bereits vermutet hatte, daß ich anfing, dazu fähig zu sein. Ich warte aufgeregt darauf, daß Forest mit weiterer solcher Tests ankommt, die wir machen können. Ich glaube stark, daß die Forscher sich genau diese Art von Dingen vornehmen sollten, wenn sie wirklich echte Beweise für die Tatsache finden wollen, daß mit Menschen, wie mir etwas Ungewöhnliches vor sich geht.

Ich hatte begonnen, mich „anders" zu fühlen, mangels eines besseren Wortes, es zu beschreiben. Ich hatte in der Vergangenheit einige ungewöhnliche Fähigkeiten bewiesen, wie zum Beispiel Metallobjekte mit einer leichten Berührung zu verbiegen, die Sätze von Leuten für sie zu Ende zu führen und bestimmte Geräusche zu hören, doch dies hier war anders. Ich bemerkte, daß ich kürzlich angefangen hatte, in Farbe und in 3D zu träumen.

Diese lebhaften „Virtual Reality"-Träume, die ich hatte, fingen an, unglaubliche Erlebnisse an sich zu sein. Sie schienen immer dann einzusetzen, wenn ich im Begriff stand, einzuschlafen, mir jedoch meiner Umgebung noch bewußt war. Der Hauptunterschied zwischen ihnen und meinen normalen Träumen war der, daß ich nicht mehr beobachtete, wie sie sich entfalteten, sondern tatsächlich in den Träumen war. Ich war im vollen Besitz all meiner Sinne, und meine Fähigkeiten waren grenzenlos. Ich verstehe jetzt, was Leute meinen, wenn sie von außerkörperlichen Erfahrungen sprechen, und ich frage mich, ob das, was sie wirklich erleben, einfach ein gesteigerter Zustand von Traumrealität ist. Ich verwende den Begriff Realität, weil es mir so vorkommt, daß dieser Zustand, in dem ich mich manchmal wiederfinde, lediglich eine andere Realität ist, eine veränderte Realität. Wer kann schließlich schon sagen, was Realität ist oder wieviele Realitäten es gibt.

Hier ist ein Beispiel für einen besonders lebhaften „Virtual Reality"-Traum, den ich kürzlich hatte. Ich hatte mich gerade auf die Couch gelegt, um ein paar ältere Fernsehserien anzuschauen. Ich glaube, es war eine Wiederholung einer alten „Dick-Van-Dyke-Show". (Ich liebe diese alten Situationskomödien!)

Ich konnte das Fernsehen noch immer hören, als ich plötzlich fühlte, wie ich anfing, wegzugleiten. Mit einem ziemlich lauten Swusch-Geräusch in meinem Kopf fand ich mich im Weltraum schwebend wieder, nur ich und mein Dr. Denton. Zuerst war ich erschrocken, doch schnell fing es an, mir zu gefallen. Ich beschloß, mich umzudrehen und konnte sehen, wie die Erde hinter mir vorbeiflog. Als ich meinen Kopf so drehte, daß ich über meine rechte Schulter blicken konnte, konnte ich dieses zylindrische, riesige Objekt sehen, das mit einem flachen Trudeln auf mich zukam. Es hatte etwas, das goldene Fortsätze auf beiden Seiten zu sein schienen und das ich mit diesen ausgefallenen neumodischen Scheibenwischerblättern für die Windschutzscheibe verglich. Als es näher kam, konnte ich sehen, daß es mindestens so groß war wie ein Wohnmobil oder ein Schulbus. Als es an mir vorbeikam, trudelte es mit seiner Hinterseite auf mich zu, und ich konnte sehen, daß dieses aussah, als wenn es herausgesprengt worden wäre. Eigentlich sah es aus, als wenn es mit einem altmodischen Dosenöffner aufgemacht worden wäre. Und es sah sehr „frisch" aus, als wenn es gerade passiert sei. Es gab ein kleines Stückchen, das aussah, wie Dampf, der aus dem verdunkelten offenen Ende dieses Dings herausschoß. Bei diesem Anblick bekam ich wirklich eine Gänsehaut, und ich wachte sofort auf. Die erste, höchst eindringliche Sache in meinem Kopf war, daß ich jemanden anrufen müsse, egal wen, solange ich nur das Telefon benutzte. Ich rief K. O. an.

Du meine Güte, es muß zwei Uhr in der Nacht gewesen sein, und ich bin sicher, ich weckte ihn auf. Ich fühlte mich wie ein Idiot, doch er schien zu verstehen. Ich war nach dieser Sache wirklich fertig, und ich brauchte mehrere Stunden, um endlich Schlaf zu finden.

Am nächsten Morgen rief ich Linda Howe an und erzählte ihr alles. Als ich meiner Freundin Liz in Pennsylvania von meinem Traum erzählte, kroch sie fast durchs Telefon zu mir herüber! Sie hatte genau denselben Traum in genau derselben Nacht gehabt! Sie hatte den ihrigen aufgeschrieben, John Carpenter angerufen und ihm davon erzählt, ehe wir überhaupt miteinander sprachen. Vergessen Sie also den Gedanken, daß wir unseren Traum von der gegenseitigen Beschreibung hatten. Wir haben Zeugen! Jedenfalls scheinen all diese bewußtseinserweiternden Dinge eine Auswirkung auf meinen I.Q. zu haben.

Ich mußte eine Kopie meiner High-School-Bewertungen beibringen, als ich mich zur Kosmetik-Schule anmeldete. Als ich eines Nachmittags meine Zederntruhe ausmistete, stieß ich auf sie und warf einen Blick darauf. Ich war überrascht zu sehen, daß mein I. Q. mit 111 verbucht war. Nicht ganz so schlecht, doch sicherlich nicht der Intelligenzquotient eines Raketenspezialisten. Ich konnte damit leben. Später überredete mich mein Freund, einen Test für eine Gruppe namens Mensa zu machen. Mensa ist eine internationale Organisation für Leute, die mit ihren I. Q.-Tests an der Spitze der oberen zwei Prozent des Landes liegen. Einige ihrer praktischen Tests hatte ich im Omni-Magazin gemacht und mit keinem davon Probleme gehabt. Da ich bereits die Bewertungen meiner Abschriften hatte, zögerte ich, es zu versuchen. Offensichtlich ist 111 nicht die Punktzahl der oberen zwei Prozent. K. O. versuchte mich dadurch zu überzeugen, daß dies die perfekte Gelegenheit sei, festzustellen, ob sich tatsächlich irgendetwas verändert hatte, seit ich mich in letzter Zeit so anders fühlte. Ich gab ihm recht, denn der einzige andere Weg, diese Art von Information zu bekommen, bestand darin, zu einem Psychiater zu gehen. Ich hatte keinerlei Krankenversicherung und konnte es mir sicherlich nicht leisten, für so etwas Geld zu bezahlen!

Ich war schockiert, als ich meine Testbewertungen bekam und feststellte, daß ich in die oberen ein Prozent des „California Standard Mental Maturity Test" eingestuft worden war, und der „Cattell B" Intelligenztest bewertete mich mit 141. Natürlich war meine erste Frage: Wie konnte jemandes I. Q. seit dem Alter von fünfzehn dreißig Punkte nach oben springen? Ich habe mehrere Forscher danach gefragt, und sie versprachen mir, sich darum zu kümmern. Ich habe selbst versucht, dies herauszufinden. Alles was ich erkannte, ist, daß I. Q.-Tests wertlos sind und daß wir aufhören sollten, sie zu benutzen, um Menschen einzustufen oder aber, daß ich mich in einem wirklich armseligen Geisteszustand befunden haben muß, als ich die ersten Tests auf der Junior High School machte (was eine Menge darüber aussagen könnte, was es mir wirklich gebracht hat zu lernen, mit all den Erlebnissen fertig zu werden), oder daß irgendetwas nicht nur mein Bewußtsein erweitert, sondern auch meinen Intellekt. Drei ziemlich interessante Möglichkeiten. Ich wünschte vielen anderen Leuten wie mir, daß sie in der Lage wären, an diesen Tests teilzunehmen. Ich wette, die Ergebnisse wären, gelinde gesagt, aufschlußreich.

Da ich jetzt wieder bei meinen Eltern lebte, beschloß ich, ein paar weitere Vortragsangebote anzunehmen. Mom würde auf meine Kinder aufpassen, und ich würde mich nicht mehr vor einem Ehemann rechtfertigen müssen. Außerdem hatte ich es nötig, einmal für eine Weile von allem wegzukommen. Ich hatte ein Angebot angenommen, vor dem Gulf Breeze Forschungsteam in Pensacola, Florida, zu sprechen. Sonne und wunderbar weiße Sandstrände - das klang ziemlich gut! Ich kannte ein Mitglied der Gruppe gut und freute mich darauf, sie wiederzusehen. Tatsächlich sollte ich bei ihr wohnen. Ich dachte, es würde bestimmt lustig werden, eine Art Nachthemdparty erwachsener Mädchen. Allerdings platzten einige ungebetene Gäste in unsere Party rein.

Als ich an diesem Freitag in Pensacola eintraf, war ich geschlaucht! Ich hasse das Fliegen wirklich! Es müßte einfach eine bessere Art geben, sich zu bewegen. Meine Ohren und Nebenhöhlen sind nicht fürs Fliegen geeignet, und ich hege einen Argwohn gegen die Wissenschaft der Aerodynamik. Ich könnte mir etwas Besseres vorstellen, als mein Leben dem unsicheren Gleichgewicht zwischen Auftrieb und Strömungswiderstand anzuvertrauen! Mir fällt es schwer zu glauben, daß da in diesem schweren Stück Metall nichts zwischen mir und dem Boden ist außer ein paar Wolken und rund zehntausend Metern Luft! Was stimmt nicht an diesem Bild?

Die erste Nacht, die ich in Vickis Haus verbrachte, war wunderbar. Das Bett war bequem, und ich war reif dafür! Samstag war ein hektischer Tag mit Sightseeing und, wie mein Vater es so drollig umschreibt, Ladenplünderung. (Natürlich meine ich damit, daß ich in den Geschäften nach Mitbringseln suchte. Die Preise, die ich bezahlte, gaben mir allerdings das Gefühl, daß ich diejenige war, die geplündert wurde!)

Samstagnacht verbrachte ich mit meiner ersten „Sky-watch" (Himmelsbeobachtung). Was für ein nettes Erlebnis das war! Bis auf die Mücken war die Gesellschaft ausgezeichnet, und ich schloß eine Reihe neuer Freundschaften in dieser Nacht. Ich traf auch ein paar alte Freunde wieder. Dr. Bruce Maccabee war da am Strand mit einer Reihe wissenschaftlicher Kollegen und jeder Menge komplizierter Aufzeichnungsgeräte. Ich könnte Ihnen gar nicht sagen, was sie alles da hatten in dieser Nacht. Ich bin kein Wissenschaftler und hatte größtenteils keine Ahnung, was man mit dem Zeugs macht. Ich erkannte Camcorder, Teleskope und die 3D-Kameraausrüstung. Und ich sah einen Lastwagen, der bis zur Oberkante mit Aufzeichnungsinstrumenten gefüllt war. Auf dem Dach des Lastwagens gab es ein paar Antennen, und ich erkannte auch eine Art Schüssel. Ich weiß, daß eins ihrer Instrumente jeden Radarabtaststrahl auffangen und aufzeichnen konnte, der, von einem der Luftstützpunkte ausgehend, über uns hinwegging.

Ein paar von uns (diejenigen, die die Stative nicht mehr länger tragen konnten) wagten sich hinunter zum Strand direkt ans Wasser. Wir stellten unsere Liegestühle in einem kleinen Kreis auf und begannen, uns alle auf eine ähnliche Idee zu konzentrieren. Wir zogen „Bubba" zu Rate. („Bubba" ist der Kosename für das Gulf Breeze Forschungsteam, wegen der roten Lichter und anderer Objekte, die sie dort oft am Himmel sehen.) Es war friedlich und kühl, und die Mücken kamen nicht gegen den Wind an, der von den Wellen ausging.

Nach einer kurzen Weile spürte ich allmählich das vertraute Brennen und Prickeln, meine Reaktion auf starke Magneten. Ich drehte mich sofort zu meiner Freundin Vicki um und sagte: „Irgendjemand hier überprüft uns. Und sie sind näher, als du glaubst." Innerhalb von einer Minute kam ein Mädchen namens Pat die Sanddüne hinter dem Parkplatz heruntergelaufen, auf dem alle anderen saßen und den Himmel beobachteten, um uns zu sagen, daß mehrere Leute auf dem Parkplatz einschließlich Dr. Maccabee einen kleinen weißen Lichtball über unseren Köpfen vorbeisausen gesehen hätten. Sie sagten, das Licht schien sich in einer Art „Strich-Strich"-Modus - Anhalten und Weiterfliegen - zu bewegen, und es sei über unsere Köpfe geflogen, während wir am Strand saßen, und habe sich von links nach rechts über den Parkplatz und uns bewegt. Es schien sich ungefähr sechs Meter über dem Boden zu befinden. Genau in dem Moment, als sie das Licht gesichtet und ich die Magnetreaktion verspürt und Vicki davon erzählt hatte, berichtete einer der Wissenschaftler um Dr. Maccabee, daß er eine ungewöhnliche Wellenform auf einem seiner Empfänger aufgefangen habe.

Jeder fand es interessant, daß sie es nicht nur mit ihren eigenen Augen gesehen hatten, sondern daß zur selben Zeit ich es gespürt und ihre Instrumente eine anomale Anzeige bekommen hatten. Ich glaube, daß diese Art von Dingen extrem bedeutsam ist, und ich verstehe nicht, warum man seitdem nichts mehr davon gehört hat. Selbst wenn es eine rationale Erklärung für das gab, was die Instrumente auffingen, halte ich es immer noch für bemerkenswert, daß ich es fühlen konnte, unmittelbar bevor sie es sahen. (Ich sah das Licht nicht.)

Wir gingen schließlich am frühen Sonntagmorgen zurück zu Vickis Haus. Ich war todmüde und übersät mit Insektenstichen. Um das Jucken zu mildern und das Insekenschutzmittel abzuwaschen, nahm ich eine kurze Dusche, ehe ich ins Bett fiel. Als ich lag, konnte ich nicht einschlafen. Ich weiß nicht, ob ich übermüdet war oder übermäßig aufgeregt durch das, was zuvor am Strand geschehen war. Ich nahm ein Magazin zur Hand und begann es durchzublättern. Nichts macht mich so schnell schläfrig wie Lesen. Meine Augen werden dann ganz schwer.

Irgendetwas nahm während des Lesens meinen Blick gefangen. Ich schaute hoch und sah einen kleinen weißen Lichtball in der Ecke des Raumes zu meiner Rechten. Zuerst dachte ich, es sei vielleicht eine Reflektion meiner Leselampe in dem Ventilator im Raum. Ich beobachtete den Ventilator und die Lampe und merkte, daß es da keine Verbindung gab. Als ich das Licht direkt ansah, schoß es quer durch den Raum, hielt kurz über Vickis Schreibtisch an und sauste dann über meinen Kopf durch den Raum nach links. Dann war es weg.

Ich empfand wirklich keine Angst bei diesem kleinen Zwischenfall und fiel bald in tiefen Schlaf. Das letzte, an was ich mich erinnerte, war, daß ich mehrere Gespräche in meinem Zimmer hörte. Ich bin mir sicher, eins davon kam aus dem Fernseher. Der Rest - wer weiß.

Am nächsten Morgen erzählte ich Vicki, was ich am frühen Morgen im Zimmer gesehen hatte. Sie war ziemlich aufgeregt darüber, und ich mußte ihr versprechen, daß ich sie sofort holen würde, sobald ich noch einmal so etwas in ihrem Haus sah. Sie wollte es auch sehen. Sie sagte, sie hätte ungefähr zur selben Zeit, als ich das Licht sah, mehrere merkwürdige Geräusche im Haus gehört, und fragte sich, ob da eine Verbindung bestehe.

Montag war wieder ein hektischer Tag mit Sightseeing und Herumtoben am Strand. Montagnacht fand eine weitere „Sky-watch" statt. Wie zuvor waren wir sehr lange auf, und als ich zu Vicki nach Hause zurückkehrte, mußte ich wieder duschen, um die juckenden Mückenstiche zu bekämpfen und das Insektenspray abzuwaschen.

Als ich ins Bett kletterte, knipste ich die Leselampe an und begann in dem Magazin zu lesen, das ich in der Nacht zuvor nicht beendet hatte. Nach ein paar Minuten bemerkte ich allmählich ein sanftes, bläulichweißes Glühen, das von hinter meiner linken Schulter kam. Unmittelbar hinter dem Kopfende meines Bettes war ein Fenster, so daß ich annahm, daß es nur irgendein Autoscheinwerfer wäre, der im Ventilator reflektierte und von dort zurück auf das glänzende Papier des Magazins und dann über meine Schulter geworfen werde. Ich machte mehrere Experimente, indem ich das Papier unterschiedlich hielt, doch vergeblich. Ich versuchte die Situation rational anzugehen, doch nichts funktionierte! Das Glühen fing an zu pulsieren und wurde mit jedem Pulsschlag größer.

Ich dachte bei mir, ich sollte Vicki holen. Sie will das sehen. Mit diesem Gedanken hörte das Glühen auf. Ich saß dort einen Moment lang und wartete, was als nächstes kommen würde. Es war mir nicht danach, über meine Schulter zu schauen, ob ich etwas sehen könne. Ich hatte den deutlichen Eindruck, daß ich, wenn ich es täte, vielleicht etwas sehen würde, das ich wirklich nicht sehen wollte, näher an mir, als ich es eigentlich wollte.

Nach ein oder zwei Minuten entschied ich, daß es keinen Grund gebe, Vicki zu wecken, was auch immer es war, es mußte sich aufgelöst haben. Unmittelbar nachdem ich dies dachte, peitschte etwas um meine rechte Schulter. Es sah aus wie viele kleine Strahlen aus blauem und weißem Licht. Blau im Kern und weiß an den Rändern in wechselnder Form. Finger ist das Wort, das ich benutze, um es zu beschreiben. Es klatschte mir buchstäblich über die linke Seite meines Gesichts und meines Halses. Die Kraft war so stark, daß ich mich wie betäubt fühlte. Ich spürte auch einen kleinen Elektroschock, und ich konnte ein Brennen fühlen, ein taubes Gefühl auf der gesamten linken Seite meines Gesichts. Es fühlte sich an, als ob das Ding dabei war, sich um meinen ganzen Kopf zu wickeln, und es ließ nicht locker! (Am nächsten Morgen hatte ich rote Stellen am Hals und am Kiefer!) Ich sagte sofort laut: „Gut, ich werde jetzt um Himmelswillen Vicki holen!" Damit ließ es von mir ab und war verschwunden.

Ich sprang aus dem Bett hoch und bahnte mir meinen Weg durch das dunkle Haus zu Vickis Zimmer. Ich wußte nicht, wo der Lichtschalter in der Küche war, so daß ich einen Moment lang dort stand. Dann sagte ich leise: „Vicki?"

Kaum hatte ich das Wort ausgesprochen, kam Vicki aus ihrem Zimmer geschossen und schrie: „Sag mir nichts, ich habe es auch gesehen! Blaue und weiße Lichter kamen unter meiner Schlafzimmertür hindurch, sie sahen aus wie Strahlen, und dann konnte ich sehen, wie sie sich den Flur hinunter zu deinem Zimmer bewegten!" Ich stand nur da mit offenem Mund

und wußte nicht, ob ich den nächsten Atemzug machen oder mich wie eine
Fliege fallenlassen sollte. Ich fühlte mich wie benommen, halb da und halb
irgendwo anders.

Vickis Mann Danny kam direkt danach aus dem Zimmer. Beide lausch-
ten sie mit Augen so groß wie Untertassen, als ich ihnen erzählte, was sich
in meinem Zimmer zugetragen hatte. Interessanterweise hatten sowohl
Vicki als auch ich ein merkwürdiges rasselndes Geräusch im Versorgungsraum in der Nähe der Hundehütte gehört und eine Bewegung im
ganzen Haus, als ob jemand gegen Möbel stoße, während er durchs Haus
streife. Ich dachte, es seien Vicki oder Danny, und sie dachten, ich sei es.
Es war keiner von uns. (Am nächsten Tag war einer von Vickis Hunden
sehr krank. Sie war ziemlich besorgt um ihn.)

Wir gingen zurück in mein Zimmer. Ich zeigte ihnen, wo das alles passiert war, und als ich das Ereignis schilderte, überkam uns alle das Gruseln.
Schließlich landeten wir alle auf meinem Bett, die Decken halb bis zum
Hals hochgezogen, und hielten aus den Augenwinkeln heraus nach dem
Buhmann Ausschau. Ich muß gestehen, ich war der größte Angsthase von
allen. Da war ich nun hier in Florida, um vor einer großen Gruppe von Leuten darüber zu sprechen, wie ich endlich meine Angst überwunden hatte,
und wollte ihnen zeigen, wie sie dasselbe tun konnten, und ich war diejenige, die am meisten von allen ausflippte. Ich fühlte mich wie ein echter
Vollidiot! Ich war in meinem ganzen Leben noch nie zuvor so verlegen!
Ich war von der ganzen Sache so überrumpelt worden, daß ich glaube, daß
ich vor allem unter Schock stand. Ich denke auch, daß an der ganzen Sache
vielleicht mehr dran war, als ich erinnern kann, denn am nächsten Morgen
machte ich eine seltsame Entdeckung: Meine zuverlässige Timex Auto-
matikuhr ging dreißig Minuten nach. Sie war zehn Jahre lang immer genau
gegangen und tut dies auch heute noch. Nur diese halbe Stunde in meinem
Zimmer in dieser Nacht - hatte ich irgendwie eine halbe Stunde verloren?
Und ich empfand danach eine merkwürdige Verbundenheit zu Florida, und
ich kann sie immer noch nicht loswerden. Ich vermisse es sehr.

Nachdem ich mich damit abquälte, wie ich in dieser Nacht je Schlaf finden könne, beschloß ich, mich von Vicki hinüber zu K. O.s Hotelzimmer
fahren zu lassen. Ich wußte, daß es sehr spät war, doch ich hatte ihn früher
schon einmal aufgeweckt, und irgendwie wußte ich, er würde es verstehen.
Das tat er.

Er war ziemlich beunruhigt, uns so früh am Morgen an seiner Tür klopfen zu sehen, doch freundlicherweise ließ er uns herein. Wir erzählten ihm,

was geschehen war, und er zeichnete das Ganze sofort zur späteren Verwendung auf. Er ist so gründlich. Ich erinnere mich, wie ich in seinen Spiegel blickte und ihm sagte, daß ich nicht mehr wie ich selbst aussähe. Irgendetwas anderes trat mir aus dem Spiegel entgegen. Junge, war ich fertig! Er konnte sehen, daß ich unter Schock stand, und er bemerkte, daß meine Augen ungewöhnlich glänzend aussahen. Glühend war das Wort, das er verwendete. Er fand dies so ungewöhnlich, daß er seinen Camcorder hervorholte und mich auf Video aufnahm. Dann machte er das Zusatzbett für mich fertig. Ich ließ mich darauf fallen, rollte mich zu einer Kugel zusammen, erinnerte mich daran, daß er da war und daß er auf mich aufpassen würde, und dann fiel ich in tiefen Schlaf. Ich war geschafft!

Montag Nacht beschloß K. O., ohne jemandem etwas davon zu sagen, die Nacht vor Vickis Haus zu verbringen. Er war selbst damals schon sehr um mich besorgt. Er hatte das Gefühl, daß er vielleicht etwas sehen könnte, und ich schätze, das tat er.

Er parkte sein Auto in einer Seitenstraße, so daß er eine gute Sicht auf ihren Versorgungsraum hatte. Er wurde trotz Unmengen von Kaffee sehr schläfrig und nickte mehrmals ein. An einer Stelle erinnerte er sich jedoch, zwei kleine Lichter an der Seite ihres Hauses auftauchen gesehen zu haben, direkt unterhalb des Fensters vom Versorgungsraum. Sie gingen beide aus, ehe er seinen Camcorder hervorholen konnte, um sie aufzunehmen. Er sagte, sie wären nicht viel größer als weiße Weihnachtsbaumlichter gewesen. Im Haus war es ziemlich ruhig.

Ich hielt meinen Vortrag am Dienstag. Es klappte wirklich gut, und als ich ihnen erzählte, was gerade in der Nacht zuvor geschehen war, wollte jeder, daß ich die Nacht mit ihm verbrächte! Nun, hätte man nicht das genaue Gegenteil erwarten sollen? Was für eine Gruppe!

Das gesamte Gulf Breeze Forschungsteam beschloß, die ganze Nacht um Vickis Haus herumzuwachen. Jedem wurde ein Posten zugeteilt, und ich glaube, sie hatten das ganze Haus umstellt. Ich fühlte mich ein wenig schlecht dabei, daß sie meinetwegen eine ganze Nacht ohne Schlaf zubrachten, doch sie akzeptierten „Nein" nicht als Antwort. Ich fühlte mich natürlich sicher in dieser Nacht! Was vielleicht gar nicht so gut war.

Ich ging um 1.20 Uhr zu Bett. Das Fenster war offen, die Lichter und der Fernseher waren aus. Um 1.30 Uhr wurde ich von einer sehr starken magnetischen Reaktion abrupt aus dem Bett gerüttelt. Ich lag da, ein wenig überwältigt von den Gefühlen, die mich aus tiefem Schlaf gerissen hatten. Kurz darauf begann ich, wieder in den Schlaf zu gleiten. Genau um

1.40 Uhr passierte es wieder. Dieses Mal stand ich aus dem Bett auf, zündete mir eine Zigarette an und schaltete den Fernseher ein. Ich wußte, daß der Fernseher die Beobachter draußen störte, doch ich tat es trotzdem.

Nachdem ich meine Zigarette zu Ende geraucht hatte, ging ich zurück ins Bett und schlief leicht wieder ein. Um 4.00 Uhr wachte ich ziemlich abrupt auf und saß gerade im Bett. Als ich mich im Zimmer umsah und versuchte, meine Fassung wiederzugewinnen, glitt ich langsam wieder ins Bett zurück und dachte bei mir: Was für ein Trip.

Am nächsten Morgen erzählte mir Vicki, daß um 3.55 Uhr Dave, einer der Beobachter, entdeckte, daß seine Autobatterie ihren Geist aufgegeben hatte. Zu dieser Zeit tummelte sich das ganze Gulf Breeze Forscherteam um Daves Auto und versuchte es wieder zu starten - fast genau um die Zeit, als ich, aufrecht im Bett sitzend, verwirrt und bestürzt aufwachte. Daves Batterie konnte danach nie wieder eine Ladung halten. Sie war kaputt und mußte ersetzt werden.

Im März dieses Jahres (1993) wurde ich eingeladen, an einer Pilotsendung für eine mögliche neue Fernsehserie über UFOs teilzunehmen. Die Filmaufnahmen fanden in Daytona Beach, Florida, statt. Während ich dort war, geschah etwas Interessantes.

Budd Hopkins sollte auch in der Show auftreten. Ich hatte Budd am Telefon von einem Erlebnis erzählt, das ich kürzlich gehabt hatte, als mir eiskalt war und es mir nicht gelang, warm zu werden. Ich mußte schließlich mein Schlafzimmer im Untergeschoß aufgeben und mich oben auf die Couch legen, wo es wärmer war. Irgendwann am frühen Morgen war ich von einem blonden Mann geweckt worden, der mich fragte, ob mir noch immer kalt sei. Ich sagte: „Nein, ich verbrenne." Er sagte: „Hier, laß mich dir helfen." Und damit fing er an, mir meine Trainingshose und die Socken auszuziehen, faltete sie säuberlich zusammen und legte sie auf den Wohnzimmertisch neben der Couch. Dann begann er, zu mir zu sprechen. Ich kann mich nicht erinnern, was er zu mir sagte, doch ich erinnere mich, daß ich an einer Stelle zu ihm sagte: „He, eines deiner Augen ist sonderbar! Die Pupille ist diamantförmig, und sie bewegt sich, wenn du mit mir sprichst. Sprichst du über dein Auge mit mir? (Was für eine dumme Frage!) Er sah mich nur an, als ob ich blöd wäre, und sagte: „Natürlich tue ich das! Erinnerst du dich nicht, daß du das auch kannst?" Ich entgegnete: „Oh ja, richtig. Wie auch immer." Dann sprach er etwas länger mit mir. Ich kann mich nur erinnern, daß ich sagte: „Ja, und was, gut, ja..." Ich kann mich nicht erinnern, was er zu mir sagte. Das nächste, was ich weiß, ist, daß es Morgen war und meine Trainingshose und die Socken säuberlich gefaltet auf dem Wohnzimmertisch lagen.

Ich zeichnete ein Bild von dem Mann, der in dieser Nacht in meinem Hotelzimmer in Daytona war und gab es am nächsten Tag Budd. Als ich das Bild beendet hatte, lehnte ich mich gegen den Toaster, um einen Blick darauf zu werfen, wie es aussah. Der Fernseher nahm meinen Blick gefangen. Da war eine Komikerin, die genauso aussah wie Judy Garland! Ich liebe Judy Garland! Ich war von ihr fasziniert, und ich weckte K. O. auf, damit er sie auch sehen könne. Er lag quer über seinem Bett in seinen Straßenkleidern, in denen er eingedöst war.

Als wir beide fernsahen, ich neben dem Bett stehend und er quer darüber liegend, das Kinn auf die Fäuste gestützt, sah ich ein kleines weißes Licht, das zwischen uns und dem Fernseher auftauchte. Ich wollte meinen Augen nicht trauen! Ich beobachtete, wie es sich langsam über den Bildschirm bewegte, hinter den Küchenstuhl und hinüber zu meiner Zeichnung. Es zog eine Art von Schweif hinter sich her. Es sah aus wie der Kondensstreifen eines Düsenflugzeugs. Dieses Ding bewegte sich wie eine schwimmende Kaulquappe! Ich habe in meinem ganzen Leben noch nie so etwas gesehen! Als es bei meiner Zeichnung ankam, stoppte es, verweilte einen Moment und verschwand dann. K. O. hatte gesehen, daß ich etwas verfolgte und fragte mich, was ich gesehen hätte. Ich rieb mir andauernd die Augen in dem Glauben, daß es davon verschwinden würde. Ich sprang hoch und schrie: „Wow! Hast du das gesehen?" Ich dachte, K. O. würde aus dem Bett fallen! Er schrie: „Was? Ich habe nichts gesehen! Was war es?" Ich konnte nicht glauben, daß er es nicht gesehen hatte. Es war direkt vor seinem Gesicht vorbeigeschwebt. Er hatte seine Augen nur für eine Minute müde geschlossen, und er hatte das Ganze verpaßt! Verdammt! Wenn ich ihn das nächste Mal bitte, sich etwas im Fernsehen anzuschauen, wette ich, er schließt seine Augen nicht wieder.

Als wir auf dem Heimflug da saßen und unsere Erdnüsse aßen, wurde der ganze hintere Teil des Flugzeugs von einem hellen weißen Blitz erfüllt. Ich saß neben dem Fenster. Es war dunkel, und ich wurde allmählich schläfrig. Ich drehte meinen Kopf, um aus dem dunklen Fenster zu schauen, schloß meine Augen nur für eine Sekunde, und dann passierte es. Der Blitz war so hell, daß er durch meine geschlossenen Lider drang, hell genug, um mich aufschrecken zu lassen. Zuerst dachte ich, es sei ein Gewitter. Ich merkte, daß der Mann in dem Sitz vor uns es offenbar auch gesehen hatte. Er sah sich mit einem verwirrten Ausdruck in seinem Gesicht

um. K. O. sah es und dachte zuerst, es sei die Verpackung der Erdnußtüte
von dem Mann neben uns. Doch dann erkannte er schnell, daß es viel zu
hell war, um nur eine Reflektion zu sein. Wir warteten auf weitere Blitze
in dem Glauben, daß es vielleicht ein Gewitter sei, doch es kam keiner
mehr. Das war der einzige gewesen.

Ich sah K. O. an und sagte: „Mensch, was ist, wenn wir am Flughafen
von Indianapolis landen und feststellen, daß der Name in Weircook geändert worden ist?" (Das sollte ein Witz sein. Weircook war vor vielen Jahren der Name des internationen Flughafens von Indianapolis.) Oh je.

18
Kathy
Das kommt mir spanisch vor

Während die Zahl
der wenigen Auserwählten wächst,
nehmen wir uns,
in dem Versuch zu erneuern,
unserer geschundenen Erde an,
unseres gebrechlichen Geistes,
um die ganze Menschheit zu stärken.

Nach vielen Jahren der Unentschiedenheit scheint mein privater Bürgerkrieg zu Ende zu gehen. Ich habe nicht mehr das Gefühl, in verschiedene Richtungen gezogen zu werden. Ich habe die Entscheidung getroffen, an die Öffentlichkeit zu gehen, und ich fühle mich wohl mit dieser Entscheidung.

Bei allem, was Sie bisher gelesen haben, werden Sie bemerkt haben, daß mein einziger Beweis für alles, was ich geschrieben habe, nur mein Wort gewesen ist. Sie werden mir vertrauen müssen, in Bezug auf das, was ich gesagt habe - oder zumindest müssen Sie darauf vertrauen, daß ich glaube, daß es die Wahrheit ist. Ich habe erkannt, daß es möglich ist, aufrichtig zu sein, selbst wenn man sich etwas vormacht. Wenn ich Ihnen also nicht die Wahrheit sage, so ist es unabsichtlich, und ich hoffe, die UFO-Forscher werden die Fakten geradebiegen. Mit anderen Worten, ich will, daß die Wahrheit bekannt und verbreitet wird, selbst wenn es mich in eine peinliche Lage versetzt, falls sich herausstellen sollte, daß ich irgendwie betrogen wurde oder irgendwelchen Täuschungen meines eigenen Verstandes zum Opfer gefallen bin. Ich möchte lieber unter der Wahrheit leiden, als eine Illusion oder eine Lüge leben.

Die Entscheidung, an die Öffentlichkeit zu gehen, ist mir schwer genug gefallen. Wenn ich etwas Falsches behauptet hätte, indem ich gelogen oder ausgeschmückt hätte, was ich gesagt habe, wäre ich klug genug zu wissen, daß ich mich dadurch früher oder später in hohem Maße selbst in Mißkredit bringen würde. Ich glaube wirklich nicht, daß ich der Typ bin, der eine Reihe von Lügen weiterverfolgt. Ich weiß sowieso nicht, was ich als Beweis anbieten könnte. Was für den einen ein Beweis ist, kann für einen anderen bloße Theorie sein. Die Regel ist, daß Ungläubige ohnehin keinen Beweis akzeptieren. Selbst wenn ich ein Stück von einem Armaturenbrett aus einem Raumschiff hätte, würde jemand auftauchen und es als Fälschung entlarven. Trotzdem hätte ich gerne wenigstens ein Bild für mich selbst. Es wäre schön, etwas zu haben, das ich physisch sehen könnte, wenn ich manchmal sogar selbst anfange zu zweifeln. Mein Ziel hier besteht sowieso nicht darin, die Ungläubigen zu widerlegen. Meine Absicht ist es, den Tausenden anderen, die eine Nahbegegnung erlebt haben, die Art zu vermitteln, wie wir mental mit den Situationen fertig zu werden pflegen. Ich möchte gerne ein Exempel statuieren für diejenigen, die an ihrem eigenen Verstand zu zweifeln beginnen. Ich will einfach sagen, daß es möglich ist, diese Erlebnisse durchzumachen und mit seinem Leben relativ normal weiterzumachen.

Vor fünfundzwanzig Jahren, als ich mit Schlafwandeln, Schlaflosigkeit und der Angst, die ich ständig verspürte, zu tun hatte, wäre es toll gewesen, die Selbsthilfegruppen zu haben, auf die heutige Generationen zurückgreifen können. Leider war ich mir zu dieser Zeit nicht bewußt, woher diese Probleme überhaupt kamen. Da ich immer an die Besucher geglaubt habe, wäre ich sehr daran interessiert gewesen, mit anderen über das Thema zu sprechen, doch damals war es tabu. Zu sagen, daß man an UFOs glaubt, ist eine Sache, doch zu sagen, daß man das Innere von einem gesehen hat, ist eine andere. Kleine graue Männchen waren etwas für die „Twilight Zone" und H. G. Wells. In der Mittelklasse-Gesellschaft, in der ich aufwuchs, war wenig Raum für das Unerklärbare. Meine Generation war darauf ausgerichtet, sich um seine eigenen Probleme zu kümmern und nicht öffentlich schmutzige Wäsche zu waschen. Also kümmerte ich mich selbst um meinen inneren Aufruhr, so gut ich konnte. Ich tat mein Schlafwandeln als ein nervöses Problem ab, das ich hatte, weil mir mein Leben zuviel war. Ich hatte ein Haus voller Kleinkinder, und mehrere Jahre lang hielt mich des nachts mindestens eins davon aus verschiedenen Gründen wach. Verbindungen mit Außerirdischen waren das letzte, was ich zu dieser Zeit meines Lebens im Kopf hatte. All die quälenden Träume, die ich damals vielleicht hatte, wurden überlagert von Täumen von Fläschchen und Windeln.

Ohne weitere Unterstützung, als die meiner Eltern, hat es mich Jahre gekostet, all das in den Griff zu bekommen. Ich kann mich besonders glücklich schätzen, daß meine Eltern sehr offen sind und nie an meinen Erlebnissen gezweifelt haben. Wieviel anders wäre es gewesen, wenn sie 1965, als ich das erste Mal eingehend von meiner UFO-Sichtung berichtete, über mich gelacht oder mich beschuldigt hätten zu lügen. Natürlich war ich mir damals der Einzelheiten dieses Abends noch nicht bewußt, doch was glauben Sie, würden Ihre Eltern sagen, wenn Sie eines Abends nach Hause kämen und behaupten würden, ein riesiges UFO über Ihrem Auto schweben gesehen zu haben, nur wenige Meter von einer großen Kirche und einer Häuserreihe entfernt? Bedenken Sie, daß ich nur ein Teenager war, der außerdem spät nach Hause kam. Ich schätze, daß die Mehrzahl der Eltern einem diese Story nicht abkaufen würden. Zum Glück lachten meine nicht über mich, sondern waren stattdessen sehr interessiert. Später in dieser Nacht beobachteten sie sogar den Himmel in der Hoffnung, selbst zu sehen, was ich zuvor gesehen hatte. Das gab mir eine gewisse Hoffnung, daß ich nicht im Begriff stand, den Kontakt zur Realiät total zu verlieren.

Obwohl keiner meiner Eltern zu dieser Zeit eine bewußte Erinnerung daran hatte, je ein UFO gesehen zu haben, zweifelten sie nicht an mir. Tatsächlich hielten sie es irgendwie für eine Leistung, daß ich wirklich ein echtes UFO gesehen hatte. Ich schätze, manche Kinder gewinnen beim Rechtschreibwettbewerb, andere werden Gelehrte und manche sehen UFOs. Statt eines Autoaufklebers mit den Worten - MEIN KIND STEHT AUF DER EHRENLISTE DER HICKVILLE JR. HIGH SCHOOL - würde der ihre lauten - MEIN KIND STEHT AUF DER EHRENLISTE DER UFO-ENTFÜHRTEN. Unter dem Strich wußten sie, daß sie ein gutes Kind erzogen hatten, ein Kind, das die Wahrheit sagte und nicht zum Phantasieren neigte; sie glaubten an mich, und sie glaubten mir. Ich persönlich habe das Gefühl, daß sie ebenfalls Entführte sind, sich aber nicht bewußt daran erinnern. Vielleicht waren sie deshalb mir gegenüber so aufgeschlossen. Mom hat eine tiefe, ovale Narbe auf ihrem Schienbein und erinnert sich nur vage daran, in einem bewaldeten Gebiet mit einem Kind gewesen zu sein, das sie kaum kannte. Während sie mit diesem Kind herumlief, erinnerte sie sich, über einen gefällten Baumstamm geklettert zu sein, und daran, daß dann etwas aus ihrem Knie herausgezogen wurde. Es gab kein Blut, und sie kann sich nicht erinnern, wie die Episode endete. Sie hat auch Erinnerungen an Träume von einigen unheimlichen Abenteuern. Einer ihrer seltsamen Träume dreht sich um Öffnungen im Dachgeschoß und ein paar unbekannte Männer.

Solange ich mich zurückerinnern kann, habe ich mich immer vor Türen im Dachgeschoß gefürchtet. Ich pflegte darauf zu bestehen, daß Johnny sie überall, wo wir lebten, zunagelte. Es schien eine unbegründete lächerliche Angst zu sein. Jahrelang hatte ich keine Ahnung, warum mich Türöffnungen in einem Dachgeschoß so aufregten. Während einer Hypnosesitzung mit Mom kam eine merkwürdige Geschichte heraus. Sie erinnert sich offensichtlich daran, daß sie, als ich noch ein Baby war, versuchte, mich in unser Dachgeschoß zu schieben, um mich zu verstecken, weil „jemand" im Haus war und kam, um mich zu holen. Sie wachte immer genau dann auf, nachdem sie mich hineingeschoben hatte, wir wissen deshalb nicht, wie der Traum endet. Da wir nicht wissen, wer der „jemand" war oder wohin ich gebracht werden sollte, kann ich nur vermuten, daß es etwas mit UFOs zu tun hat, weil meine Mutter nie eine Mitteilung wegen Lösegeld bekam. Ich habe an diesen Zwischenfall keinerlei Erinnerungen, doch es ist sehr seltsam, daß Debbie eine fast genau gleiche Erinnerung hat wie die, die Mom uns berichtet hat, außer daß in Debbies Fall Mom diejenige ist, die ins Dachgeschoß geschoben wird, und Debbie als Kleinkind ist diejenige, die zusieht. Vielleicht hatten wir beide im Abstand von mehreren Jahren ähnliche Vorfälle, oder vielleicht erinnert sie sich bloß daran, wie Mom die Geschichte erzählt. Obwohl letzteres unwahrscheinlich ist, da ich mich nicht erinnere, die Geschichte je gehört zu haben, bis Budd uns in den frühen 80ern besuchte. Ich schätze, Sie müssen sich dazu Ihre eigene Meinung bilden. Ich bestehe nicht mehr darauf, daß die Dachgeschoßtüren zugenagelt werden.

Ein anderer merkwürdiger Vorfall ereignete sich, als ich ungefähr zwanzig Jahre alt war. Mom und ich waren die ganze Nacht allein, weil Dad geschäftlich außerhalb der Stadt zu tun hatte. Es war selten, daß er nicht da war. Als ich am nächsten Morgen aufwachte, erzählte ich ihr von dem seltsamen Traum, den ich in der Nacht zuvor gehabt hatte. Ich erinnerte mich, sehr verängstigt darüber gewesen zu sein, daß sie und ich allein im Haus waren, und da waren „Männer" überall draußen, die versuchten, zu uns hereinzukommen. Ich hatte das Gefühl, daß sie dort waren, um uns irgendwohin zu bringen, doch ich wußte nicht, wohin oder warum. Als ich anfing, ihr diesen Traum zu erzählen, bekam sie einen merkwürdigen Gesichtsausdruck, denn sie bestand darauf, in dieser Nacht genau den gleichen Traum gehabt zu haben. Das war unheimlich, doch wir taten es bloß als Zufall ab und gingen auf weitere Einzelheiten nie näher ein.

Sie können also sehen, daß Debbie und ich den Vorteil hatten, zu Hause ein wenig Unterstützung zu bekommen. Es war nicht so, daß die ganze Welt über uns lachte. Ich lernte sehr früh im Leben, daß die engsten Freunde in meiner Kindheit keine Hilfe für mich waren. Als ich ihnen erzählte, ich hätte eine fliegende Untertasse gesehen, brüllten sie alle vor Lachen. Das war das letzte Mal, daß ich ihnen davon erzählte. Ich vermutete, daß ich von jedem anderen dieselbe Reaktion bekäme, deshalb behielt ich es für mich und erzählte nur meiner engsten Familie davon. Selbst heute noch behalte ich es für mich. Mein gegenwärtiger Arbeitgeber, die Leute, mit denen ich zusammenarbeite, und meine Nachbarn haben keine Ahnung von meiner Verwicklung in irgendeine UFO-Sache. Stellen Sie sich Ihre Überraschung vor, wenn dieses Buch veröffentlicht wird. Es wird interessant sein zu sehen, wer mich meidet und wer echtes Interesse zeigt.

Im Laufe der Jahre habe ich Humor zur Bewältigung eingesetzt. Wenn man selbst als erster über sich lacht, scheint es den Spöttern den Wind aus den Segeln zu nehmen. Ich muß zugeben, daß ich mich heute ziemlich gut dabei fühle. Ich fühle mich wirklich nicht mitgenommen. Ich scheine jenseits all der Angst zu sein, die ich bei anderen sehe. Ich habe keine Alpträume mehr, und ich nehme einfach jeden Tag so, wie er ist. Doch ich habe viele Jahre gebraucht, um dorthin zu kommen. Mit dem Fluß schwimmen ist alles, was man tun kann, denn ich sehe kein Mittel, „sie" aufzuhalten. Es mag einigen von Ihnen vielleicht so vorkommen, als ob ich das ganze Thema zu leicht nehme, doch ich habe es bloß in den Griff bekommen. Indem ich mich innerlich beruhigt habe, bin ich in der Lage, nach einer logischen Erklärung für unsere Verwicklung zu suchen. Ich habe immer das Gefühl gehabt, daß alles, was jemandem widerfährt, aus einem bestimmten Grund heraus geschieht. Diese Gründe mögen aus einem früheren Leben stammen, Karma sein oder eine Lernerfahrung aus diesem Leben. Ich weiß nicht mit Sicherheit, wofür die UFO-Verbindung steht, doch ich fühle, daß es zum Wohle der menschlichen Rasse ist.

Wie man heute weise erkennt, machen wir als Volk Mutter Erde Feuer unterm Hintern. Wir haben nicht nur das Land, das Wasser, die Luft und das Ozon verpestet, wir haben unseren eigenen Körper, unseren Geist und

unsere Seele verseucht. Man braucht kein Genie zu sein, um sich auszu-
malen, daß diese Mißachtung nicht immer ohne größere Auswirkungen so
weitergehen kann. Die Erde und unsere Gattung können sich sehr wohl an
der Grenze zur Ausrottung befinden. Unsere Wissenschaftler haben jahrelang daran gearbeitet, Arten aus dem Tierreich zu helfen, die von der Ausrottung bedroht sind. Vielleicht arbeiten die „wissenschaftlichen Besucher" daran, unsere Zivilisation vor der Ausrottung zu bewahren.
Vielleicht bemühen sie sich, uns zu helfen, mehr über uns selbst und unseren Geist zu lernen.

Wenn Sie eine UFO-Entführung mit der Gefangennahme und Untersuchung von wilden Tieren vergleichen, um ihre Migration und Lebensge-
wohnheiten aufzuzeichnen - Einflößung von Beruhigungsmitteln, Gefangennahme, Untersuchung und Markierung zur zukünftigen Identifikation -
werden sie auffallende Parallelen finden. Ich neige dazu, zu glauben, daß
diese außerirdischen Entitäten dies zum Wohle der Menschheit tun.
Schließlich ist es immer besser, einer Situation eine gute und positive Seite
abzugewinnen und das Beste zu hoffen. Studien haben gezeigt, daß diese
außerirdischen Wesen seit Jahrhunderten aktiv sind, und ob Sie es wollen
oder nicht, glauben oder nicht, sie werden wahrscheinlich noch weitere
Jahrhunderte lang tätig sein. Vielleicht wird es sie noch geben, wenn wir
alle schon lange verschwunden sind. Wenn mit ihren Besuchen böse oder
schädliche Absichten verbunden wären, hätten sie sich schon längst „um
uns gekümmert".

Doch, obwohl ich hoffe, daß es zu unserem eigenen Wohl ist, wird mir
kalt bis auf die Knochen, wenn ich an eine mögliche Verwicklung meiner
Kinder denke. Es ist eine Sache, wenn „sie" mit mir machen, was sie wollen, doch mir wäre es lieber, wenn sie meine Kinder in Ruhe ließen. Bis
jetzt habe ich keinen Beweis dafür, daß eines meiner vier Kinder entführt
oder untersucht worden ist. Die Sache mit den winzigen Aliens, die mein
jüngster Sohn sah, als er neun war, ist die einzige Begegnung, die sie erwähnt haben. Diese Begegnung war genug, um mich wissen zu lassen, daß
meine Kinder damit zu tun haben, ob es mir paßt oder nicht. Ich habe keinen Beweis, daß mit Stevie irgendetwas Physisches gemacht wurde, doch
irgendetwas hat ihn definitiv mental beeinflußt. Es war ein Erlebnis, das er
nie vergessen wird. Vielleicht wird er sich eines Tages dazu entschließen,
all die fehlenden Teile zu erforschen. Meine Kinder sind heute alle erwachsen, so daß ich sie alle weitergehend befragt habe. Ich werde ihre
Antworten später in diesem Buch einfügen.

Mein ältester Sohn ist extrem interessiert an Karma und außerkörperlicher Reise. Er erzählte mir einmal, daß er eine Menge Zeit damit verbracht habe, mit der außerkörperlichen Erfahrung zu experimentieren. Er glaubte, daß er mit starker Konzentration vielleicht in der Lage sein würde, seinen Körper absichtlich zu verlassen. (Ich wäre glücklich, wenn ich in der Lage wäre, den meinen zu verlassen und einen bessern anzunehmen - ein zeitgemäßeres Modell.) Dennoch bekam er selbst eines Nachts Angst und entschied, daß er vielleicht doch noch nicht bereit war, im Raum herumzuschweben. Er behauptete, daß er, kurz bevor er begann sich „leichter" zu fühlen, Panik bekam und aus dem Bett sprang. Ich glaube, das war das Ende für ihn.

Ich habe ihn nie erzählen gehört, ein UFO auftauchen gesehen zu haben, doch er hat viele seltsame Lichter am Himmel gesehen, von denen er den Eindruck hatte, daß sie nicht von dieser Erde waren. Einige davon habe ich mit ihm zusammen beobachtet, und ich muß zustimmen, daß viele von ihnen auf eine sehr seltsame Weise herumsausten. Bill und Stevie beobachteten fünf rote Lichter, die alle zur selben Zeit in eine Vielzahl von Richtungen flogen. Sie bemerkten sie zuerst aus dem Wohnzimmerfenster heraus und gingen beide hinaus, um sie zu beobachten. Wir lebten damals auf dem Land, und man konnte meilenweit sehen. Sie beobachteten beide, wie die Lichter gerade auf und ab gingen, von einer Seite zur anderen, stoppten und dann weitermachten. Sie waren zu dieser Zeit allein, so daß niemand anders sie zu sehen bekam, doch sie behaupteten, diese Lichter zwanzig Minuten lang beobachtet zu haben. Zu schade, daß wir keinen Camcorder hatten. Es wäre großartig gewesen, sie auf Video zu bannen.

Wir hatten mehrere andere seltsame Erlebnisse während unserer fünf Jahre auf dem Land, einschließlich einem mitten in der Nacht, das mich wirklich erschreckte. Ich schlafe immer auf dem Bauch. Ich wachte eines Nachts auf, indem ich schnell meine Augen aufriß, was schon an sich ein wenig erschreckend ist. Ich hatte das Gefühl, als ob ich keinen Teil meines Körpers bewegen könne außer meinen Augen. Ich lag auf der Seite, und die rot leuchtenden Ziffern auf dem Wecker waren alles, was ich sehen konnte. Ich starrte auf die Ziffern und merkte, daß ich das Bett unter mir nicht spüren konnte, doch ich konnte nichts an meinem Körper bewegen, um nach etwas Festem zu tasten. Ich schloß meine Augen für ein paar Sekunden, und als ich sie wieder öffnete, lag ich fest auf dem Bett, ohne eigentlich zu fühlen, daß ich fiel oder mich hinuntersenkte, ich konnte bloß dann das Bett fühlen. Ich hatte eine Menge über „New Age" gelesen, und vielleicht spielte mir mein Verstand während dieser Monate ein paar Streiche.

Eines Nachts, um dieselbe Zeit, hatte ich eine Sichtung, die definitv keine Sinnestäuschung war. Ich hatte an diesem Abend vergessen, die Wäsche von der Leine abzunehmen, und es war draußen schon dunkel, doch da es so schlampig aussieht, Wäsche die ganze Nacht auf der Leine zu lassen, huschte ich hinaus, um sie abzunehmen. Als ich dort bei der Leine stand, kam ein riesiges Raumschiff über das Haus geflogen, das sehr tief flog und sich sehr langsam bewegte. Es machte absolut kein Geräusch, so daß ich es nicht bemerkte, bis es direkt über mir war. Die ganze Unterseite war mit Lichtern bedeckt, und es sah wirklich wunderschön aus. Es schien doppelt so groß, wie unser Haus zu sein, ein Bauernhaus mit drei Schlafzimmern. Es erinnerte mich genau an das, riesige Raumschiff, das in *Unheimliche Begegnungen der dritten Art* gezeigt wird. Ich hatte meine Brille nicht auf, und die Lichter schienen etwas miteinander zu verschwimmen, doch es war wirklich großartig. Als ich dort in der Dunkelheit stand und dieses Raumschiff beobachtete, fühlte ich mich richtig „auserwählt". Das mag verrückt klingen, doch ich hatte das Gefühl, daß es mit mir kommunizierte. Mir war, als sagten sie: „Es ist jetzt okay, du kannst davon erzählen, die Zeit ist gekommen." Ich schrieb damals an einem eigenen Manuskript, und während ich schrieb, konnte ich das Gefühl nicht loswerden, nichts davon irgendjemandem erzählen zu dürfen. Es war ein Gefühl, als würde eine „Bestrafung" erfolgen, wenn ich das erzählte, was ich laut Anweisung nicht erzählen sollte. Nun bekam ich das Gefühl, daß es in Ordnung sei, davon zu berichten, doch ich konnte nicht anders, als mich weiterhin zu fragen, ob das auch wirklich der Fall war. Als ich weiter dieses gigantische Raumschiff beobachtete, wollte ich hineinrennen, um meine Brille und die Kamera zu holen, doch ich wollte nicht weggehen und etwas verpassen. Als es schließlich hinter der Farm neben uns war, rannte ich hinein. Zu diesem Zeitpunkt waren die Lichter an der Unterseite ausgegangen, und das einzige Licht am Heck war ein einzelnes rotes Blinklicht. Immer noch konnte man kein Geräusch hören, doch ich beobachtete dieses rote Schlußlicht eine lange Zeit, bis es außer Sicht war. Keiner aus der Familie wollte auch nur von der Couch aufstehen und herauskommen und zusehen. Ich schätze, sie waren das alles leid.

Niemand war an meiner Sichtung interessiert, doch als Johnny ein paar Tage später einen großen Lichtball über dem Feld hinter unserem Haus sah, war das natürlich bemerkenswerter. Er beschrieb es als einen hellen, rötlich-orangen Kreis aus Licht, so hell wie die Sonne und so groß wie unser Haus. Das war ungefär um 15.40 Uhr, und das Objekt befand sich am östlichen Teil des Himmels. Er sagte, es schwebte schätzungsweise neun bis zwölf Meter über der Baumgrenze, und er konnte ein Dröhnen hören. Plötzlich schien ein heller Lichtblitz, wie ein Lichtstrahl, direkt durch es hindurchzuschießen, und es verschwand. Das Dröhnen hörte sofort auf.

Ich wußte, daß der Strom im Haus ausgefallen und zurückgekommen war, denn die Digitaluhren blinkten. Sie sind von dem Typ, der zurück auf 12 Uhr schaltet, wenn sie ausgezogen und wieder eingesteckt werden. Wir rechneten, wann sie wohl abgestellt worden waren und schätzten, es mußte um 15 Uhr gewesen sein, vierzig Minuten, ehe Johnny nach Hause kam und den massiven glühenden Lichtball sah. Wir untersuchten das Feld oder den Boden unter dem Licht nicht. Ich schätze, wir sind keine sehr guten Forscher.

Mitten während all dieser seltsamen Ereignisse hatte mein Vater eine Begegnung von mehr privater Natur. Das Erlebnis, das ich Ihnen gleich erzählen will, scheint überhaupt nichts mit dem UFO-Phänomen zu tun zu haben oder vielleicht doch?

Früher einmal hatte er denselben großen Raumschifftyp beobachtet wie ich, als es eines Abends direkt über seinem Haus schwebte. Danach bekam er großes Interesse an dem ganzen Thema, was total untypisch für ihn zu sein schien. Er ist ein ziemlich hartnäckiger Typ, der vor mehreren Jahren verkündet hatte, er sei „viel zu klug", um sich allzu sehr für Aliens zu interessieren. Wir hatten ihm bloß gesagt, er sei zu häßlich für sie, um sich mit ihm abzugeben. Er erklärte, daß er wirklich an UFOs glaube, doch es sei ihm nicht danach, zuviel seiner wertvollen Zeit auf das Thema zu verschwenden.

Während ich dies schreibe, wägt er diese Worte ab und steht im Begriff, sie zurückzunehmen.

Für mich schien es an der Grenze zur Besessenheit zu sein, wenn er alles über das Thema las, was er in die Finger bekommen konnte. Er las nicht nur über UFOs, sondern bekam auch Interesse an der spirituellen Welt und der Macht des Geistes. In den letzten Jahren war er nicht gerade der Inbegriff von Gesundheit gewesen, doch nun schien er dabei zu sein, eine Lektion darüber zu bekommen, wie machtvoll der menschliche Geist sein kann.

Er hatte zwei Jahrzehnte unter Angina gelitten, und er hatte offenbar einen Herzinfarkt gehabt, den er nicht einmal bemerkt hatte, bis er bei einem Routine-EKG entdeckt wurde. Dabei wurde auch festgestellt, daß sein Herz um einiges kleiner war als normal und eine Seite merklich kleiner war als die andere. Schlechte Durchblutung war auch ein Problem, da eine Körperseite ständig kribbelte und kalt war. Sein Arzt sagte ihm, wenn er nicht kürzer treten würde, wäre er in einem Jahr tot. Ein sturer Dickkopf, der er nun einmal ist, fand er, wenn er sein Leben nicht leben könne, wie er wolle, könne er ebensogut tot sein. Unerschrocken fuhr er unverändert mit seinem Leben fort und suchte nur ärztlichen Rat, wenn seine Brustschmerzen stark genug wurden, um ihn daran zu erinnern, daß er keine sechzehn mehr war.

Im Mai 1987 bestellte er mehrere LKW-Fuhren Mutterboden, den er von Hand verteilen wollte. Nachdem er zwei Tage lang Stunden um Stunden Erde geschaufelt hatte, wurde er von starken Brustschmerzen ergriffen und eilte zur Notaufnahme. Als er im Krankenhaus ankam, fühlte er sich merklich besser. Nachdem er ein paar Stunden mit Untersuchungen und Warten zugebracht hatte, fand der Arzt nichts allzu Ernstes. Er entließ Dad und riet ihm, einen Termin bei seinem Herzspezialisten zu machen.

Als Dad vom Krankenhaus nach Hause zurückkehrte, fühlte er sich so gut, daß er sofort wieder nach draußen ging und weiter Erde schaufelte. Ich bin kein Arzt, aber irgendetwas stimmt an dem Bild nicht.

Er sagte uns später, daß sein Brustschmerz kein wirklicher Schmerz gewesen sei, sondern eine „Erfahrung", die ihn ziemlich überraschte. Er sagte, er habe gefühlt, wie etwas in seiner Brust „losgebrochen" sei, und er konnte Wärme auf der kalten Seite seines Körpers spüren, zum ersten Mal seit zwanzig Jahren. Er sagte, er konnte das Blut durch seinen ganzen Körper strömen fühlen. Er behauptete, daß ihm das ein wenig Schwindel bereitet habe, und das ist der einzige Grund, warum er der Fahrt zur Notaufnahme zustimmte.

Aus Neugierde willigte er ein, einen Termin bei seinem Herzspezialisten zu machen.

Als der Arzt die Ergebnisse seines Belastungstests und seines EKGs mit denen verglich, die drei Jahre zuvor gemacht worden waren, war er, gelinde gesagt, verdutzt. Wie es schien, hatte Dad bei den Tests mit einer 60prozentigen Verbesserung abgeschnitten. Der Arzt war schnell damit bei der Hand, zu sagen, daß sich das menschliche Herz nicht selbst reparieren könne. Dad hatte in der Vergangenheit definitiv an einem Herzleiden gelitten, und nun hatte sich der Zustand offenbar ohne Behandlung gebessert, nach Aussagen des Spezialisten eine völlige Unmöglichkeit.

Eine Röntgenaufnahme der Brust, die Dad bei der Arbeit gemacht hatte, zeigte ebenfalls definitive Veränderungen. Der Betriebsarzt war der Dritte, der bestätigte, daß sich der Zustand des Herzens verändert hatte. Als die neue Röntgenaufnahme der Brust mit der verglichen wurde, die drei Jahre zuvor gemacht worden war, schien es, daß nicht nur die kleinere Seite des Herzens meines Vaters auf die Größe der anderen Seite angewachsen war, sondern sein gesamtes Herz hatte sich leicht aufs normale Maß vergrößert und schien nun in ausgezeichnetem Zustand zu sein.

Nun hatte Dad die Meinung von drei Ärzten vorliegen, daß er ein stark verbessertes Herz hatte, ohne sich irgendeiner Operation unterzogen zu haben.

Das war erstaunlich genug, jedoch war sein Herz nicht das einzige, was sich verbessert hatte. Auch seine Sehstärke hatte sich verbessert, und er stellte fest, daß er ziemlich gut ohne seine Brille sehen konnte.

Last not least zeigte ein routinemäßiger Hörtest bei der Arbeit eine merkliche Verbesserung im Vergleich zum früheren Test.

Als ich ihn fragte, was er über seine neue Gesundheit denke, entgegnete er, daß „sie" sicherlich seinen Körper gründlich überholt hätten.

Moment mal! Ich fühle mich allmählich ein wenig betrogen. Wenn „sie" so fortschrittlich sind, daß sie diesen alten Kauz komplett überholen können, wissen „sie" denn nichts über Fettabsaugung?

Als unsere Situation immer verworrener und komplizierter wurde, wurden wir als Familie mit vielen unbeantworteten Fragen allein gelassen. Warum wir? Was macht uns so interessant? Warum haben wir uns an so viele dieser Erlebnisse ohne Hilfe von Hypnose erinnert, während dies vielen anderen nicht gelungen ist? Was steht uns bevor? Wird es je aufhören?

Nach meiner Hypnosesitzung mit Budd schien ich zuerst eine Phase großer Faszination und großen Interesses am UFO-Thema zu durchleben. All die merkwürdigen Ereignisse zu dokumentieren, schien heilsam zu sein. Doch nach ungefähr zwei Jahren machte ich eine lange Phase der Ernüchterung durch, etwas wie Ablehnung, sozusagen. Ich wollte absolut nichts mehr mit dem ganzen Thema zu tun haben. Davor hatte ich jedes Mal, wenn ich nach draußen ging, den Himmel abgesucht. Während dieser Zeit nahm ich mir vor, nicht hochzuschauen. Ich beschloß, nie wieder hochzuschauen. Ich wollte mit nichts davon mehr etwas zu tun haben. Die „Laß-mich-damit-in-Ruhe"-Phase. Für immer!

In dieser Geisteshaltung blieb ich lange Zeit - ungefähr vier oder fünf Jahre. Ich weigerte mich sogar, über irgendetwas davon nachzudenken. Hin und wieder einmal schaute ich mit einem Auge hinter dem Wall hervor, den ich mir aufgebaut hatte und zeigte ein wenig Interesse, doch nur ein bißchen hier und da. Dann beschloß ich, nein, ich will das nicht mehr, ich will das nie wieder.

Ich bin kein Psychiater, deshalb will ich nicht versuchen, irgendeine Billig-Analyse dieser Periode meines Lebens abzugeben. Vielleicht war ich schließlich einfach nur mit allem überlastet. Ich schien eine Menge inneren Aufruhrs wegen dieses Themas zu erleben. Ich vermute, ich benutzte Johnny so lange als Ausrede, nichts mit der Öffentlichkeit zu tun zu bekommen, daß ich ihn, als er begann, daran zu glauben, nicht länger dafür verantwortlich machen konnte, mich zurückzuhalten. Darum mußte ich mich einfach selbst zurückhalten.

Dann, ganz langsam, begann ich wieder aus meinem Versteck herauszukrabbeln. Ich sah allmählich ein, daß mir nichts „Schlimmes" passiert war, wenn ich das UFO- und Alien-Thema mit Außenstehenden erörterte. Ich kann nicht erklären, was ich mit „schlimmen" Dingen meine, doch irgendwo in meinem Kopf weiß ich, was das bedeutet. Schließlich war Debbie in all diesen Jahren auch nichts „Schlimmes" passiert. Vielleicht würde auch mir nichts „Schlimmes" passieren.

Hier bin ich also, 1993. Es ist zehn Jahre her, seit wir uns den Kreis im Garten meiner Eltern angeschaut haben. Zehn Jahre voller unerklärlicher Vorfälle, Seelensuche, Verwirrung und Fragen.

Das Gras ist längst erneuert worden - wie ein neuer Anfang. Ich habe mich noch eimal unter Kontrolle bekommen, und ich bin endlich bereit, mich vorwärts zu bewegen. Einen Schritt nach dem anderen.

19
Debbie
Mein neues Ich

Ich wünschte, Sie hätten mich vor zehn oder fünfzehn Jahren gekannt. Sie würden mich heute nicht wiedererkennen.

Solange ich denken kann, wurde ich von Depressionen und Ängsten geplagt. Als ich sechzehn war, schickten meine Eltern mich zu einem Psychiater. In anderthalb Jahren ging ich ungefähr fünf Mal zu ihm. Er war keine große Hilfe.

Ich erinnere mich bei meinen Besuchen bei ihm hauptsächlich daran, daß wir darüber sprachen, wie die letzten Nervenpillen wirkten, die er mir gegeben hatte, und er fragte mich immer, ob mich jemand sexuell berührt hätte, seit ich ihn das letzte Mal gesehen hatte. Dabei überlief es mich kalt!

Mein Selbstbild war hundsmiserabel, und ich hatte den größten Minderwertigkeitskomplex in der Geschichte der Welt. Aufgrund dessen und der Depressionen und der Ängste denken Sie vielleicht, ich hätte ihn häufiger als fünf Mal in anderthalb Jahren aufsuchen sollen.

Zu verschiedenen Zeiten in meinem Leben manifestierten sich die Probleme, mit denen ich zu kämpfen hatte, als pyhsische Symptome. Kolitis, Darmkolliken, Fettleibigkeit, Nägelkauen, Hyperventilation, Magenschleimhautentzündung, Sodbrennen, Herzklopfen - die Liste ließe sich beliebig fortsetzen. All dies machte mein Leben nur noch komplizierter. Ich bin sicher, daß die meisten érzte dachten, die ich wegen verschiedener Gesundheitsprobleme aufsuchte, ich sei ein bedauernswertes, kleines Mädchen. Und ich glaube, daß viele von ihnen sich wahrscheinlich fragten, ob ich Opfer irgendeiner Form von Mißbrauch gewesen war, während ich heranwuchs. Ich schätze, in gewisser Weise war ich das ja.

Wenn ich auf diese letzten paar Jahre zurückblicke, habe ich das Gefühl, daß ich nicht einmal mehr dieselbe Person bin, daß es ein völlig anderes früheres Leben war. Wer war ich, daß ich früher solche Angst hatte?

Ich kann nicht sagen, daß meine Erlebnisse mit diesen Alien-Wesen die positiven Veränderungen in meinem Leben herbeigeführt haben. Ich verwende das Wort Alien (dt.: fremd) im wörtlichen Sinne - ich weiß nicht, was sie sind oder woher sie kommen. Vielleicht waren die Veränderungen in mir unbeabsichtigte Nebeneffekte der telepathischen Kommunikation. Vielleicht zwangen mich die traumatischen Ereignisse, die ich durchmachte, mich über all das zu erheben, mich zu verändern und zu wachsen. Vielleicht reiften diese Fähigkeiten bereits in mir heran, und sie wurden in erster Linie deshalb von meinen Leuten angezogen. Ich habe wirklich keine Antwort darauf. Alles, was ich tun kann, ist damit leben und das Beste für mich daraus zu machen. Ich weiß, ich würde nichts von dem, was ich durchmachte, ändern, außer vielleicht, sie warten zu lassen, bis ich älter war, ehe sie anfingen. Wenn mir die Fähigkeit gegeben worden wäre, zu wählen, diese Erfahrungen zu machen, und ich damals gewußt hätte, was ich heute weiß, hätte ich mich entschieden, sie zu machen, unter der Bedingung, daß ich mich voll an sie erinnern könnte, verstehen könnte, was ihr Zweck war, und jemanden zu haben, der mir sagen konnte, was mit mir gemacht werden sollte. Ganz zu schweigen, daß ein paar Kodakaufnahmen und ein paar Stückchen unirdischen Metalls außerdem noch ganz nett gewesen wären. Ich glaube nicht, daß ich ohne sie - die Erfahrungen, die ich gemacht habe - in der Lage gewesen wäre, die Ebene zu erreichen, die ich in mir selbst erlangt habe. Doch vielleicht war mein Nichtwissen, mein Nichterinnern alles Teil des Planes, des Programms. Vielleicht wären die Ergebnisse anders ausgefallen, wenn ich mich von Anfang an an alles erinnert hätte.

Ein sehr enger Freund von mir, der außerdem UFO-Forscher ist, fragte mich einmal, warum ich nicht zornig und verbittert sei gegenüber dem, was auch immer es ist, das mir und meiner Familie so übel mitgespielt hat. Er hatte das Gefühl, daß sie mich ohne mein Einverständnis wie ein Versuchstier benutzt hatten und sich um die psychologischen und physischen Auswirkungen in mir nicht zu kümmern schienen. Ich fragte ihn, wie er sich so sicher sein könne, daß es wirklich so war, daß ich wirklich benutzt wurde, dann betäubt, ohne Rücksicht auf meine persönliche Gesundheit und mein Wohlbefinden. Vielleicht verstehen wir ihre Art nicht, ihre Version von Sorge oder Mitgefühl. Ich war dort, und ich war mir nicht sicher. Ich beschuldigte ihn höflich, ein wenig engstirnig zu sein.

Ärzte impfen Kinder aus Schutz vor einer Reihe schrecklicher Krankheiten. Die Spritze tut weh, und das Kind weint, aber der ältere, weisere Erwachsene weiß, daß es zu seinem eigenen Wohl geschieht, und doch hat er keine Möglichkeit, dem Kind dies verständlich zu machen. Er hofft, daß das Kind, wenn es älter wird, verstehen und wissen wird, daß der Arzt ihm nichts Böses, sondern nur das Beste für das Kind wollte. Wieso war mein wohlmeinender Freund sich so sicher, daß das, was mir angetan wurde, nicht zu meinem eigenen Wohl und dem Wohle meiner Gattung geschah? Ich hätte die ganze Situation von seinem Standpunkt aus betrachten können. Ich hätte mir erlauben können, mich vergewaltigt und benutzt, wütend und verbittert zu fühlen, doch was würde das jemandem nützen, besonders mir? Ich glaube, wenn wir uns erlauben, in unseren eigenen negativen Gefühlen zu schwelgen, werden wir als Folge dieser Haltung eine negative Reaktion hervorrufen. Ebenso, wie unser Körper auf positive Reaktionen antwortet, wenn wir uns stark und energiegeladen fühlen, glaube ich, daß wir uns selbst schwach und müde machen können, indem wir unsere Abwehr gegen Krankheiten schwächen und weitere Negativität anziehen. Wir verlieren die Kontrolle über uns selbst, unsere Gesundheit, unseren Geisteszustand und unser Leben. Wollte ich wirklich mein ganzes Leben damit zubringen, mich schlecht zu fühlen, wegen etwas, das ich vielleicht mißverstanden hatte? War es das wirklich wert, darüber krank zu werden? Oder sollte ich nach einer anderen Antwort suchen? Eine, die mir vielleicht guttat und möglicherweise auch anderen helfen konnte, sich besser zu fühlen? Wollte ich mich für den konstruktiven oder den destruktiven Weg entscheiden? Da ich ein ziemlich intelligenter, vernünftiger Mensch bin, habe ich mich für das Gefühl entschieden, daß die Behandlung der Aliens mir gut getan hat. Ich erlaube meinen Gefühlen nicht, mich aufzufressen. Wie ich zuvor sagte, kann ich mir schließlich nicht immer die Situationen aussuchen, in die ich komme, doch ich kann mir aussuchen, wie ich darauf reagiere. Daraus folgt, daß ich mich, meine Gesundheit und mein Leben immer unter Kontrolle haben kann. Ich habe angefangen den menschlichen Geist als einen riesigen Computer zu betrachten. Und ich bin der Programmierer. Ich kann meinen Geist darauf programmieren, mich überall hinzubringen, wo ich im Leben sein möchte; er kann mich dazu führen, alles zu sein, was ich sein will, für mich. Als ich zu dieser Erkenntnis kam, begannen die Erlebnisse, sich zu ändern. Sie wech-

selten vom Physischen (den Narben, der Markierung im Garten, den physischen Untersuchungen etc.) zum Psychologischen, dem Spirituellen.
Diese neue Denkweise ist bei mir erst in den letzten paar Jahren aufge-
kommen, und sie ist die einzige äußerst wichtige Veränderung in mir, die
seit all dem, was ich Ihnen erzählt habe, begonnen hat. Ich war nie wirklich so verbittert, wie man dies erwarten würde, aber ich hatte schreckliche Angst. Mit meiner neu erworbenen Selbstkontrolle habe ich meine
Stärke gefunden und eine Beruhigung der Angst erzielt. Es ist erstaunlich,
wieviel klarer man denken kann, wenn meine keine Angst vor dem hat,
über das man nachdenken muß.

Ich erkenne, wie stark der menschliche Geist sein kann - so sehr, daß
ich gelernt habe, meinen Erinnerungen an die Erlebnisse niemals hundertprozentig zu vertrauen. Ich erkenne, daß der Geist viele Dinge tun kann,
um sich selbst zu schützen. Ich kann meinen eigenen Erinnerungen gegenüber genauso skeptisch sein wie eine Philosophenklasse, ein notori-
scher UFO-Entlarver und ein Skeptiker. Aber ich habe gelernt, mir zu vertrauen. Ich habe Vertrauen zu mir und meinen Instinkten, und natürlich zu
Gott. Je mehr ich all dem vertraue, desto stärker werde ich. Wenn Sie erkennen, daß Sie selbst Begegnungen hatten, behalten Sie im Kopf, daß
nicht immer alles so ist, wie es zu sein scheint. Und denken Sie daran: Die
meisten Leute, die ich kennengerlent habe und die sich fragen, ob sie verrückt geworden sind, sind es gewöhnlich nicht. Diejenigen, die glauben,
daß sie „normal" und alle anderen verrückt sind, sind diejenigen, vor denen ich mich in acht nehme!

Es ist hilfreich, Aufzeichnungen von allem Merkwürdigen, was passiert, zu machen. Es hilft auch, sich zu vergegenwärtigen, daß nicht jede
Beule oder jeder blaue Fleck, jede unheimliche Kleinigkeit, die man bemerkt, notwendigerweise bedeutet, daß „sie" wieder an einem rumge-
pfuscht haben. Es ist wichtig, bei all dem die Dinge im richtigen Verhältnis zu sehen. Sie können sich nicht vorstellen, wieviel klarer die Dinge
werden können, sobald man sie einmal aufgeschrieben hat. Immer wieder
in Ihrem Tagebuch nachzulesen, ist wie einen Film drei oder vier Mal anzuschauen. Jedes Mal, wenn Sie ihn sich ansehen, entdecken Sie etwas
Neues, das Ihnen beim letzten Mal entgangen ist - zumindest geht es mir
so. Und manchmal kommt man zu einer nüchterneren Erklärung, nachdem
der anfängliche Schock vorbei ist und man sich ein wenig beruhigt hat. Ein
Tagebuch zu führen, kann wirklich dazu beitragen, merkwürdige Erfahrungen zu erklären, nachdem ein wenig Zeit verstrichen ist.

Bei mehr als einer Gelegenheit habe ich erfahren, was ich als „Abductee Burnout" bezeichne. Es geschieht, weil man über nichts anderes als dieses Zeug reden kann und soviel darüber nachdenkt. Ziemlich bald bekommt man das Gefühl, als ob einem der Kopf platzen würde, wenn man die Worte Abductee, Alien oder entsetzt noch einmal sagt oder hört. Es ist sehr aufreibend, geistig die Gefühle der Angst und Hilflosigkeit und den physischen Schmerz der Erlebnisse noch einmal zu durchleben, ganz zu schweigen von dem Gelächter, mit dem man vielleicht konfrontiert wird. Als ich mich in diesem Geisteszustand befand, zog ich mich zurück. Ich distanzierte mich einfach eine Zeitlang davon. Ich weigerte mich, darüber zu reden oder zu lesen, und wenn ich im Fernsehen etwas darüber sah, schaltete ich es ab. Schließlich stieß mich etwas erneut in die ganze Sache, doch die Atempause tat gut. Ich wäre nicht überrascht, wenn Sie feststellen würden, daß ein wenig Distanz hin und wieder auch Ihnen wirklich gut tun würde, wenn es Ihnen gelingt. Die meisten Leute scheinen nicht zu erkennen, daß wir nicht darum gebeten haben, daß es uns passiert. Wir versuchen nur zu verstehen: „Warum wir?" Manchmal wurde ich wütend und schrie hinaus in den dunklen Nachthimmel: „Warum laßt ihr mich nicht in Ruhe? Ich will dieses Leben nicht, ich will diese Veränderung nicht. Bitte! Ich möchte einfach nur wie normale Leute sein!" Zuerst wollte ich die Veränderungen nicht. Selbst wenn es Veränderungen zum Guten waren, waren sie unbequem, weil sie neu für mich waren. Manchmal sind sogar gute Veränderungen beängstigend, wenn sie ungewohnt sind.

Die beste Medizin ist, darüber zu reden. Es gibt Menschen, die ohne zu lachen und zu urteilen, zuhören werden. Einfach in der Lage zu sein, darüber zu reden, befreit eine Menge Druck. Ich glaube, wenn Sie die innere Stärke gefunden haben, an jemanden heranzutreten und über etwas zu sprechen, das Sie beunruhigt, ist die Schlacht halb gewonnen. Ich kann Ihnen keinen Rat geben, wie man die Erlebnisse stoppen kann. Ich weiß nicht, wie man das tun kann, und ich brauche es heute nicht mehr zu wissen. Ich habe gelernt, damit fertig zu werden, sie in mein Leben zu integrieren und inneren Frieden zu finden. Das kann ich mit Ihnen teilen.

Ich kann Ihnen auch berichten, was für ein Gefühl es ist, unter Hypnose zu sein, für diejenigen von Ihnen, die sie als ein Werkzeug zur Erforschung ihres Falles erwägen. Anfangs hatte ich Angst, hypnotisiert zu werden. Ich wollte nichts dergleichen, was ich im Fernsehen gesehen hatte und was meine Schwester durchgemacht hatte. Hypnose war ganz anders, als ich es mir vorgestellt hatte. Tatsächlich kennen Sie das Gefühl, wenn

Sie je eingeschlafen sind. Waren Sie schon einmal kurz vorm Einschlafen, und das Telefon klingelte? Sie springen auf, um abzunehmen, und Sie brauchen eine Minute, um zu merken, mit wem Sie sprechen und wo Sie sind. Das ist der superentspannte Zustand, in dem ich mich befand, als ich unter Hypnose war. Die ersten ein oder zwei Male war ich nicht in der Lage, mich so sehr zu entspannen, doch danach fiel es mir leichter, und als ich merkte, das ich die Kontrolle hatte, konnte ich ein wenig mehr loslassen. Verdammt, als ich zum ersten Mal in Hypnose ging, glaubte ich gar nicht, daß ich unter Hypnose stand, bis ich aufwachte und merkte, daß fast zwei Stunden vergangen waren! Es kam mir vor wie fünfzehn Minuten! Wenn Ihr Therapeut während einer Sitzung sterben würde, wäre das Schlimmste, was passieren würde, daß Sie einschlafen, ein paar Stunden später erfrischt und fit aufwachen würden, bis Sie feststellten, daß Ihr Therapeut abgekratzt ist! Wenn Sie sich entschließen, sich einer Hypnosetherapie zu unterziehen, versuchen Sie bitte, jemanden zu finden, der erfahren ist und sich mit der Hypnose auskennt. Und seien Sie sich sicher, daß Sie es wirklich tun wollen. Ich halte mich an den alten Leitsatz: „Wenn nichts kaputt ist, repariere es nicht." Wenn Sie keine Probleme mit dem Schlafen, mit der Gesundheit oder andere Probleme haben, die Ihr Leben ernsthaft beeinträchtigen, überlegen Sie zweimal, ehe Sie sich entschließen, möglicherweise eine Dose voller Würmer zu öffnen. Selbst wenn ich mich nicht an alles aus der Nacht vom Juni 1983 erinnert habe, werde ich diesbezüglich keine weitere Hypnose mehr anwenden. Ich fühle mich gut, und ich stelle mir vor, wenn ich bereit dazu bin, wird es mir wieder einfallen.

Ich hatte großes Glück, immer die Unterstützung meiner Familie und all meiner Freunde zu haben. Ich weiß, daß viele von Ihnen keine Unterstützung haben. Ich weiß, daß das sehr schwer für Sie sein muß. Das ist einer der Gründe, warum ich dieses Buch schreiben wollte - vielleicht der wichtigste Grund. Ich möchte einiges von dem, mit dem ich gesegnet war, an Sie weitergeben. Ich habe das Gefühl, daß ein Teil dessen, was ich hier tue, darin besteht, Leuten zu helfen und sie zu lehren, wie man damit fertig wird, Zeuge von etwas zu sein und verängstigt von etwas zu werden, von dem die meisten Leute nicht einmal glauben, daß es existiert. Es hat gerade erst angefangen. Wir sind einen langen Weg gegangen, und doch haben wir noch einen langen Weg vor uns. Ich möchte, daß Sie erkennen, daß wenn ich durch all das intakt und stärker als zuvor durchkommen kann, dann können Sie es auch. Was ich zu sagen habe, hat nichts mit New-Age-Philosophien oder religiösem Glauben zu tun. Ich versuche nicht, eine Art Sekte zu gründen oder Leute dazu zu bewegen, mir zu „folgen". Das ist das letzte, was ich will. Es ist einfach nur eine andere Art, über Dinge zu denken und zu fühlen, die vielleicht anderen hilft, die wie ich sind und dieselben Erlebnisse hatten. Bei mir funktioniert es. Ich möchte, daß sie wissen, daß sie nicht allein sind. Jemand versteht und möchte helfen.

Meine Einstellungen zu fast allen Dingen - vom Leben bis zum Tod - haben sich verändert, seit unsere Familie untersucht wurde und all das, was wir erlebt haben, öffentlich geworden ist. Durch all die Fragen, Interviews mit Nachbarn, der Familie und Freunden, all die medizinischen und psychologischen Tests, die Untersuchung der Anspannung in der Stimme, Interviews mit Arbeitgebern und alles andere, dem ich mich im Namen der Forschung unterzogen habe, habe ich mich langsam verändert, habe ich gelernt und bin gewachsen.

Bei der Geburt meines Sohnes hatte ich eine Nahtoderfahrung. Ich habe das Gefühl, daß es irgendwie mit meinen anderen ungewöhnlichen Erlebnissen in Verbindung stand. Obwohl ich mir nicht sicher bin, warum. Es war kein konventionelles Nahtoderlebnis, wenn es denn ein „konventionelles" überhaupt gibt. Ich sah weder ein helles weißes Licht am Ende eines Tunnels, noch sah ich Engel oder Teufel oder Gott. (Nein, ich sah auch keine Aliens!)

Ich mußte meinen Sohn in der Intensivstation bekommen, als meine Nieren aufgrund einer Krankheit namens Eklampsie (plötzlich auftretende, lebensbedrohliche Krämpfe während der Geburt, Anm. d. Übers.) versagten. Ich war semikomatös, während ich für die Entbindung narkotisiert war. Plötzlich konnte ich die Stimme meines Arztes hören, der schrie, ich solle kämpfen. Seine Stimme und die der anderen fünfzehn Leute im Entbindungsraum wurden schwächer, lauter und dann wieder schwächer. Mit einem lauten Swusch-Geräusch fand ich mich selbst in irgendeiner Art Blackbox gefangen. Ich konnte meinen Körper nicht sehen, doch ich konnte meine Fäuste spüren, mit denen ich heftig gegen die kalten, schwarzen Wände vor mir und um mich herum schlug. Ich schrie immer wieder, daß ich noch nicht tot sei und daß mich bitte jemand herauslassen solle. Mit einem weiteren Swusch-Geräusch kam ich zurück und merkte, wie ich vom Tisch auf die Trage gelegt wurde. Ich konnte nicht atmen, aber es gelang mir nicht, die Aufmerksamkeit einer der Anwesenden auf mich zu lenken. Offenbar war mir eine Art von Droge gegeben worden, die mich lähmte. Verzweifelt versuchte ich irgendeinen Körperteil zu schütteln, um jemandes Aufmerksamkeit zu wecken. Ich schaffte es schließlich, meine Beine ein wenig zu bewegen, und sobald der Arzt mich anschaute, erkannte er, daß ich ernsthaft in Not war. Ich wurde zurück auf den Tisch gehoben, wo Sauerstoff in meine Lungen gepreßt wurde. Als ich spürte, wie der Sauerstoff einströmte, sog ich ihn vor Erleichterung förmlich ein.

Ich war fast die ganze Operation lang wach gewesen. Ich vermute, sie versuchten mir im Hinblick auf das Baby so wenig Narkose wie möglich zu geben, doch dies war ein bißchen viel! Ich sagte dem Arzt später, daß ich spüren konnte, wie er mich aufschnitt und daß es eher wie ein brennendes Zwicken und Zerren war als nur wie ein Schnitt. Er schien ein wenig überrascht, daß ich dies mitbekommen hatte. (Glauben Sie mir, ich hätte es lieber nicht mitbekommen!) Dann sagte ich ihm, daß er und jemand anders sich über Segelboote unterhalten hätten, ehe all das Hetzen und Schreien begann. Wieder sah er überrascht aus. Doch als ich ihm erzählte, daß ich gehört hatte, wie sie mich anschrien, während ich in einer schwarzen Kiste gefangen war und darum bettelte, freigelassen zu werden, schrie, daß ich noch nicht tot sei, sah er mich an, als wäre ich verrückt und verordnete mir ein Antidepressivum! Kein Wunder, daß die meisten Leute ihren Ärzten nie von dieser Art Erlebnissen erzählen!

Als ich meine Rechnung für den Krankenhausaufenthalt bekam, sagte mir niemand, warum man mir zwei Wiederbelebungen während meiner Entbindung in Rechnung gestellt hatte.

Nach dieser kurzen Begegnung mit dem Tod bin ich zu der Überzeugung gelangt, daß ich aus einem guten Grund hier sein muß - anderenfalls wäre ich an diesem Tag hinübergegangen. Mir war es nicht gestattet, dem Hinübergehen auch nur nahe zu kommen. Ich schätze, Gott wußte, daß ich niemals mehr zurückgehen würde, wenn ich je einen Blick auf dieses Licht werfen würde.

Als wir in den Entbindungsraum gingen, standen die Chancen für mein Baby und mich weniger als fifty-fifty. Ich erinnere mich, daß ich an einer Stelle zu Gott betete. Ich versprach Gott, wenn er mich und mein Baby leben lasse, würde ich meinem Baby von dem freundlichen und liebenden Gott erzählen, den ich kannte. Ich muß wohl etwas Richtiges gesagt haben, denn sieben Tage später gingen mein Sohn und ich nach Hause. Gott hat seinen Teil des Handels eingehalten und ich den meinen ebenfalls.

Zwischen diesem Erlebnis und den anderen unheimlichen Erfahrungen, die ich machte, bin ich zu der tiefen Überzeugung gekommen, daß der Tod nur ein Wechsel, nicht das Ende eines Lebens ist. Tatsächlich stehen viele der Dinge, über die ich mich zu sorgen pflegte, nicht mehr oben auf meiner Liste. All meine Prioritäten haben sich verändert. Ich sehe heute das größere Bild. Sie haben sicherlich schon einmal die Redewendung gehört: „Er kann den Wald vor lauter Bäumen nicht sehen". Nun, ich sehe einfach den Wald nicht mehr. Ich sehe den ganzen Planeten!

Am 1. September 1990 hatte ich den unglaublichsten Traum meines Lebens. Dieser Traum hinterließ in mir einen derart heftigen Eindruck, daß ich ihn nie vergessen werde, solange ich lebe. Ich erzählte jedem, den ich kannte und sogar einigen Fremden davon! Ich erzählte einer Episkopal-Priesterin davon, und sie sagte mir, daß Gott zu mir gesprochen hätte und ich gesegnet sei. Ich erzählte einigen meiner indianischen Freunde davon, und sie nannten es meinen Medizintraum:

Ich saß in einem Liegestuhl im Garten meiner Eltern. Ich saß genau dort, wo die Markierung im Garten war, direkt in der Mitte des Kreises. Meine Kinder spielten im Garten, und ich sah ihnen zu. Ich genoß es, ihre lachenden Stimmen zu hören und den Sonnenschein auf meinem Gesicht zu spüren. Plötzlich hörte ich dieses laute Surren, das um meinen Kopf herumschwirrte. Instinktiv hob ich den kleinen Federballschläger auf, der neben meinem Stuhl auf dem Boden lag und fing an, nach dem kleinen dunklen Ding, das um mein Gesicht herumflog, zu schlagen. Ich glaubte, es sei eine Hummel, und daß sie mich gleich stechen würde. Ich schlug das Ding, und es fiel zu meinen Füßen herab. Ich lehnte mich hinunter, um dieses Ding besser betrachten zu können, und war entsetzt zu sehen, daß das, was ich niedergestreckt hatte, keine Hummel war. Es war ein winziger, wertvoller Kolibri. Als er dort lag und zitterte, nahm ich ihn hoch in meine Hände und fing an zu weinen. Genau in diesem Augenblick wünschte ich, daß ich diejenige gewesen sei, die der Schläger getroffen hatte. Ich schrie hinauf zum Himmel: „Bitte, Gott, laß diese arme Kreatur nicht für meine Lektion mit seinem Leben bezahlen. Nimm meins stattdessen." In diesem Augenblick veränderte sich die Welt. Das vertraute Sonnenlicht nahm eine ungewöhnliche Qualität an. Die Schatten veränderten sich, und die Geräusche hörten auf. Ich konnte die Stimmen meiner Kinder nicht mehr hören, noch konnte ich sie überhaupt sehen. Es war, als käme die ganze Welt, die Zeit selbst zu einem jähen Stop. Dann konnte ich überall um mich herum diese freundliche männliche Stimme sanft sprechen hören. Er sagte: „Verstehst du das?" Ich rief in den Himmel: „JA! Ich habe nach dieser armen

Kreatur geschlagen, ehe ich überhaupt wußte, was es war. Ich habe viel zu schnell geurteilt. Ich hätte aufstehen und weggehen können, doch ich entschied mich, nach etwas zu schlagen, das ich nicht verstand. Bitte vergib mir und bitte, laß dieses unschuldige Leben nicht meine Lektion bezahlen. Ich werde dies nie vergessen!" Dann hörte ich die Stimme sagen: „Sehr gut." Das nächste, das ich wußte, ist, daß die Welt und die Zeit wieder zum Normalen zurückkehrten, und der winzige Kolibri, den ich in meinen Händen barg, kam wieder zu sich. Ich nahm ihn mit ins Haus, pflegte ihn, bis er wieder gesund war, und er blieb den ganzen Winter in unserem Haus. Er hing wie eine Klette an mir und folgte mir überall hin. Im nächsten Sommer ließ ich ihn frei, und wir sahen ihn nie wieder. (Das war ein langer Traum!)

Das war der erste von vielen „Virtual-Reality"-Träumen. Ich hoffe, sie werden alle so erzieherisch und erleuchtend sein.

Es kann sein, daß ich in dieser Nacht in meinem Traum mit Gott sprach. Er lehrte mich eine äußerst wichtige Lektion, die auf viele Dinge im Leben anzuwenden ist, einschließlich ungewöhnlicher Erlebnisse. Vielleicht ist es keine allzu schlechte Lektion für uns alle.

20
Kathy
Wiedergeburt

Wir werden beobachtet und analysiert
von dunklen, feuchten Augen,
die unsere Seelen suchen,
unsere Schreie ignorieren,
und nur wenige haben Mitgefühl.

Einmal sagte mir ein Medium, sie sehe mich irgendwo in der Zukunft als eine Lehrerin. Zu der Zeit, als sie mir das sagte, glaubte ich, sie sei verrückt und dachte daran, mein Geld zurückzuverlangen. Vielleicht wird es meine Art zu lehren sein, wenn ich meine Ansichten über dieses Buch mitteile und öffentlich auftrete. Dies scheint sicherlich eine große Verantwortung zu sein, und ich hoffe, ich bin in der Lage, meine Aufgabe zu meistern. Mein Kopf wird wahrscheinlich leer werden, wenn ich das erste Mal vor einer Gruppe von Menschen sprechen muß. Ich werde Rot tragen, so daß die Tomatenflecken nicht zu sehen sind, falls sie sich entschließen, mich mit Gemüse zu bewerfen.

Dasselbe Medium sagte auch, daß Johnny und ich Seelengefährten seien, die viele frühere Leben miteinander verbracht hätten. Sie behauptete, wir seien so eng miteinander verbunden, daß sie Botschaften von uns beiden auffange und sie nicht auseinanderhalten könne. Wer uns sieht, dem wird es extrem schwer fallen, das zu glauben. Wir scheinen so verschieden, wie Öl und Wasser zu sein. Er ist durch und durch ein kleinstädtischer Country-Cowboy mit starkem südlichem, langgezogenem Tonfall. Er liebt Bluegrass-Musik und ist der größte Fan, den George Jones je hatte. Mich dagegen könnte man für eine Frau an der Grenze zur Workaholikerin halten, die immer ihre Arbeit tut und außerdem noch seine. Ich bin es leid, darauf zu warten, bis er sie tut. Ich mag Motown-Musik, Briefmarkensammeln und arbeite gerne in meinem Blumengarten.

Er ist derjenige, der immer „halbleer" ist, während ich die „halbvolle" bin. Er sucht in jeder Situation das Negative, während ich nach dem Positiven suche. Ich bin die „Nestbauerin", während er der „Nesthocker" ist. Und doch fühle ich trotz alledem, daß er wirklich meine andere Hälfte ist. Über die Jahre haben wir uns gegenseitig auf unerklärliche Weise ausbalanciert. Ich habe das Gefühl, daß ich in unserem letzten Leben sein Elternteil war und er mein Kind. Ich empfinde dasselbe Karma aus früheren Leben bei meinen Kindern und meiner Familie. Wir haben uns im Laufe der Jahre in zahlreichen Leben entwickelt und werden dies in zahlreichen zukünftigen Leben weiterhin tun. Ich werde wahrscheinlich wieder leben, obwohl ich mir geschworen habe, daß dies das letzte Mal war, es sei denn, ich könnte als reicher schlanker Mann wiederkehren. Oder vielleicht nur reich - gegen Bezahlung werde ich mich dann schlank machen lassen.

Ich muß mich fragen, ob Johnny mit den Besuchern zu tun hat, weil er in meine Familie verwickelt ist, oder ist es für ihn einfach an der Zeit, zu wissen und zu wachsen? Sind wir irgendwo unter dem Strich zu einem bestimmten Zweck auserwählt worden, um vielleicht die Überbleibsel einer geschwächten Zivilisation weiterzuführen? Sind wir auserwählt worden, eine gefährdete Population neu zu bevölkern? Wurden wir auserwählt, das Wort zu verbreiten und die Mehrheit der Ungläubigen zu erziehen? Jede dieser Möglichkeiten ist für eine Vorstädterin, wie mich, ziemlich drastisch.

In letzter Zeit habe ich mich keineswegs „auserwählt" gefühlt, besonders abends, nach einem Tag voller Arbeit, deutete nichts darauf hin. Eigentlich komme ich mir ein bißchen albern vor, wenn ich in meinem Nachthemd auf dem Boden liege und mir das Hirn herausschreibe mit der Vision, daß ich vielleicht irgendwo etwas verändere. Ich bin mir nicht sicher, welche Kraft hinter mir steht, die mich durch dies hindurchführt, doch ich werde mir von dieser Kraft einfach den Weg zeigen lassen. Wenn es sein soll, wird es so sein. Auf Debbie und mich muß ein bestimmtes Vorhaben warten, weil wir uns gezwungen fühlen, dieses Buch zu beenden. Nach seiner Veröffentlichung erwäge ich, mich weiterer Hypnose zu unterziehen, um den Rest der fehlenden Teile meines Lebens aufzudecken. Bis jetzt habe ich das Gefühl, nur die Spitze des Eisberges aufgedeckt zu haben. Jede Begebenheit, die ich erzählt habe, ist eigentlich eine Geschichte für sich. Ich bin jetzt noch nicht bereit, mich all dem auszusetzen. Es kostet eine Menge Zeit, zu versuchen, zu arbeiten, zu schreiben, und das Haus in Ordnung zu halten, doch wenn sich dieses Buch verkauft, werde ich mich verpflichtet fühlen, alles herauszufinden, was ich kann. Vielleicht werde ich sogar Johnny überreden, mit mir den Sprung zu wagen. Vielleicht wird er, wenn der anfängliche Schock, an die Öffentlichkeit zu gehen, abflaut, mehr Interesse daran bekommen, all die fehlenden Details seiner eigenen Begegnungen zu erfahren.

Ich kann mich nicht nur gut auf Johnny einstimmen, sondern ich habe das Gefühl, ich kann mich auf jeden einstimmen, den ich treffe. Ich bin immer gut darin gewesen, vom ersten Moment der Begegnung an, den Charakter eines Menschen einzuschätzen, doch ich versuche nie, jemanden nach meinem ersten Eindruck zu beurteilen. Ich habe immer ein Talent gehabt, mich in andere hineinzuversetzen und weiß fast immer, was jemand versucht zu sagen, ehe er den Satz beendet hat. Bei meiner Familie oder bei engen Freunden weiß ich manchmal genau, was sie fühlen oder denken. Vielfach ist es nicht das, was ich gerne hören oder wissen würde. Jeder ist anders, und sie haben das Recht, unterschiedliche Meinungen zu haben. Wenn ich also das Gefühl habe, daß wir zu einem Thema sehr entgegengesetzte Vorstellungen haben, behalte ich meine Meinung gewöhnlich für mich. Ich habe festgestellt, daß es im Leben gewöhnlich besser ist, die Menschen nicht dazu zu drängen, zu denken wie ich. Wenn man Menschen drängt, treibt man sie ohnehin eher in die Defensive. Ich habe gelernt, daß jeder in meiner Familie, auch meine Kinder, eine eigene individuelle Persönlichkeit ist und daß es die Individualität ist, die das Leben interessant macht. Von jedem kann man etwas lernen.

Eigentlich bin ich nicht das einzige Mitglied der Familie, das „eingestimmt" ist. Alle von uns sind spirituell miteinander verbunden. Ich sage nicht, daß unsere Familie weiter ist als alle anderen; wir sind uns lediglich unserer Umwelt bewußter. Ich habe mein eigenes Bewußtsein erhöht, indem ich mich auf die inneren Kräfte konzentriert habe, die ich verspüre, und mich nicht von den äußeren Kräften oder meinen Gefühlen habe überwältigen lassen. Debbie und ich scheinen dieses gesteigerte Bewußtsein, in vieler Hinsicht zu teilen, doch wenn wir nicht übereinstimmen, ist es wie ein mentaler „Krieg der Sterne". Ich habe ihr einmal gesagt, der Grund, warum sie und ich so viele innere Konflikte hatten, liege darin, daß jede von uns solch starke spirituelle Kräfte hatte, daß wir die entgegengesetzten Enden eines Magneten sein könnten, die dermaßen starke Schwingungen aussandten, daß es unmöglich war, ein Ende in die Nähe des anderen zu bringen. Ich deutete an, wenn wir diese Kräfte vereinten und sie auf ein ähnliches Ziel lenkten, sei es nicht auszudenken, was wir vollbringen könnten.

Bei einer Gelegenheit wurde ich Zeugin ihrer Geisteskraft, und wenn ich es nicht selbst gesehen hätte, würde ich diese Geschichte niemals glauben. Vor ein paar Jahren hatte ich die Aufgabe übernommen, die Küchenschränke im Haus meiner Eltern mit neuen Oberflächen zu versehen. Zu dieser Zeit lebte Debbie mit ihren Kindern dort. Am zweiten Tag nagte das Abschleifen und Schmirgeln allmählich an meiner Geduld. Ich arbeitete wie ein Tier, und als ich sah, wie Debbie Magazine las und sich die Nägel machte, fand ich, sie könnte selbst ein wenig physische Arbeit beisteuern. Ich legte all die Scharniere und Griffe für sie in eine Schüssel, drückte ihr eine Flasche Reiniger und einen Lappen in die Hand, und sagte ihr, sie solle sich nützlich machen. Nachdem sie ungefähr eine Stunde lang die Griffe geschrubbt und poliert hatte, verfiel sie allmählich ins Schneckentempo. Während ich mich halb zu Tode schuftete, sah ich zu ihr hinüber und bemerkte, daß sie methodisch über einen der Griffe rieb, während sie ins Leere starrte. Ich sagte ihr, sie solle aufwachen und ein wenig „Armschmalz" einsetzen, oder sie würde nie fertig werden. Sie kümmerte sich nicht darum, weil sie sich nie beeilte, doch kurz darauf sagte sie: „Schau, dieser Griff ist ganz verbogen." Na klar, dachte ich bei mir, nur ein Trick, um mit der Arbeit aufzuhören. Ich ging zu ihr ihn und schnappte mir den Griff, um ihn mir selbst anzusehen. Eindeutig, er war wie ein Halbmond gebogen. Wir versuchten, ihn von Hand zurückzubiegen, doch keine von uns beiden konnte ihn wieder gerade bekommen. Ich mußte ihn mit nach draußen nehmen, auf den Betonboden legen und mit einem Hammer bearbeiten, ehe er wieder seine ursprüngliche Form annahm. Ich sagte ihr, wenn sie so gut sei, solle sie das Schmirgeln übernehmen, und ich würde den Rest der Griffe säubern.

Ich habe nie versucht, irgendwelche Griffe mit meinem Geist zu verbiegen, doch ich kann einen Migränekopfschmerz ohne Medikamente zum Verschwinden bringen. Seit meiner Sitzung bei dem Hypnotiseur, um abzunehmen, habe ich jahrelang Migräne gehabt. Ich habe festgestellt, daß ich diese Kopfschmerzen durch ein paar Minuten ununterbrochener Entspannung und Konzentration selbst abstellen kann. Diese Methode funktioniert auch bei anderen Schmerzen. Ich reinige einfach meinen Geist total und mit jedem Atemzug, den ich mache, visualisiere ich, wie die schlechten oder negativen Kräfte meinen Körper verlassen, während ich ausatme, und die heilenden oder positiven Kräfte einströmen. Ich kann mich völlig entspannen und mich in weniger als ein paar Minuten hundert Prozent besser fühlen. Es ist eine Art Mini-Meditation - und jeder sollte das täglich probieren. Es ist sehr erfrischend.

Der menschliche Geist ist sehr mächtig und kann einem manchmal Streiche spielen. Das ist eine Erklärung der UFO-Entlarver. Ich kann nur für mich selbst sprechen, wenn ich sage, daß all die Situationen, die ich zuvor hier beschrieben habe, keine geistigen Spielchen, sondern tatsächliche Ereignisse waren, die ich nach bestem Wissen und Gewissen wiedergegeben habe. Ich ziehe selten voreilige Schlüsse und suche immer nach einer logischen Erklärung für jedes Ereignis, das mich beunruhigt. Ich habe nur die Begebenheiten eingefügt, von denen ich sicher bin, daß sie tatsächlich passiert sind, und ich werde es Ihnen überlassen, über meinen Charakter zu urteilen.

Bestimmt fragen Sie sich, wie ich von der Ufologie zu früheren Leben und Karma gekommen bin und denken wahrscheinlich, daß diese Themen überhaupt nichts miteinander zu tun haben. Vielleicht stimmt das, doch für meine Familie, besonders Debbie und mich, scheinen diese Dinge in Bezug aufeinander sehr relevant zu sein. 1985, als ich mein eigenes Manuskript über Vorfälle in meiner Familie schrieb, brauchte ich fast ein Jahr, sie zusammenzubekommen. Ich habe nie Kontakt mit irgendeinem Agenten aufgenommen und habe nur drei Kopien an verschiedene Verlage geschickt. Zwei davon haben nie, auch nur meine Existenz, bestätigt, und der andere schickte mir eine freundliche Ablehnung, ohne mein Manuskript gelesen zu haben. Dieses Manuskript wurde beiseite gelegt und blieb unangetastet, bis Debbie und ich anfingen, dieses Buch zu schreiben. Ich bin sicher, ich hätte mich nie an dieses Werk gewagt, hätte ich nicht dieses alte Manuskript als Quelle gehabt. Zu der Zeit, als ich mich damit abmühte, es zu schreiben, hatte ich keine Ahnung, daß es für mich Jahre später so wertvoll sein würde.

Debbies Freund K. O. hat auch eine wichtige Rolle bei diesem Buch gespielt. Er trat durch seine Beschäftigung mit der Ufologie in ihr Leben, und sie hat ihn viele Jahre als Bekannten gekannt. Nach ihrer Scheidung von James zog sie wieder zurück in das Haus unserer Eltern. Ihr Haus hat eine Menge Ähnlichkeit mit einer Autobahnraststätte. Andere Familienmitglieder ziehen so schnell ein und aus, daß der Postbote mit den Namen nicht mitkommt. K. O. rüstete Debbie mit einem Computer und einem Drucker aus und brachte ihr bei, wie man damit umgeht. Ich wußte nicht einmal, daß sie tippen konnte, als sie das erste Mal davon sprach, ein Buch zu schreiben. Je öfter sie von ihren Plänen sprach, desto mehr rang ich innerlich mit mir, sie zu fragen, ob ich mich ihr mit dem Schreiben anschließen könne. Es erschien mir als die perfekte Gelegenheit, unsere spirituellen Kräfte in einem einzigen Projekt zusammenzuschließen.

Sie hatte mir gegenüber einen großen Vorteil, da sie an UFO-Studien beteiligt war, vor großen Gruppen gesprochen hatte und in den letzten zehn Jahren Interviews gegeben hatte. Ich dagegen bin nur zur Arbeit gegangen, habe Wäsche gewaschen und gespült. Sie kannte viele Leute überall im Land, und sie kannten sie. Niemand kannte mich. Ihr Gesicht, ihre Geschichte und ihre Kunstwerke werden von vielen erkannt und anerkannt, während ich im Schatten blieb. Darum wollte ich dieses Buch ursprünglich unter dem Namen Laura Davis schreiben. Da ich in dem Buch *Eindringlinge* Laura Davis heiße, dachte ich, daß niemand eine Ahnung hätte, wer ich sei, wenn ich meinen wirklichen Namen benutzte. Zweitens, wenn ich meinen wirklichen Namen benutzte, wären die Leute vollends verwirrt, da mein Name Kathy ist. Wie Sie sich erinnern werden, ist Kathie die Hauptfigur in *Eindringlinge*. Doch ich habe mich entschlossen, mich nicht hinter dem Namen Laura Davis zu verstecken. Ich versuche nur, die Dinge in einer bereits komplizierten Geschichte zu vereinfachen. Ich wäre nicht mehr fähig, mich zu verstecken, es sei denn, ich würde mir einen Sack über den Kopf ziehen.

Obwohl Debbie all die richtigen Beziehungen zu haben scheint, habe ich das Gefühl, einen ebenso interessanten Anteil an unserer Geschichte anzubieten zu haben. Ich bin nicht nur Zeugin der Charaktere, sondern auch Augenzeugin der seit drei Generationen andauernden Verwicklung unserer Familie.

Auf seltsame Weise habe ich das Gefühl, 1965 auf diesem leeren Parkplatz bei der Kirche den Grundstein zu diesem Buch gelegt zu haben.

Achtzehn Jahre lang war ich das einzige Familienmitglied, das sich wirklich erinnerte, ein UFO gesehen zu haben, nahe genug, daß es für mich außer Frage stand, was ich gesehen hatte. Ich glaube, daß Debbie aufgrund dieses Vorfalls und weil wir untereinander offen darüber sprachen, ermutigt wurde, die fehlenden Teile für den Vorfall von 1983 im Garten zu finden. Es wäre sehr leicht gewesen, das ganze Ereignis bloß als einen bösen Traum abzutun. Es wäre leichter gewesen, einfach anzunehmen, daß der große Kreis und der lange Pfad, die im Garten eingebrannt waren, auf Säfehler oder eine chemische Überdüngung des Rasens zurückzuführen wären. Schließlich wäre dies dem Durchschnittsmenschen als eine logische Erklärung erschienen. Das ist vielleicht die Antwort für jemanden, der sich seiner Umwelt nicht so bewußt ist, wie meine Familie dies zu sein scheint. Das wäre die Antwort, die jemand einfach vorbringen könnte, um das Ganze dann beiseite zu schieben und zu vergessen. Doch der einfache Ausweg ist nicht immer der richtige. Der einzige Weg, sich einem komplizierten Problem zu stellen, ist Kopf hoch und nicht zurückschauen.

Das ist, was Debbie tat. Zu der Zeit war keiner von uns von der Idee allzu begeistert. Es gab zu viele unbeantwortete Fragen, und jede Frage deckte ein weiteres unheimliches, unerklärbares Ereignis auf. Jedes Ereignis war eine komplizierte Geschichte für sich, die für uns alle umwerfende Erfahrungen zu sein schienen. Sollte es das wert sein? Es wäre sehr verlockend gewesen, sie wegzustecken oder sie unter den Teppich zu kehren, so daß keiner von uns sich mit seinem inneren Selbst, seinem Unterbewußtsein hätte befassen müssen, das ständig versuchte, still zu bleiben.

Als Debbie daran arbeitete, alles aufzudecken, was sie konnte, stapften wir wie kleine Enten hinterher, die ihrer Mama folgen. Ich war überrascht über die große Anzahl von Leuten draußen in der realen Welt, die sehr ähnliche Vorfälle erlebt hatten wie wir. Dies waren durchschnittlich erscheinende, intelligente Menschen, die alle sehr liebenswürdig und aufgeschlossen in Bezug auf ihr Leben waren. Ich glaube, ich dachte, ich würde eine Halle voller Leute treffen, die Triangeln aus Silberpapier auf dem Kopf trugen oder so, doch dies war nicht der Fall. Tatsächlich schienen viele von ihnen wesentlich intelligenter, als ich zu sein. Es waren alltägliche Menschen, die genau wie ich mit Rechnungen, Kindern und dem Leben zu kämpfen hatten. Das war irgendwie beruhigend. Ich lernte viele hochgebildete, professionelle Leute kennen, die großes Interesse an dem ganzen Thema zeigten und nicht einmal lächelten. Das überraschte mich sehr. Ich war an Menschen gewöhnt gewesen, die bei der ersten Erwähnung von UFOs und Aliens zu lachen anfingen. Jetzt lernte ich eine völlig neue Kultur kennen.

Selbst in dieser entspannten, aufgeschlosseneren Atmosphäre zögerte ich, allzu viel über mich oder meine Familie zu sagen. Es ist schwer, mit alten Gewohnheiten zu brechen. Ich stellte mir vor, wie ich meine inneren Gedanken jemandem offenbarte und mittendrin, an der wichtigsten Stelle der Geschichte, würde er sagen, „Ja, richtig", und anfangen hysterisch zu kichern. Außerdem schien es für mich nie ein Thema zu sein, das ich schnell oder leicht beschreiben konnte. Ich konnte nie bloß sagen: „Oh ja, ich habe ein UFO und Aliens gesehen", und es dabei belassen. Es ist viel komplizierter. Nachdem ich ein paar der Einzelheiten ergänzt hatte, hatte ich das Bedürfnis, aus Selbstschutz einige Abwehrstrategien hinzuzufügen.

Es erscheint mir als eine echte Schande, daß eine unschuldige Person ständig in Abwehrhaltung sein muß, aufgrund einer Situation, die sich ihrer Kontrolle total entzieht - eine Situation, in die sie nie hineingezogen werden wollte und die gewöhnlich damit endet, daß sie sich wünscht, nie in ihr gewesen zu sein. Ich glaube, die meisten Ungläubigen lachen, weil sie Angst haben. Sie fürchten sich vor dem, was sie nicht verstehen können. Indem sie sich weigern, seine Existenz anzuerkennen, „wünschen" sie es sich einfach weg. Vielleicht haben sie das Gefühl, daß sie allein dastehen, wenn sie vorgeben, daß solche Dinge existieren.

Ich glaube nicht, daß das funktioniert.

Ich hatte keine Ahnung, nach welchen Kriterien sich die Außerirdischen aussuchten, wer darin verwickelt wurde. Ich könnte hochnäsig sein und sagen, sie würden sich höchstwahrscheinlich eine saubere, freundlich erscheinende, extrem intelligente und wahnsinnig lustige Person aussuchen.

Doch ich glaube, das funktioniert auch nicht.

Die Betroffenen, die ich kennengelernt habe, scheinen eine Mischung von Leuten aus vielen Lebensbereichen zu sein. Vielleicht ist das, was sie ähnlich macht, etwas, was wir nicht sehen können. Vielleicht ist es etwas, was wir nur fühlen können. Es scheint eine Art unsichtbares Band zu geben, das uns spirituell verbindet. Vielleicht wurde dieses Band zwischen Menschen geknüpft, die ein ähnliches furchterregendes Erlebnis teilen und die an der Meinung festhalten, daß es nur in der Gruppe echte Sicherheit gibt. Vielleicht teilen sie dieses unsichtbare Band aus einem Grund, dessen sie sich nicht bewußt sind und an den sie sich bewußt nicht erinnern. Vielleicht werden wir auf eine große Aufgabe irgendwann in der Zukunft vorbereitet.

In meinem Herzen spüre ich, daß diese Aufgabe gut sein wird. Ich habe nie das Gefühl gehabt, daß das außerirdische Eingreifen aus einem negativen Grund heraus geschieht. Wenn ich dieses Gefühl gehabt hätte, hätte ich nie angefangen, dieses Buch zu schreiben. Der Übermittler schlechter Botschaften zu sein, ist nicht mein Ding. Ich hatte nie das Gefühl, daß die

Besucher böse waren, nur furchterregend. Das, was wir nicht ganz verstehen, kann sehr beängstigend sein.

Ich glaube wirklich, daß ich jetzt an einem Punkt in meinem Leben stehe, an dem ich keine Angst mehr habe. Wenn ein Raumschiff in meinem Garten landen würde, würde ich die Insassen in mein Haus einladen. Wenn sie uns nur die Entscheidung überließen, sie kennenzulernen, anstatt Menschen gegen ihren Willen zu holen. Ich bedaure meinen offensichtlichen Mangel an Kontrolle über die Begegnungen. Gefangen und untersucht zu werden, ohne irgendeine Wahl, ist einfach zu schwer, in Worte zu fassen. Ich vermute, „sie" hätten viele Freiwillige, wenn „sie" nur offen und ehrlich ihre Absichten nennen würden. Es würde viele Leute geben, die ein kleines Plauderstündchen begrüßen würden, einen offenen Austausch von Ideen, eine echte Lernerfahrung. Ich glaube, zwei Zivilisationen, eine davon extrem intelligent und die andere extrem sensibel, könnten sich erfolgreich zusammenschließen, um sich gegenseitig zu helfen. Wenn sie nur aufhören würden, Leute gegen ihren Willen aufzugreifen, und ein wenig von unserer Feinfühligkeit lernen würden.

Es wäre so viel netter, eine freundliche kleine Einladung zu bekommen und um unsere Gesellschaft zu ersuchen. Etwa so:

> Liebe Kathy,
> lange nicht gesehen. Hoffen, daß es Dir und Deiner Familie gut geht. Dies ist nur eine Mitteilung, um Dich wissen zu lassen, daß wir am 22. dieses Monats um 1.15 Uhr wieder in Deiner Gegend sein werden. Halte in der nordöstlichen Ecke des Weizenfeldes der Jones Ausschau nach uns.
> Wir freuen uns, Dich wiederzusehen. Wenn Du willst, kannst Du einen Freund mitbringen.
> Angenehme Träume
> Q

Nun, das wäre eine wesentlich sensiblere und persönlichere Art, miteinander zu kommunizieren. Zumindest würden wir dabei die freie Wahl haben.

Das ist überhaupt nicht furchterregend.

Ich bin hier vielleicht etwas abgeschweift. Sicherlich weiß ich nicht auf alles eine Antwort. Ich bin mir nicht sicher, ob ich überhaupt Antworten habe, nur Fragen. Ob ich nun richtig oder falsch liege, ich habe das Gefühl, daß ich jetzt vorankommen und sehen muß, was passiert. Aufgrund meiner früheren Verwicklungen muß ich meine Meinung jetzt mitteilen, und ich hoffe, ich kann einigen Menschen helfen, mit sich selbst zurechtzukommen.

Ich muß das „Behalt-deine-schmutzige-Wäsche-für-Dich"-Syndrom loswerden. Ich muß lernen, an mich und andere genug zu glauben, um offener zu werden. Ich muß mich ständig daran erinnern, daß dies nicht mehr die 1960er sind und ich kein Kind mehr.

Ich habe nicht so viel Kontakt mit Leuten gehabt wie Debbie. Ich hatte keine Gruppen von Menschen, die mich anfeuerten und ermutigten, doch ich werde schnell aufholen. Ich habe das Gefühl, wenn ich anfange, meine Schale zu knacken, werden all die Stücke an die richtige Stelle rücken. Die Zeit muß reif sein.

21
Debbie
Die Zukunft

Bitte: Bewahren Sie einen offenen Geist und ein offenes Herz, wenn Sie dieses Kapitel lesen. Es enthält meine Gefühle in Bezug auf das, was die Zukunft für die menschliche Rasse und für mich bereithält. An dieser Stelle des Spiels kann keiner von uns wirklich mehr als Vorstellungen, Intuitionen und bloße Vermutungen haben.

Ich hasse Vorhersagen. Ich versuche keine zu machen. Wenn ich dennoch meine Gefühle bezüglich der Zukunft öffentlich kundtue, versuche ich, den Gedanken zu bekräftigen, daß dies nur meine Gefühle sind, die vielleicht absolut nichts zu bedeuten haben. Auf persönlicher Ebene glaube ich, daß es mehrere Wege gibt, denen wir folgen können, und unser Schicksal wird durch unsere Entscheidungen bestimmt. Doch ich glaube auch, daß es eine göttliche Führung für uns gibt - in uns selbst -, wenn wir uns nur dazu entschließen würden, um sie zu bitten und auf sie zu hören, wenn sie sich anbietet. Um den Zusammenhang klarzustellen: Ich wurde in dem Glauben erzogen, daß es einen Grund gibt, aus dem heraus „große" Dinge geschehen müssen, selbst wenn wir sie zu der Zeit vielleicht nicht verstehen. Und kleine Dinge geschehen, damit sich später etwas Größeres ereignen kann.

Die meisten Vorhersagen, die ich bei anderen Leuten hörte, traten einfach nicht ein. Bei den seltenen Gelegenheiten, bei denen jemand den Nagel auf den Kopf traf, dachte ich bei mir: Entweder er hat einfach Glück gehabt, oder er muß ein ganz besonders begabter Mensch sein. Ich bezweifle, daß ich in dieser Weise begabt bin.

Man braucht kein Genie zu sein, um zu sehen, wohin wir kommen, wenn wir nicht anfangen, uns um diesen Planeten und um uns zu kümmern. Die meisten Vorhersagen werden aus logischer Beobachtung heraus gemacht. Doch damit lassen sich nicht alle Vorhersagen erklären.

Tiere sind sich häufig bevorstehender Erdbeben bewußt. Sie spüren diese aufgrund von Veränderungen in den elektromagnetischen Feldern, die den Planeten umgeben. Und vielleicht haben Sie schon einmal beobachtet, wie sich Ihr Hund unter der Couch verkriecht, bevor ein großer Sturm aufkommt. Tiere können kommende Veränderungen spüren, ehe wir sie wahrnehmen. Das ist vielleicht das, was bei mir geschieht. Die Wahrnehmung meiner Umwelt hat sich bei mir dermaßen verstärkt, daß ich manchmal Dinge spüre, ehe die meisten Menschen sie bemerken. Vielleicht ist das ein Ergebnis unserer Erlebnisse und vielleicht machen deshalb so viele, die diese Erlebnisse hatten, eine Menge Vorhersagen. Ein Übermaß innerer Bewußtheit ergießt sich in die physische Welt, in der wir leben, und wir werden supersensibel dafür. Das führt mich zu der Frage, ob etwas in uns geweckt worden ist - etwas, in uns allen, das lange verloren war und nun wiedergefunden wird. Ich betrachte es als eine Bewußtheit des Planeten, auf dem wir leben, und der Verbindung, die wir zu ihm haben, zueinander und zu allem, was lebt - Gott (oder wie auch immer Sie es nennen wollen).

Ich habe das Gefühl, als ob ich anfangen würde, mich an eine andere Welt zu erinnern, eine andere Existenz. Meine Schwester und ich haben zu verschiedenen Zeiten in unserem Leben und unabhängig voneinander die Behauptung aufgestellt, daß, wenn eine von uns je einer katastrophalen Krankheit zum Opfer fallen würde, wir genau wissen würden, was zu tun wäre. Wir hatten beide das Gefühl, uns sei gesagt worden, allein nach draußen zu gehen und ein offenes Feld zu suchen, uns hinzulegen, einzuschlafen, und am nächsten Morgen, wenn wir aufwachten, wären wir geheilt. Keine von uns hat dies je der anderen gegenüber erwähnt, und es kam erst heraus, nachdem Budd mit seiner Untersuchung begonnen hatte.

Ich hatte auch einen wiederkehrenden Traum, der anfing, als ich sehr jung war. In dem Traum lag ich in einem Graben, bedeckt von umgefallenen Bäumen, die mich vor der Gewalt überall um mich herum abschirmten. Der Himmel hatte eine komische Farbe, eine sehr dunkle, drohende Mischung aus Purpur und Blau. Da waren blaue und rote Lichtblitze, die über diesen beängstigenden Himmel zuckten. Es ging ein starker Wind, und Regen fiel so heftig, daß er horizontal über das offene Feld vor mir wehte und in meinem Gesicht schmerzte, als er mich traf. Da war ein großer Berg etwa zwanzig Meter von der Stelle entfernt, an der ich lag. Ich versuchte verzweifelt, zu diesem Berg zu gelangen. Ich kroch auf dem Bauch in Richtung des Berges, grub meine Finger in die Erde, während ich kroch, um nicht von dem schrecklichen Wind weggepustet zu werden. Der Lärm um mich herum war ohrenbetäubend. Ich fühlte pure Panik. Meine einzige Hoffnung schien darin zu bestehen, es zu diesem Berg zu schaffen. Als ich endlich am Fuß dieses Berges ankam und in der Lage war, hinauf zu schauen, konnte ich oben auf der Spitze einen Mann sehen. Er war ganz in Weiß gekleidet; er war trocken, und der Wind schien auf ihn keine Wirkung zu haben. Er war sehr schön, und goldenes Haar fiel über seine Schultern hinab. Seine Augen waren hellblau und strömten reine Liebe und Ruhe aus. Als er zu mir sprach, war es, als ob er direkt zu meinem Herzen und meinem Geist sprechen würde. Er sagte: „Es ist Zeit zu gehen. Du bist jetzt sicher." Plötzlich überkam mich das unglaublichste Gefühl von Erleichterung und Ruhe, und dann endete der Traum. Letztes Jahr, als ich die Cahokia Mounds in Illinois besuchte, die vor Hunderten von Jahren von den Indianern gebaut wurden, fand ich den Berg und die Bäume und den Graben, von denen ich zuvor so viele Male in meinem Leben geträumt hatte. Ich kann Ihnen das Gefühl nicht beschreiben, das ich hatte, als ich auf dem Berg (einem Grabhügel) stand und auf den Graben und die Bäume hinabblickte. Es war eine Mischung aus Frieden, Erleichterung und ein unangenehmer Anflug von Angst. Ich weiß nicht, was das alles bedeutet, doch wenn ich mich je in einer ähnlichen Situation, wie der in meinem Traum wiederfinde, werde ich wissen, wohin ich gehen muß!

Meine Schwester und ich haben ebenfalls zu verschiedenen Zeiten und unabhängig voneinander gesagt, daß die Welt zum Ende des Jahrhunderts ein ziemlich anderer Ort sein wird. Doch es würde nur für die Jungen und die Starken so sein. Ob dies nun stark im physischen, emotionalen oder spirituellen Sinn bedeutet, weiß ich nicht. Ich wußte jedoch, daß ich ein Teil davon sein würde. Und sie weiß, daß auch sie es sein wird. Ich weiß, daß niemand bei den Veränderungen verloren gehen muß. Wenn Menschen verloren gehen werden, dann wird es ihre eigene Entscheidung sein.

Ich habe das Gefühl, daß einige der Veränderungen reelle physische sein werden. Es werden Dinge geschehen, die das gesamte Antlitz des Planeten verändern werden. Größere soziale und regierungsmäßige Veränderungen werden bemerkbar sein. Aus irgendeinem Grund habe ich das Gefühl, daß dies einige der Dinge sein werden, die ich beobachten soll, weil sie vielleicht Auslöser sein werden. Sie werden mir helfen, mich zu erinnern, was ich als nächstes tun soll.

Ich habe das Gefühl, als ob die ganze Welt, die ganze Menschheit im Begriff steht, die größte aller Reisen anzutreten. Im Laufe der Zeit wird dies, glaube ich, immer offensichtlicher werden.

Wir beginnen als Gattung einige grundlegende Veränderungen durchzumachen. Ich habe das Gefühl, daß ich zum Teil deshalb hier bin, um zu helfen, soviele Herzen und Geister wie möglich zu öffnen, damit diese Veränderungen für diejenigen, die noch durch Angst geknebelt sind, so leicht wie möglich werden. Die einzige Art, die mir einfällt, die Veränderungen zu beschreiben, die ich auf uns zukommen fühle, ist die, zu sagen, daß die menschliche Rasse im Begriff steht, den letzten Schritt auf der evolutionären Leiter zu machen. Diese Veränderung wird keine physische sein; wir werden nicht unseren kleinen Finger oder unseren Blinddarm verlieren. Wir werden unsere Angst verlieren, unser Gefühl der Getrenntheit und Individualität. Wir werden lernen, wie man der Beschränkung unseres linearen Zeitdenkens entkommt, und unser Potential als „eins" erkennen. Die Schleier unseres Geistes werden endlich zerreißen, und wir werden uns erinnern, was wir wirklich sind und warum wir hier sind.

Ich kann wirklich nicht erklären, warum ich glaube, daß Außerirdische damit etwas zu tun haben. Ich weiß nur, daß es so ist. Vielleicht sind sie einfach eine andere Manifestation des Lebens, von dem wir alle ein Teil sind, und sie helfen uns, uns zu erinnern, zu entwickeln, so daß sie es auch können. Schließlich glaube ich, daß alles Leben irgendwie miteinander verbunden ist. Das schließt auch sie ein. Mag sein, daß sie, indem sie uns helfen, sich selbst helfen. Möglicherweise halten wir mehr als nur uns selbst zurück mit unserer Furcht, unserem Wunsch nach Kontrolle und unserem Mangel an Verantwortung, und sie werden es leid, auf uns zu warten. Vielleicht sind unsere Begegnungen freundliche oder weniger freundliche Mahnungen. Alles ist möglich.

Die meiste Zeit glaube ich, daß all die Antworten, nach denen wir ein Leben lang suchen, immer in uns waren. Wir verschwenden soviel Zeit, überall sonst nach ihnen zu suchen, ohne Verantwortung für unser Leben und unsere Gefühle übernehmen zu wollen, so daß wir den eigentlichen Punkt übersehen - Lernen, Wachsen, Lieben und Einswerden.

In letzter Zeit habe ich gelernt, nach meinem Instinkt zu gehen. Ich lasse das Universum mich führen. Ich habe festgestellt, je mehr ich darauf vertraue, desto besser wird es. Als ich aufhörte, meinen Instinkt zu bekämpfen und anfing, auf ihn zu hören, hob mein Leben wirklich ab. Ich fand meine Richtung und meine Aufgabe. Instinkt führte mich zu meinem

Verlobten K. O., und ich füge unser Zusammenkommen in diesem Kapitel ein, weil dies ein Beispiel ist, von dem ich glaube, daß es inszeniert war. All mein Denken und meine rationalen Erklärungen können einfach nicht erklären, warum wir zusammen sind. Und ohne ihn würde es dieses Buch nicht geben.

Es war 1987: Budd Hopkins war zur Depauw University gekommen, um einen Vortrag über UFOs zu halten. Er hatte gerade sein Buch *Eindringlinge* beendet, das Buch über meine Familie. Meine Schwester Kathy („Laura"), mein neuer Ehemann James und ich waren zu der Universität gefahren, um ihn sprechen zu hören. Hier konnten wir zum ersten Mal sehen, wie die Öffentlichkeit auf das Thema reagierte. Und es war eine Gelegenheit, Budd wiederzusehen. Wir sahen ihn nicht so oft, wie es uns lieb gewesen wäre.

K. O.s Tochter ging damals auf diese Universität. Sie wußte von dem großen Interesse ihres Vaters am UFO-Thema und hatte ihn informiert, daß Budd hier einen Vortrag halten würde. Er und seine Frau kamen an diesem Abend auch. Budd bat meine Schwester und mich, aufzustehen und ein paar Worte darüber zu sagen, was unsere Familie erlebt hatte, und K. O. nahm das Ganze auf Video auf. (Heute sehe ich mir das Band an und lache. Ich war so nervös, daß man hören konnte, wie meine Stimme zitterte, während ich sprach.) K. O. war von unserer Geschichte und von mir fasziniert. Der Forscher in ihm wollte mehr erfahren.

Im Laufe der Jahre sah ich ihn bei verschiedenen Veranstaltungen, bei MUFON-Meetings und Konferenzen. Wie sich herausstellte, hatten wir in Rose und Charlie Rich gemeinsame Freunde, und wir trafen uns von Zeit zu Zeit in ihrem Haus. Ich hielt K. O. nie für mehr als einen netten, ein wenig vertrottelten, wirklich intelligenten Freund. Neben der Tatsache, daß wir beide verheiratet waren, war er vierzehn Jahre älter als ich und definitiv nicht der Typ, der mich normalerweise anzog.

Hier ist die Geschichte:

Alles fing an, eine Woche, nachdem ich mich mit meinem zweiten Ehemann James verlobt hatte. Während ich Juniorlehrerin an der örtlichen Kosmetikschule war, brachten mich meine Schüler dazu, etwas zu tun, was ich nie von mir aus getan hätte. In der Mittagspause hatten sie einen Hellseher angerufen, der ein kostenloses Reading am Telefon geben wollte. Nach vielem Betteln von ihrer Seite willigte ich ein, mit dem Typen zu reden, doch nicht ohne einen gewissen Widerwillen gegenüber der ganzen Sache. Die alte Stimme am anderen Ende des Telefons fragte

mich: „Wie heißt du, Schätzchen?" Mit einem haßerfüllten Ton in der
Stimme sagte ich, „Debbie", und dachte bei mir: Du bist doch der Hellseher, sag du mir das Weitere. Sofort sagte er: „Sie werden dreimal heiraten." Ich sagte: „Das glaube ich nicht." Er wiederholte sich mit demselben
haßerfüllten Tonfall in der Stimme, den ich ihm gegenüber an den Tag gelegt hatte. Dann klärte ich ihn darüber auf, daß ich mich gerade mit Nummer Zwei verlobt hatte und daß es keine Nummer Drei geben würde, wenn
ich dazu etwas sagen dürfe. Dann sagte er: „Los, heirate ihn. Es wird nicht
länger als fünf Jahre halten." (James und ich trennten uns im fünften Jahr.)
Dann fuhr er fort, mir zu sagen, daß Nummer Drei ein älterer Mann sein
würde, jemand, der mehrere Jahre älter als ich wäre, der mich glücklich
machen und mich so beschützen würde, wie ich das brauchte. Er würde
mir alles geben, was ich brauchte, so daß ich tun könnte, wozu ich da sei.
Ich sagte dem alten Hellseher, daß er nicht ganz bei Trost sei, daß er einen
wirklichen Beruf brauche, und dann hing ich ein. Ich erzählte meiner Mutter von dem Telefongespräch, als ich an diesem Nachmittag von der Arbeit nach Hause kam, und wir amüsierten uns darüber. Doch sie vergaß es
nie.

Im Juni 1992 trennten mein Mann und ich uns. Dies war eine hektische
Zeit in meinem Leben (siehe Kapitel 15), und ich durchlebte eine Vielzahl
von Gefühlen. Ich stützte mich stark auf meine Freunde und verbrachte eine
Menge Zeit am Telefon mit einem meiner besten Freunde, Forest Crawford. Wir sprachen über alles, was man sich nur vorstellen kann. Ich hatte
ein paar Bücher zum Thema Engel gelesen und fand es faszinierend. Einmal hatte Forest mir gesagt, wenn ich je eine Frage zum Beispiel zur Aus-
richtung meines Lebens hätte, sollte ich einfach das Universum fragen.
Und wenn ich wirklich aufmerksam zuhören würde, könnte ich vielleicht
eine Antwort hören. Ich hielt dies für eine hübsche Idee.

Eines Abends, als ich vom Haus meines zukünftigen Exmannes nach
Hause fuhr, wo ich ein paar weitere persönliche Dinge zusammengepackt
hatte, fing ich an, über mein Gespräch mit Forest nachzudenken. Ich hatte
ihm gegenüber erwähnt, daß ich ein Gefühl von Dringlichkeit verspürte,
das ich zuvor nicht gekannt hatte. Ich hatte das Gefühl, als ob ich mit jemandem zusammensein müsse - jemandem, den ich bereits kannte -, ehe
etwas Wunderbares geschehen könnte. Ich war geistig die Liste all der in
Frage kommenden Männer durchgegangen, die ich kannte und die vielleicht das wären, wonach ich suchte. (K. O. stand nicht einmal auf dieser
Liste!) Als ich die Nebenstraßen der Abkürzung zu meinen Eltern fuhr, er-

innerte ich mich, was Forest mir zuvor gesagt hatte. Wenn ich fragen würde, würde jemand antworten.

Gottseidank war es dunkel, und die Straße war wie leergefegt, denn ich begann, laut mit mir selbst zu sprechen. Ich wäre gestorben, wenn mich jemand gesehen hätte! „Okay", sagte ich. „Forest sagt, ihr da oben würdet meine Fragen beantworten, also ich habe hier eine für euch. Mit wem soll ich zusammensein?"

Ich schwöre auf einen ganzen Stapel Bibeln, ich hörte, so klar wie der Tag, die Stimme einer Frau in meinem Auto den Namen „Carl" sagen. Es war, als ob sie direkt neben mir gesessen und in mein Ohr geschrien hätte. Es erschreckte mich so sehr, daß ich fast von der Straße abkam!

Obwohl es ein schöner Gedanke ist, hatte ich nie wirklich damit gerechnet, eine Antwort zu hören! Ich weiß nicht, was mich damals ritt, doch als nächstes fing ich an, diese Antwort zu hinterfragen!

„Carl?" sagte ich. „Ich kenne niemanden namens Carl. Soll das eine Art Witz sein? Ich weiß, daß es jemand ist, den ich bereits kenne, warum also sagst du mir diesen Namen?"

Dann sagte ich: „Nun, ich habe einen Onkel namens Carl, doch er ist tot, und ich glaube ohnehin nicht, daß er mitzählt. Wir sind ja schließlich verwandt."

Noch zweimal hörte ich den Namen Carl, jedes Mal eindringlicher als das Mal zuvor. Beim letzten Mal klang es fast so, als würde die Dame ärgerlich darüber, daß ich sie in Frage stellte. Ich fühlte mich wirklich wie ein Idiot! Als ich heimkam, erzählte ich meiner Mutter davon, und wir lachten beide, doch ich hatte immer noch eine Art unheimliches Gefühl, weil ich diese Stimme wirklich gehört hatte. Vielleicht fange ich an, durchzudrehen, dachte ich bei mir. Ich rief meine Freunde Rose und Forest an und erzählte auch ihnen davon. Ich bin froh, daß ich das tat.

Ein paar Wochen vergingen. Ich sollte in jenem August einen Vortrag über meine Erlebnisse vor einer Gruppe in Pensacola, Florida halten. K. O. hatte gehört, daß ich meinen Vortrag allein halten würde. Da er die Umstände kannte, unter denen ich aufbrechen sollte (siehe Kapitel 15), dachte er, ich würde mich freuen, ein vertrautes Gesicht aus der Heimat zu sehen, und daß er mir damit moralische Unterstützung geben würde - ziemlich anmaßend und überhaupt nicht seine Art, doch ein netter Gedanke. Er hatte sich im Jahr zuvor von seiner Frau getrennt und das Reisen zu seinem Hobby gemacht. Außerdem war er, da er Forscher war, daran interessiert, meinen Vortrag zu hören.

Irgendwie schaffte er es, ein Ticket für denselben Flug zu buchen und für den Platz neben mir, obwohl mein Flug Monate im Voraus reserviert worden war. Er buchte sogar ein Hotelzimmer, das nur fünf Minuten von meinem entfernt lag. Ich war überrascht, festzustellen, daß er all diese Pläne gemacht hatte, ohne mich zu fragen, doch ich fühlte mich wirklich geschmeichelt, daß er so bemüht um mich war. Wir waren bei Rose und Charlie an dem Abend, an dem er mir erzählte, daß er Vorkehrungen getroffen hätte, mich auf meiner Reise zu begleiten.

An einem Punkt sah ich ihn an und sagte: „Verdammt, K. O., ich werde mit dir zusammen reisen und weiß nicht einmal deinen wirklichen Namen. Wofür steht K. O. überhaupt?" Er sah zu mir hinüber und lächelte wirklich breit, als er mir zum ersten Mal seinen vollen Namen sagte: „Karl Osburn Learner II." Sofort fiel mir wieder die Stimme im Auto ein und der Name, den sie gesagt hatte. Ich sah meine Freundin Rose an, die sich offensichtlich ebenfalls an das erinnerte, was ich ihr erzählt hatte. Oh Gott! Nein! Das kann nicht sein! Soll das ein Witz sein? Glücklicherweise kannte nur Rose meine Gedanken.

Ich weiß, es klingt schrecklich, doch er war einer der letzten Männer, die ich mir ausgesucht hätte. Nicht, daß er kein netter Kerl wäre. Es paßte einfach nicht. Wie sich herausstellte, hätte ich keine bessere Wahl treffen können! Ich brauchte nicht lange, um zu merken, daß ich in meinem bisherigen Leben ein paar ziemlich miserable Entscheidungen getroffen hatte. Wenn ich gewollt hätte, daß sich die Dinge änderten, hätte ich besser andere Entscheidungen getroffen.

An dem Tag, als K. O. und ich von Florida zurück nach Hause flogen, begann ich mich, schuldig zu fühlen. Ich hatte ihn während der ganzen Reise so schlecht behandelt, daß ich mich dafür schämte. Die ganze Zeit, während wir dort waren, war er so aufmerksam und fürsorglich, wie er nur sein konnte. Im Geiste schlug ich zurück. Wie kann es jemand wagen, mich zu zwingen, mit diesem Mann zusammenzusein! Der Gedanke gefiel mir nicht, daß ich bei der ganzen Sache keine Wahl hatte.

All meine Freunde bemerkten, wie sehr er sich um mich zu bemühen schien. Vicki, eine wirklich gute Freundin, sagte sogar zu mir: „Mädchen, dieser Junge ist in dich verliebt! Wenn mein Mann es sehen kann, kann es jeder!" Ich sagte ihr, sie solle den Mund halten und es niemanden hören lassen! Ich war kurz angebunden und von der Reise erschöpft. Am zweiten Tag nach unserer Rückkehr war es, als ob ein Licht in meinen Kopf käme, und ich konnte die Stimme der Frau wieder hören, dieses Mal in meinem Kopf. Sie sagte: „Willst du wirklich das Beste, was dir je passiert ist, zurückweisen? Das ist es, Mädchen. Das ist es, worauf wir gewartet haben." Ich rief K. O. an und entschuldigte mich für mein schreckliches Verhalten. Das erste, was er entgegnete, war: „Weißt du, daß mir irgendetwas sagte, ich solle dir vorerst ein wenig Luft lassen." Zwei Tage später fing ich an, dieses Buch zu schreiben.

Nachdem K. O. und ich uns eine Zeitlang getroffen hatten, fingen wir an, davon zu sprechen, irgendwann zu heiraten. Meine Mutter erinnerte mich damals daran, was der alte Hellseher mir an jenem Tag vor vielen Jahren am Telefon gesagt hatte. Das überzeugte mich.

K. O. hat erheblich dazu beigetragen, dieses Buch zu schreiben. Er besorgte mir meinen ersten vorzeitlichen Computer und brachte mir bei, damit umzugehen. Vorher konnte ich noch nicht einmal einen anmachen! Er hat mich emotional unterstützt, geistig und finanziell. Er half mir, das Vertrauen zu mir selbst zu finden, um zu tun, was ich fühlte, daß ich tun mußte. Er lehrte mich zu glauben, daß ich in Buchform schreiben könne, all die Dinge, die in meinem Herzen waren - und daß es in der Folge vielleicht auch anderen helfen könnte. Ich liebe ihn sehr, und ich danke Gott jeden Tag für diesen Segen.

Ich habe so viel im Kopf und im Herzen, das ich mit Ihnen teilen möchte, doch ich muß noch die Worte finden, um es vollständig auszudrücken. Ich denke, Sie müssen es eher fühlen als hören. Ich wünschte, ich könnte in jeden von Ihnen hineinklettern und Sie „wissen" machen, doch das kann ich nicht. Sie werden zu den Erkenntnissen, zu denen ich gekommen bin, selbst kommen müssen, damit sie für Sie eine echte Bedeutung haben. Alles, was ich tun kann, ist den Samen säen und hoffen, daß es wächst.

Die Dinge, die ich selbst fühle und denke, erstaunen mich. Zu erinnern, woher ich kam, zu wissen, wer ich bin, und zu sehen, wohin ich wirklich gehe, erscheint mir wirklich unglaublich. Ich habe das Gefühl, der lebende Beweis eines größeren Plans zu sein. Irgendwie ist es ein verrücktes und peinliches Gefühl, es anderen mitzuteilen. Ich fühle mich jetzt ganz nackt. Ich merke, daß ich noch viel lernen muß. Dieser Prozeß von Wachstum und Veränderung, in dem ich mich befinde, hat gerade erst begonnen. Ich hoffe, daß Sie, wenn Sie dieses Buch gelesen haben, sehen konnten, woher ich kam und wohin ich gehe. Wenn ich soweit kommen kann, dann kann jeder andere das auch. Niemand war je ängstlicher als ich.

Es scheint einfach keine befriedigende Weise zu geben, dieses Buch abzuschließen. Die Erfahrungen, die Veränderungen und das Wachsen

scheinen nie zu enden. Das einzige, was ich tun kann, ist wachsam zu bleiben, weiterhin Vertrauen zu haben und weiter zu schreiben. Und denken
sie daran, egal, wie unheimlich oder verrückt es wird, ich habe immer das
Gefühl, daß es richtig ist.

22
Kathy
Die Zukunft

Während ich mich dem Schluß dieses Buches nähere, merke ich, daß wir noch längst nicht am Ende unserer Geschichte angelangt sind. Es ist lediglich ein Schlußpunkt. Ich habe das Gefühl, daß ich beim Schreiben über dieses Thema gerade in Fahrt komme, und ich denke, ich mag das. Jemand sagte mir einmal, daß Schreiben eine gute Therapie für mich sein würde. Ich nehme diesen Kommentar als Hinweis darauf, daß diese Person wohl dachte, daß ich ziemlich unausgeglichen sei. Ich sehe jetzt, daß es eine gute Therapie gewesen ist, eine äußerst preiswerte außerdem. Ich würde dies jedem empfehlen, der irgendein Trauma in ihrem oder seinem Leben erlebt hat. Es ist sehr therapeutisch, wenn Sie Ihre Gedanken zu Papier bringen, selbst wenn Sie bloß Seiten anhäufen und sie schließlich verbrennen.

Vor ein paar Wochen fing ich an, meine Kinder nach Ihrer Meinung zum Thema UFOs und Außerirdische zu befragen. Keines von ihnen schien wirklich kooperativ zu sein, doch es gelang mir, einen Eindruck von ihren Gefühlen zu bekommen. Als ich meine Tochter Lisa nach ihrer Meinung fragte, machte sie ein grimmiges Gesicht. Sie ist jetzt dreiundzwanzig, verheiratet und hat selbst eine Tochter, die vier Monate alt ist. Sie macht mich jetzt zur Großmutter, ziemlich alt also. Ihre Antworten entsprachen genau dem, was ich erwartet hatte. Ich hatte immer das Gefühl, daß sie nie ein unidentifiziertes Flugobjekt oder außerirdische Wesen gesehen hatte. Sie behauptet jedoch, das Gefühl zu haben, daß es Leben auf anderen Planeten gebe und daß die Menschen auf diesem Planeten sehr wahrscheinlich die Besucher und ihre Raumschiffe gesehen hätten, sie allerdings nicht.

Ich fragte sie, ob es ihr peinlich sei, daß ich mich jetzt verpflichtet fühle, mit unserer Geschichte an die Öffentlichkeit zu gehen. Sie behauptete, das mache ihr nichts aus, und sie schien zu vermuten, daß ihre Freunde und Arbeitskollegen sie nicht allzu sehr in die Mangel nehmen würden. Ihre engen Freunde kennen die Geschichte sowieso schon. Wie ich, behält Lisa ihre Freundinnen und Freunde ein Leben lang, so daß diese im Bilde waren, als *Eindringlinge* herauskam.

Als ich Mike fragte, der jetzt einundzwanzig ist, was er glaube, sagte er: „Frag mich später noch mal danach, Mom." Das ist bisher alles, was ich aus ihm herausbekommen konnte.

Mike war derjenige, der mit Johnny in der Nacht mit dem platten Reifen zusammen war. Er war während des Vorfalls selbst nicht bei ihm, doch er war derjenige, der die ganze Nacht in der Hütte zurückgelassen worden war und auf die Rückkehr seines Vaters wartete. Mike hatte *Eindringlinge* nicht gelesen, und wie ich vermutete, hatte er keine Ahnung von der Verwicklung seines Vaters in die ganze Sache. Wir haben nie vor irgendeinem der Kinder über Johnnys Erlebnisse gesprochen. Als ich Mike kürzlich die Einzelheiten jener Nacht erzählte, war er, gelinde gesagt, überrascht, aber er war nicht so platt, wie ich vermutet hätte. Mike war auch mit Johnny zusammen an dem Morgen, als er auf dem Weg zur Arbeit anhielt und ein ungewöhnliches Flugobjekt in den frühen Morgenstunden beobachtete. Zu dieser Zeit behauptete er, keine Erinnerung daran zu haben, irgendetwas am Himmel gesehen zu haben, doch er erinnerte sich daran, wie sein Vater den Lastwagen angehalten hatte. Als ich ihn heute an diesen Vorfall erinnerte, leugnete er, überhaupt irgendeine Erinnerung an diesen Morgen zu haben. Sicherlich machte es auf ihn nicht viel Eindruck. Ich glaube nicht, daß ich mir Sorgen darum machen muß, ihn in Verlegenheit zu bringen; er kümmert sich nicht um die Welt. Er interessiert sich nur für Themen, die mit Pferdestärken, Drehzahlen und Bikinis zu tun haben.

Ein wenig kooperativer war Stevie. Er erinnerte sich an die winzigen Aliens, die er als Kind im Wohnzimmer gesehen hatte. Er gab auch zu, die Geschichte keinem seiner jetzigen Freunde erzählt zu haben - nur ein paar Freunden zu der Zeit, als es passierte. Das ist gut zu verstehen, denn es war eine äußerst phantastische Situation. Als ich ihn fragte, ob es ihm seinen Freunden gegenüber peinlich sei zu sehen, daß seine Mutter offen über unser Leben spreche, sagte er: „Das ist mir egal, solange du mich nicht mit dir mitschleppst."

Ich fragte ihn, warum uns seiner Meinung nach die Aliens besuchten und was er glaube, daß sie erreichen wollten. Er sagte, er denke, daß sie hier seien, um uns beim Fortschritt zu helfen. Für ihn bedeutet Fortschritt, uns zu zeigen, wie wir mehr elektronische Geräte entwickeln können, um uns das Leben zu erleichtern, vielleicht ein Schwebeauto zur Verbesserung des Transportes.

Er glaubt, daß die Regierung sehr viel mehr weiß, als sie uns sagt, doch er führte diese Vorstellung nicht weiter aus.

Als ich ihn fragte, warum sie sich nicht einfach allen zeigen, sagte er, er glaube, daß sie denken, daß wir nicht in der Lage seien, mit der Tatsache ihrer Existenz umzugehen. Er fuhr fort, zu sagen, daß sie sich zeigen würden, „wenn die richtige Zeit gekommen sei."

Es war sehr unheimlich für mich, diesen Satz aus dem Mund eines meiner Kinder zu hören. Genau diese Worte, „wenn die richtige Zeit gekommen ist", sind mir, solange ich denken kann, durch den Kopf gegangen. Da Stevie nichts über das UFO-Thema liest, *Eindringlinge* nie gelesen hat und ich ihm gegenüber nie über das Thema gesprochen habe, erschien es mir als ein großer Zufall, daß er genau diese Worte benutzte. Es war mehr als ein wenig erschreckend für mich, wenn ich an all die Möglichkeiten dachte, für die dieser Satz stehen und in die mein jüngstes Kind verwickelt sein könnte.

Als letztes fragte ich ihn, was für Veränderungen wir seiner Meinung nach im Jahre 2000 erleben würden. Er schien nicht zu glauben, daß wir so bald so viele Veränderungen erleben würden, vielleicht erst später, im nächsten Jahrhundert.

Er ist jetzt achtzehn und hat gestern seinen High-School-Abschluß geschafft, mit Mühe und Not, sollte ich hinzufügen. Er hat einen langen Weg hinter sich gebracht, seit er als verängstigtes kleines Kind Miniatur-Aliens auf dem Wohnzimmertisch beobachtete. Er scheint ein typischer Teenager zu sein und trotz der unzähligen unglaublichen Ereignisse, die unsere Familie erlebt hat, scheint es keinerlei Anzeichen dafür zu geben, daß er traumatisiert wurde.

Mein Herz sagt mir, daß ich die richtige Entscheidung getroffen habe, in all den Jahren, die hinter mir liegen, kein großes Aufhebens vom UFO-Phänomen gemacht zu haben, zumindest, was meine Kinder betrifft. Sie waren alle in einem Alter, in dem man sehr leicht zu beeindrucken ist, und das Leben an sich ist ohne diese Belastung schon beängstigend genug.

Mein ältester Sohn Bill hat offenbar nun seit Wochen über seine Ansichten nachgedacht. Er ist ohnehin von Natur aus nachdenklich und be-antwortet eine Frage nie direkt; selbst die einfachste Frage scheint bei ihm großes Nachdenken zu erfordern.

Ich habe ihn mehrere Male befragt, und er weicht mir einfach aus, ohne mir eine direkte Antwort zu geben. Ich bin mir sicher, daß er an UFOs glaubt, doch aus irgendeinem Grund weigert er sich, seine Meinung zu äußern. Es überrascht mich, daß er sich weigert, mit mir zu kooperieren. Irgendwie hatte ich das Gefühl, daß er das meiste zu bieten hätte, nicht nur, weil er der Älteste ist, sondern auch, weil es einmal eine Zeit gab, da er an dem Thema extrem interessiert war. Er ist bei weitem der talentierteste Künstler in der Familie, doch ich konnte ihn noch nicht einmal dazu be-wegen, etwas zum Thema zu zeichnen. Wenn dieses Buch aus dem Druck kommt, wird er zweifellos Hunderte von Ideen anzubieten haben.

Nun kommt Johnny. Seine komplette Umkehr vom eisernen Ungläubi-gen ist für mich extrem schwer zu begreifen gewesen. Er fängt an, sehr of-fen über das ganze Thema zu sprechen. Er hat seiner Mutter letzte Woche von diesem Buch erzählt. Er ging nicht allzusehr ins Detail, doch es war ein großer Schritt für jemanden, der, soweit ich weiß, zumindest in den letzten fünfundzwanzig Jahren kein Sterbenswörtchen davon zu ihr gesagt hat. Meines Wissens waren seine Eltern sich nicht einmal bewußt, daß wir in *Eindringlinge* erwähnt wurden. Während ich hier sitze und schreibe, spricht Johnny mit einer seiner Schwestern am Telefon und tauscht Mei-nungen über Ufologie aus. Wie sich herausstellt, hat auch sie jahrelang daran geglaubt, hatte aber keine Ahnung davon, daß unsere Familie darin verwickelt war.

Ich hätte nie gedacht, daß ich diesen Tag noch erleben würde. Ich frage mich, wie anders die Dinge sich vielleicht entwickelt hätten, wenn er die-sen Mut vor zehn Jahren bewiesen hätte. Ich gebe ihm nicht die Schuld dafür, daß ich mich aus der UFO-Szene ausgeschlossen habe. Ich erkenne, daß ich aufgrund meiner eigenen Wahl ausgeschlossen war, doch vielleicht hätte seine Anerkennung ausgereicht, meine Entscheidung zu ändern.

In gewisser Weise habe ich das Gefühl, in all diesen Jahren sozusagen zurückgestellt gewesen zu sein. Obwohl ich glaube, daß alles aus einem bestimmten Grund geschieht, wenn die richtige Zeit da ist. Ich fühle, daß mich die letzten zehn Jahre befähigt haben, spirituell zu wachsen und die Dinge in die richtige Perspektive zu rücken. Vor zehn Jahren wollte ich nicht, daß meine Kinder in irgendeiner Weise involviert würden. Es schien die einzige Weise zu sein, eine Kontrolle über ihre Verwicklung zu haben.

Wenn sie durch irgendwelche außerirdischen Kräfte heimlich beeinflußt worden wären, hätte ich sicherlich keine physische Möglichkeit gehabt, es zu unterbinden. Ich wollte sie einfach nur schützen, nicht nur physisch, sondern auch mental. Darum beschränkten wir unsere UFO-Diskussionen auf das nötige Minimum. Sie waren damals in einem so empfänglichen Alter und für viele ist es ein furchterregendes Thema.

Nun sind sie selbständig. Ich denke, sie sind alle reif genug, um Dichtung von Wahrheit zu trennen und ihre eigenen Entscheidungen zu treffen. Ich würde nie versuchen, ihre Glaubensvorstellungen aus irgendeinem Grund zu unterwandern. Sie sind in der Lage, ihre eigene Wahl zu treffen.

Als eine Familie haben wir einige physikalische und psychologische Ähnlichkeiten, die vielleicht irgendetwas mit den Besuchern zu tun haben. Johnny, Debbie, Mom und Mike haben auf ihren Schienbeinen tiefe ovale Narben, die irgendwie in Zusammenhang mit den UFO-Entführungen stehen. Mom, Debbie, unsere andere Schwester Shari und ich haben das Handwurzel-Tunnel-Syndrom, das Nervenleitungen zu unseren Händen umfaßt. Debbie, Shari und ich haben eine entzündete Pilonidal-Zyste gehabt. Das ist eine Zyste, die sich an der Basis des Steißbeins bildet und extrem schmerzvoll ist. Mein Bruder und ich waren Schlafwandler. Viele von uns leiden unter einer Vielzahl von Allergien - gegen Penizillin, zahlreiche andere Antibiotika, Schimmelpilze, Staub und Grassamen. Ich hatte die seltenste Allergie von uns allen. Im Alter von zehn Jahren war ich ein ganzes Jahr lang allergisch gegen Kälte. Wenn irgendetwas Kaltes irgendeinen Teil meines Körpers berührte, bekam ich sofort Nesselausschlag, begleitet von extremen Schwellungen und Juckreiz. Wenn die Stelle erwärmt wurde, verschwanden die Symptome. Ich bekam den Ausschlag nicht nur, wenn ich kalter Luft oder einer kalten Oberfläche ausgesetzt wurde, sondern auch, wenn ich etwas Kaltes aß oder trank. Das war wirklich eine unangenehme Sache. Keine kalten Getränke, kalte Speisen, Eis - oder mein Mund, meine Lippen und mein Rachen schwollen an und juckten, und mein Hals begann zuzuschwellen. Wenn ich im Herbst oder Winter hinausging, mußte ich von Kopf bis Fuß total bedeckt sein. Überall, wo ich hinging, mußte ich eine Medizin mitnehmen. Ich fühlte mich wie eine Schießbudenfigur, denn jeder, den ich traf, wollte sich selbst davon überzeugen. Ständig legte ich einen Arm auf eine kühle Oberfläche, um den Beweis zu erbringen und „Ohs" und „Ahs" zu ernten. Dies dauerte ein Jahr und schien ziemlich abrupt aufzuhören, doch für mich war es eine große Quelle von Peinlichkeiten und Unannehmlichkeiten in diesem langen Jahr.

Es hinterließ bei mir großes Mitgefühl für Menschen, die an physischen Entstellungen leiden, denn ich werde die zermürbende Verlegenheit nie vergessen, die ich damals empfand.

Ich bin mir nicht sicher, ob diese Ähnlichkeiten irgendeine Bedeutung haben oder nicht. Wahrscheinlich teilen viele Familien Eigenschaften in dieser Weise.

Debbie und ich teilten das Verlangen, Samen aufzubewahren und zu sammeln. Bei ihr hielt es nur kurz an, doch ich habe viele Jahre lang Blumensamen aufbewahrt und gepflanzt. Irgendwann hatte ich die Idee, Samen von jeder denkbaren Pflanzenart aufzubewahren. Ich hatte auch die geistige Vision, daß ich eine Art Schutzraum mit Werkzeugen, Lebensmitteln, Wasser, Medikamenten, Samen und Büchern in einer Art unterirdischem Haus anlegen sollte. Ich habe dies nicht getan - ich fühle nur manchmal, daß ich es tun sollte, aus einem Grund, den ich nicht kenne und über den ich keine Vermutungen äußern will.

Ich habe das Gefühl, daß wir zum Ende dieses Jahrhundert viele große Veränderungen in dieser Welt erleben werden. Vielleicht stehen uns ein paar schwierige Zeiten bevor, doch nochmals: Veränderung jeder Art kann schwierig sein. Ich habe das Gefühl, daß man von allen Ereignissen, die uns widerfahren - gute oder schlechte -, etwas lernen kann. Nicht, wie das Leben mit dir umspringt, macht einen Unterschied aus, sondern wie du mit deinen Erfahrungen umgehst. Wie du mit negativen und positiven Veränderungen umgehst, bestimmt, wie du geistig und physisch wächst. Leben ist, wie zur Schule zu gehen, um dein inneres Selbst zu bereichern. All unsere Lebenserfahrungen dienen auch als Lehrerfahrungen. Niemand kann alle möglichen Erfahrungen in einem einzigen Leben machen, deshalb teilen und vergleichen wir als Familie unsere Erfahrungen, in der Hoffung, daß es anderen zu verstehen hilft, wie wir mit all den Ereignissen, die uns betroffen haben, fertig geworden sind.

Wenn Menschen zuhören und aus diesen verschiedenen Erfahrungen lernen, beginnen sie, ihren eigenen Verständnishorizont zu erweitern. Selbst, wenn Menschen nicht alles glauben oder billigen, was sie sehen oder hören, sollten sie offen bleiben, weil niemand all die Antworten hat. Was für den einen richtig oder relevant ist, mag einen anderen nicht betrefffen, doch es gibt immer noch etwas zu lernen.

All die Erfahrungen, die ich Ihnen in diesem Buch mitgeteilt habe, waren meine Lernerfahrungen. Indem ich Sie mit Ihnen teile, bitte ich Sie, offen zu bleiben und nicht zu streng über mich zu urteilen. Bedenken Sie, daß vor vielen vielen Jahren die Menschen hier auf der Erde dachten, dieser Planet sei flach. Keiner hatte eine Ahnung, was Schwerkraft war, und Reisen durch den Weltraum strapazierte die Vorstellungskraft außerordentlich. Wie ich sagte, niemand kennt all die Antworten. Bei der wachsenden Zahl derjenigen, die an das UFO-Phänomen glauben, und der wachsenden Zahl an Augenzeugen, die an die Öffentlichkeit gehen, muß jemand schon sehr beschränkt sein zu glauben, daß all dies bloße Einbildung ist.

Ein beschränkter Geist ist ein sehr kleiner Geist.

Viel zuviele Leute haben UFOs und Aliens gesehen, um diese Phänomene als bloße Hirngespinste abzutun. Viel zuviele außerirdische Raumschiffe sind auf Film gebannt worden, um das Thema als Fälschung zu brandmarken.

Zugegeben, im Laufe der Jahre hat es viele Fälschungen gegeben. Einige Leute haben sich ausgiebig daran gemacht, das UFO-Phänomen nachzuahmen. Aus Gründen, die nur sie erklären können, verwenden diese Leute eine Menge Energie darauf, zu versuchen die Öffentlichkeit zum Narren zu halten. Ich vermute, sie wissen mit ihrer Zeit nichts Besseres anzufangen. Manchmal scheint es, daß diese Fälschungen die Öffentlichkeit erheitern. Sie scheinen eine einfache Lösung für ein Thema anzubieten, das den Leuten Unwohlsein bereitet. Da es einfacher ist, eine Fälschung zu beweisen als ein echtes Erlebnis, ist es einfacher zu sagen, daß alle UFOs nur eine Fälschung sind, und das Thema unter den Teppich zu kehren.

Während ich dieses Kapitel schreibe, wäre ich nur zu gerne in der Lage, ein Foto als eine Art festen Beweis einzufügen, doch bisher habe ich nichts anzubieten. Vor ungefähr sieben Jahren hatte ich ein Bild, das ich hätte vorlegen können, doch leider verschwand es unter mysteriösen Umständen. Ich kam eines Abends gegen 21 Uhr von einer Besorgung nach Hause und bemerkte zwei große, extrem helle Scheinwerfer von zwei unterschiedlichen Flugobjekten, die von Südwesten kommend langsam auf unser Haus zusteuerten. Sie schienen Seite an Seite zu sein, doch ich wußte, daß es zwei separate Objekte waren, weil der Abstand zwischen ihnen nicht gleich blieb, wenn sie sich leicht nach oben oder zur Seite bewegten. Ich kann nicht erklären, warum ich mir so sicher war, daß dies keine Flugzeuge waren, doch ich „wußte" einfach, daß sie nicht von dieser Erde waren.

Ich lief nach drinnen, um meine Kamera zu holen und stürzte wieder nach draußen, in der Hoffnung, daß sie direkt über meinen Kopf schweben würden, damit ich einen guten Schnappschuß von ihnen machen könnte. Natürlich passierte das nicht. Ich schätze, die Raumschiffe waren etwa anderthalb Kilometer von mir entfernt, als ich die ersten beiden Bilder machte. Als ich das dritte Foto schoß, begannen sie von mir wegzudrehen. Dann merkte ich, daß der Film zu Ende war, so daß ich einfach nur beobachtete, wie die Raumschiffe zusammenblieben und zurück in die Richtung flogen, aus der ich gekommen war. Auf der Rückseite der beiden Raumschiffe befand sich je ein einzelnes rotes Licht. Ich sah sonst keine weiteren Lichter an ihnen und konnte keine genaue Form ausmachen oder irgendein Geräusch hören.

Ich schickte den Film per Post zu einem Fotoentwicklungsdienst und bestellte zwei Abzüge von allen Bildern. Als ich die Fotos zurückbekam, war ich enttäuscht, daß sie nur von einem Bild zwei Abzüge gemacht hatten; die anderen zwei fehlten. Als ich das Bild betrachtete, war ich bestürzt, anstelle der beiden Lichter, die ich gesehen hatte, nur einen Lichtklecks zu sehen. Wo das zweite Licht hätte sein sollen, war auf dem Bild nur ein Lichtfleck, der überhaupt keine Form zu haben schien. Verärgert legte ich die beiden identischen Bilder und das Negativ in mein chinesisches Schränkchen und vergaß sie.

Drei Jahre später stieß ich auf das Fotomäppchen in dem chinesischen Schränkchen. Ich nahm das erste Bild aus dem Umschlag und hielt es schräg. Als ich den Lichtfleck betrachtete, bemerkte ich, daß es eine klare Form hatte. Es überraschte mich sehr zu sehen, daß dieses Bild Ähnlichkeit mit einem UFO hatte, denn wenn das Foto gerade gehalten wurde, war die Form überhaupt nicht zu bemerken. Das Licht saß kuppelförmig genau auf der Spitze, und am unteren Rand zu jeder Seite winkelte es bei der gleichen Länge ab, und die Unterseite war total flach. Eine dünne rote Linie umgab das Licht dort, wo der Rand war, wodurch die Form dieses Lichtes ziemlich deutlich wurde. Ich konnte nicht glauben, daß ich dies drei Jahre zuvor nicht gesehen hatte.

Ich setzte mich sofort hin und schrieb an einen meiner Freunde, der Mitglied einer großen UFO-Organisation war und fügte das Negativ und einen der beiden Abzüge bei. Das andere Bild schickte ich per Post weg, um es auf zwanzig-mal-fünfundzwanzig Zentimeter vergrößern zu lassen.

Als Wochen verstrichen, begann ich mich zu wundern, warum ich weder von meinem Freund noch vom Fotolabor etwas gehört hatte. Als ich mich beim Fotolabor erkundigte, erfuhr ich, daß mein Auftrag verlorengegangen war. Debbie wollte unseren Freund besuchen, und ich bat sie, ihn nach seiner Meinung bezüglich meines Briefes zu fragen. Als sie zurückkam, war ich wirklich überrascht zu hören, daß er meinen Brief überhaupt nicht erhalten hatte.

Das war also das Ende meines Bildes. Danach saß ich viele Nächte draußen, kämpfte mit Hitze, Feuchtigkeit und Insekten, in der Hoffnung, etwas anderes auf Film zu bekommen, doch es passierte nie wieder.

Während ich dies schreibe, sitze ich vor der Hütte unseres Freundes, in der Johnny vor vielen Jahren seine erste UFO- und Alien-Sichtung hatte. Meine Kamera liegt neben mir bereit, ich habe meine Brille auf und vier willige Augenzeugen dabei. Ich habe eine Stunde hier draußen gesessen und Mücken aus meinem Getränk gefischt und Moskitos aus meinem Gesicht geschlagen. Es ist eine sehr bewölkte Nacht, und ich kann nur eine Handvoll Sterne sehen, doch ich weiß, die Besucher sind dort draußen, und sie könnten sich nach all der Seelenpein, die sie uns bereitet haben, zumindest erkenntlich zeigen.

Ich sitze hier wie ein Idiot und denke, daß ich sie vielleicht dazu bewegen kann, vorbeizufliegen und mich als Zeugin zu bestärken. Das ist wirklich köstlich. Es ist sicherlich sehr anmaßend von mir zu denken, daß ich etwas so Besonderes bin, daß sie mir liebend gerne bei meinen jeweiligen Launen einen Gefallen tun würden. Einfach hier draußen zu sitzen, umgeben von Natur, reicht aus zu merken, wie klein eine Seele in dem großen Lebensplan ist. Wenn man über die Größe der Erde hinausdenkt ins All und ins Universum, ist es schwer, sich vorzustellen, daß ein Mensch sich besonderer fühlen könnte als irgendeine andere lebende Kreatur. Man wird geboren und man stirbt. Was auch immer man irgendwo dazwischen vollbringt, ist einem völlig selbst überlassen.

So, jetzt, nach anderthalb Stunden, gebe ich auf und gehe nach drinnen. Wieder ohne Bilder. Ich schätze, ich bin schließlich doch nicht so besonders.

Meine Freunde, die drinnen gemütlich und von Insekten unbehelligt warten, hätten gerne einen flüchtigen Blick auf ein UFO geworfen. Eine meiner Freundinnen, die ich Lou nennen werde, hatte vor vielen Jahren ein UFO-Erlebnis, als ein unidentifiziertes Flugobjekt ihr mehrere Kilometer über Land neben dem Auto folgte. Sie behauptet, es hätte dieselbe Geschwindigkeit wie ihr Auto gehabt und sei sehr nahe zum Boden geflogen und nur höhergestiegen, um Häusern, Scheunen und Pfählen auszuweichen. Sie weiß nicht, ob es irgendwelche Zeitlöcher gab und hat keine Erinnerungen an irgendwelche Vorfälle.

Lou sah auch ein großes Raumschiff, das über einer kleinen Baumgruppe am Ende der Straße schwebte, die zu unserem Haus führt. Ihre Mutter war dabei, und sie fuhren an die Straßenseite und beobachteten dieses Raumschiff ein paar Minuten lang, ehe es davonsauste. Jede von beiden hat eine andere Erinnerung an das Raumschiff, was ein wenig überraschend war. Nachdem das Raumschiff verschwunden war, kamen sie zu uns, doch es war nichts mehr zu sehen.

Lou und ihr Mann lebten ungefähr sechs Kilometer von meinem Haus entfernt, möglicherweise Luftlinie auch nur fünf. Eines Nachts wurden sie von einem großen Licht geweckt, das durch die Glasschiebetür in ihr Schlafzimmer schien. Als sie das Licht beobachteten, dachten sie, es sei nahe genug, um über unserem Haus zu sein. Sie beobachteten es mehrere Minuten und versuchten, uns anzurufen, doch da Schulferien waren, war unsere Telefonleitung fast vierundzwanzig Stunden am Tag besetzt.

Johnny und ich verschliefen das Ganze, ohne irgendetwas zu bemerken.

Lou sagte, sie hätte am nächsten Tag in der Lokalzeitung etwas über eine dieser Sichtungen gelesen, doch ich sah es nicht.

Zum Schluß würde ich gerne glauben, daß irgendwo irgendjemand, der dies liest, verstehen wird, warum wir uns der Öffentlichkeit geöffnet haben. Ich hoffe, ich habe meine Gedanken und Ideen auf eine verständliche Weise vermittelt. Während ich den letzten meiner Beiträge zu diesem Buch beende, ist der Gedanke in meinem Kopf noch immer nicht gesackt, daß Debbie und ich diese Leistung tatsächlich vollbracht haben. Es ist alles so schnell gegangen, daß es mir immer noch schwerfällt, es zu glauben. Dieses Buch ist in nur ein paar Monaten von einer Idee auf rund dreihundert Seiten angewachsen. Wenn man bedenkt, daß keine von uns eine aufstrebende Autorin oder überhaupt eine erfahrene Schreiberin ist, sondern wir einfach nur alltägliche Menschen sind, macht es dieses Buch umso mehr zu einem kleinen Wunder. Unsere Schutzengel müssen ziemlich fertig von ihrer Arbeit sein, uns durch jede Seite zu geleiten. Obwohl wir sehr hart gearbeitet haben, schien die Aufgabe mühelos vonstatten zu gehen, als wenn es so hätte sein sollen. Ich will Ihnen nicht weismachen, daß uns die Honorare nicht willkommen sein werden, doch in aller Aufrichtigkeit, das Geld wird ziemlich zweitrangig sein.

Wir haben einen Literaturagenten. Das klingt so sehr nach Hollywood, daß ich nicht glauben kann, daß das wirklich wir sind. Ich verstecke mich immer noch hinter meinen Schutzschild, denn nachdem wir bei ihm unterzeichnet hatten, fragte Debbie mich, ob ich all meinen Freunden bei der

Arbeit erzählt hätte, daß wir jetzt einen Agenten hätten. Ich sah sie an und sagte: „Bist du verrückt?" Dann wußte ich, daß ich noch einen langen Weg vor mir hatte.

Ich weiß nicht, warum wir als intergalaktische Versuchskaninchen ausgesucht worden sind. Ich kenne die Reiseroute für die Zukunft nicht. Ich weiß nicht, was die Besucher von uns zu lernen hoffen. Ich kann mir nur vorstellen, was sie von uns denken müssen. Wir müssen ihnen übergroß, dumm und als haarige Mammuts erscheinen. Eine Kultur von Menschen, die sich untereinander bekämpfen, ihre Welt verschmutzen und ihre Existenz auf materielle Besitztümer gründen.

Im physischen Sinne sind wir Menschen vielleicht gute Musterexemplare, um uns mit ihrer Gattung zu vermischen. Unsere großen und ihre kleinen Körper könnten vielleicht eine mittlere Größe ergeben, so wie unsere Rasse vor vielen Jahrhunderten war, und wir haben sicherlich jede Menge Haare, um die Runde zu machen. Ihre Superintelligenz könnte unser viel geringeres Intelligenzniveau vielleicht ausgleichen, und unsere Sensitivität könnten ihre Kälte vielleicht mildern. Es mag sozusagen ein Match „made in heaven" sein.

Vielleicht werden eines Tages in der Zukunft Erdlinge und Nichterdlinge in Harmonie zusammenleben.

Vielleicht werden wir uns mit einer gänzlich neuen Kultur von Freunden zusammentun, und einer hilft dem anderen auf unterschiedliche Weise.

Vielleicht werden eines Tages außerirdische Raumschiffe die Himmel für jeden sichtbar erfüllen, so wie unsere Flugzeuge den Himmel heute übersäen.

Wenn je der Tag kommt, da wir Menschen ein UFO mit nicht mehr Interesse betrachten als ein Passagierflugzeug, wird es ein wenig traurig sein, eines der größten aller Rätsel zu verlieren.

23
Debbie
„Emily"

Auszüge aus den originalen medizinischen Aufzeichnungen:

23.2.78: Problem mit dem Kiefergelenk. Röntgen angeordnet. Schwangerschaftstest gemacht, der dazu neigt, positiv zu sein. (Das Röntgen wurde abgeblasen.)

13.3.78: Schwangerschaftstest negativ (Zwei Einträge an diesem Tag.)

13.3.78: Sie war da für den Schwangerschaftstest, der negativ war. Vor zwei Wochen war sie positiv. Werde einen weiteren Test im Krankenhaus anordnen, höchstwahrscheinlich ist sie schwanger. (Am Krankenhaus wurde nie ein Test gemacht.)

Über diesen Teil meiner Geschichte zu reden, über die Möglichkeit, daß ich eine verschollene Tochter habe, fällt mir aus vielen Gründen am schwersten. Der Hauptgrund ist der, daß es der seltsamste Teil des ganzen Entführungsphänomens ist und den Leuten am schwersten zu glauben fällt. Es ist außerdem für mich unangenehm schmerzvoll, mich daran zu erinnern. Zusätzlich dazu, daß es eine hochgradig seltsame Angelegenheit ist, muß ich auch mit all den üblichen Gefühlen fertig werden, die eine Frau hat, wenn sie ein Baby verliert - dem Gefühl von Unzulänglichkeit, dem Verlust, der Sehnsucht. In meinem Fall sind diese Gefühle immer noch da und immer noch stark.

Fünfzehn Jahre sind seitdem vergangen, doch selbst heute noch spüre ich einen Knoten in meinem Bauch, wenn ich daran denke. Es ist

etwas, das ich nie vergessen werde - und die Gefühle werden nie aufhören.

Es ist mir ziemlich schwer gefallen, zu glauben, daß diese erste
Schwangerschaft eine Scheinschwangerschaft war. Ich nehme an, daß
Frauen, die Scheinschwangerschaften haben, sich sehnsüchtig ein Baby
wünschen. Ich wollte aber zu dieser Zeit definitiv nicht schwanger werden. 1959 geboren, war ich kaum achtzehn Jahre alt! Ich wollte irgendwann Kinder haben, doch damals noch nicht. Mein Freund und ich hatten
uns im Dezember 1977 verlobt und wollten im darauffolgenden Juni heiraten, und wir freuten uns darauf, ein wenig Zeit allein zu haben, ehe wir
eine Familie gründeten. Als ich vom Arzt die Worte hörte, „Sie sind
schwanger", war meine erste Reaktion: „Oh nein. Jetzt noch nicht!"

Ich muß hier ein wenig ausholen, um ein seltsames Erlebnis zu erzählen, das ich zusammen mit ein paar Freundinnen im November 1977
hatte, denn dies ist ein verworrener Teil dieser Geschichte, der nicht aus-
gelassen werden darf.

Gegen zwei Uhr morgens fuhren Dorothy, Roberta und ich über die
Landstraßen des ländlichen Indianas. Ich hatte gesagt, daß ich bei Dorothy
übernachten würde, und sie, daß sie bei mir wäre. Ich bin sicher, das war
nicht das erste Mal, daß Teenager diese Ausrede benutzt haben, um etwas
Freiheit zu gewinnen. Es ist fast ein Klassiker. Wir hatten eigentlich gar
nichts zu tun, doch die Vorstellung, daß wir „frei" waren, daß wir wirklich
etwas taten, was wir nicht tun durften, da wir immer noch als Kinder unserer Eltern eingestuft wurden, war aufregend. Ich schätze, wir fühlten uns
dadurch mehr wie Erwachsene, obwohl es im Rückblick irgendwie kin-
disch war. Wenn man achtzehn ist, denkt man, man wüßte alles.

Es gab eigentlich nichts, was drei weibliche Teenager legal um zwei
Uhr morgens tun konnten. Im Grunde waren wir „brave Mädchen".
Außerdem hatten wir eine „Mission". Wir waren unterwegs, um Dorothys
Freund nachzuspionieren. Er lebte in einem alten Bauernhaus, und wir
wollten nachsehen, ob er dort war, wo er behauptete, hingegangen zu sein.
Wir malten uns aus, daß er vielleicht auch die Ausrede benutzte: „Ich ver-
bringe die Nacht mit ihm/ihr".

Während wir Richtung Norden auf einer dunklen einsamen Landstraße
entlangfuhren, bemerkte ich ein helles weißes Flackerlicht, das sich von
Osten her langsam auf uns zubewegte. Zuerst schien es ziemlich gleichblei-
bend zu sein, und ich vermutete, daß es ein Flugzeug war. Um meine
Freundinnen zu foppen, sagte ich: „He! Seht mal - ein UFO!" (Fragen Sie

mich nicht, warum ich das sagte, ich habe keine Ahnung!) Dorothy und ich fingen an zu kichern, als Roberta sich hinter mir nach vorne beugte, um es besser sehen zu können. Der bestürzte Ausdruck in ihrem Gesicht war zum Schreien.

Wir hatten das Licht ein oder zwei Minuten lang beobachtet, als es plötzlich anfing, wirklich hell aufzublitzen und über den ganzen Himmel zu tanzen. Es war ein ziemlich großartiger Anblick, obwohl wir alle erschrocken waren, als es anfing zu „tanzen".

Dorothy und ich waren davon fasziniert - fast mesmerisiert -, obwohl ich merkte, wie ich selbst ein wenig ängstlich wurde. Roberta dagegen geriet völlig außer sich. Sie duckte sich hinter meinem Sitz, kauerte sich auf dem Boden in Embryohaltung zusammen und fing an zu wimmern: „Los, laßt uns machen, daß wir hier wegkommen! Ich bekomme Angst!" Ich sah zu Dorothy hinüber, die ein widerliches Grinsen im Gesicht hatte, und drehte mich dann auf meinem Sitz um, um nach Roberta zu sehen. Ich war ziemlich amüsiert, sie mit dem Mantel über dem Kopf daliegen zu sehen.

Als Dorothy langsamer fuhr, um das Licht besser sehen zu können, schoß es plötzlich fast direkt über unsere Köpfe. Dorothy und ich schrien fast gleichzeitig: „Wow! Hast du das gesehen!" Ich konnte spüren, wie mir das Blut ins Gesicht schoß, mein Herz fing an zu klopfen, und ich empfand eine Mischung aus Angst und Erregung. Roberta krümmte sich zusammen und schrie uns zu: „Laßt uns, verdammt noch mal, sofort hier abhauen!" Dorothy und ich sahen uns an und fingen hysterisch an zu gackern. Beim Anblick des seltsamen Lichts überlief es uns kalt, doch es regte uns nicht so sehr auf wie Roberta. Die ganze Situation machte uns nervös, und wenn junge Mädchen nervös werden, gackern sie.

Das war die letzte bewußte Erinnerung, die ich lange Zeit an diese Nacht hatte. Das nächste, an das ich mich erinnere, war, daß wir zurück Richtung Stadt fuhren und uns irgendwie benommen und durcheinander fühlten. Als Dorothy auf die Uhr schaute, schien sie überrascht zu sein, angesichts der Tatsache, daß es jetzt halb fünf Uhr morgens war. Sie sagte etwas wie: „Die Zeit verfliegt wirklich, wenn man Spaß hat!" Eine Spur von Sarkasmus lag in ihrer Stimme.

Danach hatte ich jahrelang Alpträume von dieser Nacht. Keiner davon ergab viel Sinn, und ich versuchte, die Einzelheiten schnell wieder zu vergessen, sobald ich aufwachte. Ich hatte vage Träume davon, wie ein wildes Tier gejagt zu werden. Und immer schien ich aufzuwachen, ehe ich das Gesicht meines Angreifers deutlich erkennen konnte. Ich erinnere mich, daß ich von Schmerzen träumte, großen Schmerzen.

Als Budd begann, die Erlebnisse unserer Familie zu untersuchen, unterzog ich mich der Hypnose, um mir die Details dieser besonderen Nacht ins Gedächtnis zurückzurufen. Ich erinnerte mich, wie ich ein Licht am Himmel sah und über Roberta lachte, weil sie so ein Angsthase war. Ich erinnerte mich, daß das Auto anhielt, und ich einen hellen Lichtblitz im Auto sah, als ob jemand drinnen eine Blitzaufnahme gemacht hätte. Dann sah ich vor uns ein großes, schwarzes Raumschiff direkt auf unser Auto zurasen. Das ganze Auto war in eine schwarze Wolke gehüllt. Ich erinnerte mich daran, daß ich von irgendeiner unsichtbaren Kraft mit den Beinen zuerst aus dem Auto gezogen wurde und mich plötzlich in einem weißen Raum mit seltsam aussehenden Balkonen und Geländern befand. Ich erinnerte mich, daß ich mich nackt fühlte und fror und hilflos auf einer sehr harten, schmalen, erhöhten Unterlage lag. Ich konnte sie nicht sehen, doch ich stellte mir vor, daß es irgendein Tisch war.

Ich erinnerte mich, daß ich einen enormen Druck auf meinem Unterleib, direkt über meinem Schambein, verspürte und ein Gefühl hatte, als würde ich explodieren. Dann spürte ich dieselbe Art Druck unter meiner rechten Brust und hörte ein extrem lautes Sauggeräusch, wie wenn man einen Milchshake durch einen Strohhalm trinkt und auf den Grund des Glases stößt. Dann hörte ich, wie mir jemand in meinem Kopf sagte: „Es ist vorbei." Meine Beine waren abgestützt, und ich lag einfach da. Als sich das Wesen von oberhalb meines Kopfes über mich beugte, konnte ich das graue Gesicht sehen, das ich seitdem so oft gesehen habe. Die riesigen schwarzen Augen blickten sehr intensiv in die meinen und gaben mir den Rest.

Das nächste, an das ich mich erinnerte, war, daß ich wieder im Auto war. Ich konnte Sterne und den Himmel aus dem Fenster sehen, doch im Auto war es schwarz. Ich konnte meine Hand auf dem Türgriff fühlen, doch ich konnte sie nicht sehen. Ich konnte den Sitz unter mir spüren. Ich wollte aussteigen und wegrennen, doch ich konnte nicht. Ich konnte mich nicht bewegen, ich konnte nichts im Auto sehen, und ich konnte nichts hören, noch nicht einmal meinen eigenen Atem. Doch irgendwie wußte ich, daß Dorthy nicht mehr bei mir im Auto war. Ich geriet in Panik und fragte mich, ob sie mit ihr dasselbe machten, was sie mit mir gemacht hatten. Ich wollte ihr helfen, doch ich konnte nicht, und irgendwie fühlte ich mich verantwortlich für das, was ich dachte, das mit ihr geschehe. Ich fühlte mich schuldig, Roberta aufgezogen zu haben, ein Angsthase zu sein. Ich wollte weinen, doch noch nicht einmal das konnte ich.

Plötzlich war die Schwärze verschwunden, und ich konnte Dorothy sehen, die draußen vor dem Auto stand und zu irgendetwas Unsichtbarem oben aufschaute.

Ich konnte mich wieder bewegen. Ich konnte Roberta auf dem Rücksitz wimmern hören. Ich vergaß schnell alles, was gerade passiert war, sprang aus dem Auto und ging hinüber zu Dorothy. Wir standen beide eine kurze Zeitlang da und schauten nur nach oben in die klare Sternennacht. Ich fragte sie, ob sie das Licht noch sehen könne. Sie sagte mir: „Nein, sie sind jetzt weg." Ich erinnere mich, wie ich sie irgendwie verwundert ansah und dachte: Was meint sie mit „sie"? Dann trafen sich unsere Augen. Ich mußte meine Frage nicht in Worte kleiden. Es war, als ob wir beide für einen kurzen Moment wußten, was gerade geschehen war, und es dann genauso schnell wieder vergaßen. Langsam und schweigend gingen wir zurück zum Auto. Wir stiegen ein, sagten Roberta, daß es weg war, und fuhren los.

Budd interviewte Dorothy, als er für die Untersuchung zu uns kam. Als wir an jenem Abend in ihrer Wohnung ankamen, erzählten wir ihr vom 30. Juni 1983 und der Untersuchung. Dann fragte Budd sie nach dieser Nacht im November und nach dem Licht, das wir gesehen hatten. Sie fragte zurück: „Von welchem Licht sprechen Sie? Von dem Licht am Himmel oder von dem Licht auf dem Boden?" Ihre Kommentare überraschten mich, weil ich mich nicht an irgendein Licht auf dem Boden erinnerte.

Sie sagte, sie erinnere sich, daß sie aus dem Auto gestiegen sei, um nach dem Licht am Boden zu sehen. Sie erinnerte sich nicht an viel danach, außer, daß sie bemerkt hatte, wie die Zeit verflogen war. Sie wollte sich keiner Hypnose unterziehen. Der Gedanke daran machte sie nervös. Sie wollte sich wirklich an nichts aus dieser Nacht erinnern. Wenn sie daran dachte, bekam sie Magenschmerzen. Ich kann nicht sagen, daß ich ihr das übelnehme!

Komisch an der ganzen Sache war, daß Dorothy und ich uns irgendwie auseinanderlebten, nachdem Budd sie interviewt hatte. Ich hatte das deutliche Gefühl, daß das Zusammensein mit mir bei ihr eine Erinnerung auslöste, die ihr unangenehm war. Immer wenn sich unsere Augen trafen, konnte ich ihren Schmerz darin ablesen. Und ich kannte das alles nur allzu gut.

Mehrere Jahre später liefen wir uns über den Weg. Sie erzählte mir, daß sie, nachdem ich Budd zu ihr gebracht hatte, nicht aufhören konnte über diese Nacht im November nachzudenken und über das Licht am Boden. Deshalb glaube ich, ist meine Erklärung dafür, daß wir uns auseinanderlebten, ziemlich treffend.

Ich habe mich oft gefragt, ob ich tatsächlich bei diesem Vorfall im November 1977 schwanger wurde und nicht in der Nacht im Dezember, als mein Freund Eddie mich fragte, ob ich ihn heiraten wolle, und wir zum ersten Mal in unserer Beziehung Sex miteinander hatten. Ich schätze, das wird nie jemand genau erfahren.

Meiner geistigen Gesundheit zuliebe bin ich immer davon ausgegangen, daß meine erste Schwangerschaft das Baby meines Freundes war, und ich vermute, daß ich immer dabei bleiben werde. Ich hätte es wirklich schrecklich gefunden, in den Boulevardblättern Schlagzeilen zu lesen wie: ICH TRUG DAS BABY EINES ALIENS! Und sicherlich wünsche ich mir nicht, meine Erlebnisse je in derselben Kategorie wie diese lächerlichen Geschichten zu sehen.

Im Januar 1978 hatte ich eine schwache Periode. Trotzdem spürte ich, daß ich schwanger war. (Es stellte sich heraus, daß ich in den ersten paar Monaten meiner Schwangerschaft mit meinen beiden Söhnen ebenfalls meine Periode bekam und später wurde mir gesagt, daß dies bei einigen Frauen gar nicht so ungewöhnlich sei.) Ich hatte alle Anzeichen einer Schwangerschaft. Übelkeit am Morgen (und manchmal auch am Abend), gespannte Brüste, Müdigkeit, häufigeres Urinieren, und seltsamerweise mußte ich jedes Mal würgen, wenn ich mir die Zähne putzte. (Das hatte ich auch bei meinen anderen beiden Schwangerschaften.) Meine Freundinnen sagten mir immer wieder: „Mädchen, du bist schwanger!" Und ich blieb dabei zu sagen: „Auf keinen Fall!"

Wenn du schwanger bist, im mittleren Westen lebst und einen Vater wie meinen hast, achtzehn und nicht verheiratet bist, mußt du dir schon verdammt sicher sein, daß du schwanger bist, ehe du es deinem Vater erzählst. Keiner wollte Daddys Zorn ohne guten Grund heraufbeschwören!

Mitte Februar blieb meine Periode aus. Ich sprach mit meiner Mutter darüber, und sie brachte mich zu unserem Hausarzt. Er machte mit mir einen Standard-Schwangerschaftstest und eine Beckenuntersuchung und sagte mir, daß ich tatsächlich schwanger sei. Wenn ich mich recht entsinne, gab es sogar eine Debatte darüber, wie weit ich sei. Ich hatte das Gefühl, weiter zu sein, als ich war. Ich zählte von der Nacht im Dezember an, als mein Freund mir den Heiratsantrag machte. Ich erinnerte mich nur an das Licht am Himmel, doch ansonsten verbargen sich alle bewußten Erinnerungen an das Erlebnis im November in den Schattenzonen meines Geistes.

Alles schien normal zu sein, und als ein paar Tage vergingen, fing ich an, die Tatsache zu akzeptieren, daß ich ein Baby haben würde, und ich begann, mich darauf zu freuen, ein Kind mit meinem baldigen Ehemann zu haben.

Wir beschlossen, den Hochzeitstag von Juni auf April zu verlegen, damit ich noch nicht so schwanger aussehen würde.

An einem Wochenende Mitte März war ich zu meiner Schwester Kathy gefahren, um Babysitter für ihre Kinder und die ihres Mannes zu spielen, damit sie sich ein wenig freinehmen konnten. Ich stellte mir vor, daß dies eine gute Übung für mich sein würde, da ich bald selbst ein Kind haben würde. Außerdem bin ich immer der kostenlose Babysitter in der Familie gewesen.

Nachdem ich die Kinder für die Nacht ins Bett gelegt hatte, ging ich ins Schlafzimmer meiner Schwester, um fernzusehen und mit meinem Verlobten zu telefonieren. Während ich mit Eddie sprach, bekam ich das Gefühl, daß jemand mich durchs Schlafzimmerfenster beobachtete. Ich konnte nichts sehen, doch ich konnte es ganz deutlich spüren! Ich beendete mein Gespräch mit Eddie schnell, ohne ihm zu sagen, was ich zu spüren begonnen hatte. Nachdem wir auflegten, zog ich um ins Wohnzimmer.

Als ich das Schlafzimmer verließ, verschwand das Gefühl. Ich tat meine Angst als Schwangerschaftssyndrom ab und schüttelte sie schließlich ab. Ich legte mich auf die Couch und sah mir die „Bob Newhart Show" an, eine meiner Lieblingssendungen. Nach einer Weile wurde ich schläfrig und beschloß, mich umzudrehen, um es mir etwas bequemer zu machen. Ich dachte, ich könnte meiner Show ebensogut „zuhören" wie sie ansehen. (Das ist eine von Moms Lieblingsausreden dafür, auf der Couch vor dem Fernseher einzuschlafen.)

Als ich mit dem Rücken zum Fernseher dalag und mein Gesicht im Kissen vergraben hatte, bekam ich das Gefühl, als ob mir jemand sanft über den Rücken, die Schultern und die Seite meines Gesichtes streicheln würde. Zuerst war ich entsetzt, doch fast im selben Augenblick schoß mir der Gedanke in den Kopf: Es ist nur eines der Kinder. Ein angenehmes Gefühl von Frieden und Wärme überkam mich. Ich entspannte mich schnell und ließ mich durch das sanfte Streicheln in den Schlaf lullen.

Jahre später erinnerte ich mich zum Teil unter Hypnose und zum Teil von selbst an den Rest der Geschichte:

Ich lag auf einem fremden Tisch. Er schien unterteilt zu sein, und der Boden senkte sich ab, während der Teil, auf dem meine Beine lagen, allmählich hochfuhr. Irgendwie war ich an dem Tisch festgemacht, und er zog meine Beine so weit auseinander, daß ich das Gefühl hatte, in zwei Teile gerissen zu werden. Dann konnte ich spüren, wie etwas Großes und Kaltes in meine Vagina eingeführt wurde, und ich hatte das Gefühl, als ob ich im Inneren geöffnet wurde wie eine sich weitende Pupille. Ich konnte meine Beckenknochen spüren. Es fühlte sich an, als ob sie auseinandergezogen und aufs äußerste gedehnt würden. Ich fühlte mich wie ein Wünschelknochen! Plötzlich hatte ich das Gefühl, als ob mein Unterleib von innen nach außen gezogen würde. Ich konnte den Schmerz spüren und wollte schreien, doch ich konnte nicht. Dann sah ich sie.

Sie wurde von dem grauen Wesen mit den schwarzen Augen gehalten. Seine Hände waren gewölbt, und ich konnte sehen, wie sich darin etwas bewegte. Zuerst erkannte ich nicht, was es war. Sie war so winzig! Als ich merkte, was geschehen war, schrie ich - ich denke in meinem Geist, nicht durch meinen Mund -, doch er hörte es trotzdem. Ich schrie: „Das ist nicht fair! Es ist meins! Ich hasse dich! Ich hasse dich! Es ist nicht fair! Du Hurensohn! Du Bastard!" Ich hatte das Gefühl, daß er tatsächlich von meiner Reaktion auf die ganze Situation betroffen war, und er ergriff Maßnahmen, mich sofort zu beruhigen.

Das ist alles, woran ich mich erinnern kann. Ich vermute, daß ich danach vielleicht tatsächlich ohnmächtig wurde, denn bis zum heutigen Tage kann ich mich an nichts anderes erinnern.

Am nächsten Morgen wachte ich im Bett meiner kleinen Nichte auf. Ich hatte keine Erinnerung daran, wie ich dorthin gekommen war. Der erste Gedanke in meinem Kopf war: Wie zum Teufel bin ich hierher gekommen? Das zweite, was ich dachte, war: Oh Gott! Ich bin nicht mehr schwanger! Mein kleines Mädchen ist weg! Ich suchte überall im Bett nach Anzeichen einer Fehlgeburt. Dann stand ich auf, ging ins Badezimmer und untersuchte mich selbst. Nichts, nicht eine Spur von einer Fehlgeburt irgendwo.

Ich konnte mir nicht erklären, warum ich das Gefühl hatte, nicht mehr schwanger zu sein. Zu dieser Zeit hatte ich keine bewußte Erinnerung an die Nacht davor. Ich wurde von Panik ergriffen und fühlte mich wirklich dämlich. Wie konnte ich diese Panik erklären? Was zum Teufel war los mit mir?

Ich rief Mom von Kathys Haus aus an und erzählte ihr, daß ich glaubte, meine Periode zu haben, und daß ich sofort zum Arzt müsse. Ich hatte tatsächlich eine leichte Blutung, aber ich wußte nicht, wie ich es erklären oder rechtfertigen konnte, warum ich zum Arzt gehen wollte. Ich brauchte für meinen eigenen Geistesfrieden die Bestätigung, daß ich immer noch schwanger war.

Mom rief den Arzt an, der ihr sagte, ich solle mich nicht aufregen, nur meine Füße eine Zeitlang hochlegen, und wenn es schlimmer würde oder ich Schmerzen bekäme, sollte ich ihn noch einmal anrufen.

Nun, das befriedigte mich nicht. Ich rief meine Freundin Dorothy an und sagte ihr, wie ich mich fühlte.

Sie erzählte mir, daß sie am kommenden Montag zu Pro Familia ginge, um sich über Verhütungsmethoden beraten zu lassen, und sie schlug vor, daß ich sie begleiten solle. Sie riet mir zu sagen, daß ich einen Schwangerschaftstest machen lassen wollte, und ihnen nichts davon zu erzählen, daß ich bereits bei meinem Arzt gewesen und daß meine Schwangerschaft bestätigt worden sei. Auf diese Weise würde ich ein positives Ergebnis erzielen und mich besser fühlen. Zudem würde es mich nichts kosten, ich würde niemandem sagen müssen, wie ich mich fühlte, und ich würde nicht erklären müssen, warum ich einen weiteren Test haben wollte.

Ich hielt das für eine großartige Idee, und Montagmorgen holte mich Dorothy ab. Dann holten wir Roberta ab und fuhren zur Pro-Familia-Klinik.

Ich ging wie geplant vor. Als mich die Krankenschwester zurück in den Untersuchungsraum rief, um mir zu sagen, daß mein Test negativ sei und daß ich, wenn ich meine Periode nicht im Laufe der Woche bekäme, zurückkommen oder mit meinem Hausarzt sprechen solle, bekam ich einen Schock.

Auf dem Heimweg im Auto strömten mir riesige Tränen die Wangen hinunter. Ich schluchzte immer wieder und wieder: „Sie haben mir mein Baby weggenommen! Das war mein Baby!" Ich bin mir sicher, meine Freundinnen hatten nicht die leiseste Ahnung, was sie mit mir anfangen sollten, doch sie hinterfragten auch nicht, was ich sagte.

Dorothy setzte mich beim Haus meiner Schwester ab, und von dort rief ich Mom wieder an. Ich sagte ihr, sie solle mich zum Arzt bringen, irgendetwas stimme total nicht mit mir. Ich konnte ihr nicht sagen, was es war, denn ich verstand es ja selbst nicht, doch sie hörte mich weinen und muß gedacht haben, daß ich Schmerzen hatte. Sie holte mich direkt ab, und am 13. März 1978 gingen wir zum Arzt.

Als wir dort waren, sagte ich ihnen, daß ich etwas hätte, das wie eine Periode aussehe, und daß ich einen weiteren Test gemacht hatte, der negativ ausgefallen sei. Sie sahen mich an, als ob ich verrückt sei, dennoch machten sie einen weiteren Test mit mir. Als sie das Ergebnis bekamen und es ebenfalls negativ war, brachten sie mich in einen anderen Raum, setzten mich hoch, um meinen Beckenraum noch einmal zu untersuchen.

Während der Untersuchung war der Arzt sehr still. Als er fertig war, forderte er mich auf, mich anzuziehen und sagte mir, ich solle ihn im Büro aufsuchen und meine Mutter mitbringen.

Ich erinnere mich an seinen Gesichtsausdruck, als Mom und ich da saßen. Es war offensichtlich, daß er ebenso verwirrt und besorgt war wie ich. Dann sagte er zu mir: „Ich bin mir nicht sicher, was hier vorgefallen ist, doch Sie sind nicht schwanger. Ich kann nichts Ungewöhnliches feststellen. Sie sehen gesund aus, total normal. Manchmal geschehen solche Dinge, und wir können sie nicht erklären. Sie sind jung und gesund. Sie werden eines Tages wieder Kinder haben."

Als ich dort saß und leise weinte, sagte er zu mir: „Ich denke, das Beste für uns alle ist, wenn Sie einfach vergessen, daß dies je passiert ist." Ich erinnere mich, wie ich zu ihm sagte: „Oh, das werde ich nie vergessen, solange ich lebe!"

Meine Mutter fragte ihn, ob ich eine schriftliche Erklärung brauchen würde, da ich schwanger gewesen war und jetzt nicht mehr. Er sagte, er glaube nicht, daß es irgendetwas zu klären gebe, daß ich normal gebaut sei und gesund aussehe, doch wenn ich Probleme bekäme, sollte ich zurückkommen. Er erwähnte etwas davon, mich für einen weiteren Schwangerschaftstest zum Krankenhaus zu schicken, ehe er die Beckenuntersuchung machte, doch nachher entschied er sich, es nicht zu tun.

Nach dem Vorfall vom 30. Juni 1983 dachte ich wieder an diese erste Schwangerschaft. Ich kann nicht sagen, warum die Markierung im Garten meiner Eltern bei mir Erinnerungen an diese verlorene Schwangerschaft hervorrief, doch ich denke, daß diese Tatsache an sich bedeutsam ist. Obwohl ich über diesen Teil meines Lebens nicht viel nachdachte, hatte ich ihn nie vergessen. Ich war in der Lage gewesen, meine Gefühle zu beherrschen und behielt es viele Jahre lang für mich, wie ich mich fühlte. Ich sprach nie mit jemandem darüber, außer mit Dorothy. Nachdem Dorothy und ich uns auseinanderlebten, war ich allein mit meinen Erinnerungen an diese Zeit meines Lebens. Und das war für mich in Ordnung, bis zu jener Nacht im Juni.

Während Budds Aufenthalt in Indianapolis, bei dem er einige aus unserer Familie und ein paar Freunde interviewen wollte, erzählte ich ihm von dem verschollenen Baby. Ich weiß wirklich nicht, was mich ritt, daß ich ihm davon erzählte.

Wir waren in einem netten, kleinen Restaurant zum Mittagessen gewesen. Auf dem Weg zurück zu Mom und Dads Haus dachte ich wieder an das Baby. Wir hielten auf der Straße an, und als Budd aus dem Auto ausstieg, saß ich einfach da. Budd spürte, daß mir etwas durch den Kopf ging, und fing an, mich danach zu fragen. Dann platzte ich mit der Tatsache heraus, daß ich ein Baby verloren hatte, als ich achtzehn war. Als mir bewußt wurde, was ich gesagt hatte, fühlte ich mich wie ein totaler Idiot! Es tat mir in dem Moment so leid für ihn. Er hatte einen Ausdruck im Gesicht, als würde er denken: Nun, es tut mir wirklich leid, das zu hören, doch, was zum Teufel hat das mit irgendetwas zu tun? Dann dachte ich bei mir: Oh mein Gott! Was habe ich getan? Ich sagte ihm, ich hätte keine Ahnung, warum ich das Gefühl hatte, ihm von dem Baby erzählen zu müssen, außer daß ich glaubte, daß es einen Zusammenhang geben müsse zwischen dem, was in der Nacht vom 30. Juni 1983 im Garten meiner Eltern vorgefallen war und dem Verlust meines Babys.

Ich bin mir wirklich nicht ganz sicher, was genau Budd an diesem Tag dachte. Ich weiß jedoch, daß, nachdem er Zeit gehabt hatte, darüber nachzudenken und allmählich von weiteren Fällen hörte, die dem meinen sehr ähnlich waren, die Dinge in seinem Kopf sich zu ordnen begannen. Schließlich erzählte ich Budd davon, daß ich mein Baby wiedergesehen hatte, ein paar Jahre, nachdem ich es verloren hatte.

Ich habe im Laufe der Jahre ein paar Mal davon „geträumt", meine Tochter wiederzusehen. Die „Präsentation" meines Kindes in Budd Hopkins Buch *Eindringlinge* war höchst dramatisch. Sie wurde in der gleichnamigen Fortsetzungsserie übernommen, die im Mai 1992 von CBS ausgestrahlt wurde.

Am 3. Oktober 1983 zeigten „sie" mir meine Tochter, und „sie" machten, daß ich mich erinnerte. Da ich sie nicht mitnehmen konnte und solch starke Gefühle für sie empfand, glaube ich, daß das Wesen, das ich immer zu erkennen schien, Mitleid mit mir hatte. Indem ich mich an diese Begegnung mit meiner Tochter erinnern konnte, hatte ich etwas von ihr, was ich mitnehmen konnte. Doch das ist reine Spekulation. Ich hatte das Gefühl, daß vorher in jener Nacht eine Menge mehr geschah, doch der einzige Teil, an den ich mich ohne Hypnose erinnerte, ist dieser hier. Bis heute habe ich mir den Beginn dieses Ereignisses nicht ins Gedächtnis zurückrufen können:

Ich hatte auf einem Tisch in einem sehr weißen Raum gesessen. Das graue Wesen, das ich immer zu erkennen schien, half mir vom Tisch herunter und stand neben mir, als weitere graue Wesen den Raum betraten. Ich wußte, daß etwas im Gange war, aber nicht was. So etwas war bisher noch nie passiert, und ich fühlte, daß eine Art elektrischer Erregung in der Luft lag. Sie alle schienen Gefallen an mir zu finden, und ich erinnere mich sogar, daß eins der Wesen, wie als Beistand meine Schulter berührte. Natürlich war das meine Interpretation der Berührung. Es kann auch aus irgendeinem anderen Grund geschehen sein. Wie auch immer, bis dahin konnte ich mich nicht erinnern, daß mir von ihnen je soviel Gefühl entgegengebracht worden war.

Als ich aufschaute, wurde ein kleines Mädchen in den Raum gebracht, von zwei der Grauen begleitet. Aus irgendeinem Grund fühlte ich, daß diese Grauen weiblich waren. Äußerlich sahen sie nicht anders aus als die anderen, doch irgendetwas in ihren Augen und die Art, wie sie „fühlten", ließ mich denken, daß sie weiblich waren.

Das kleine Mädchen war ungefähr so groß wie ein vierjähriges Kind, doch sonst war sie sehr zierlich. Sie hatte winzige Ohren, die tief an ihrem Kopf saßen, einen winzigen Mund und große blaue Augen. Ihre Stirn war sehr ausgeprägt, und ihr Körper schien sehr dünn und zerbrechlich zu sein. Sie hatte schneeweißes Haar, das strähnig von ihrem großen Kopf herunterhing, und sie hatte einen sehr blaßen Teint.

Ich erinnere mich, daß ich dachte, wie seltsam sie aussieht, wenn sie blinzelt. Ihre Augäpfel rollten zurück, und ihre Augenlider schlossen sich in der Mitte ihrer Augen. Dennoch fand ich sie einfach wunderschön! Ich war von Liebe erfüllt, und meine mütterlichen Instinkte überwältigten mich schnell.

Sie sah aus wie ein Engel, und mein erster Impuls war, zu ihr hinzulaufen, sie zu packen und festzuhalten. Es war fast, als ob sie meine Gedanken lesen würde, denn sobald ich diesen Gedanken gedacht hatte, machte sie einen Satz und versuchte, sich hinter einem der Wesen zu verstecken, das ihre Hand hielt. Mein Herz sank, als sie das tat.

Dann merkte ich, daß sie einfach nur Angst vor mir hatte, wie ich sie vor den Grauen gehabt hatte. Der bloße Anblick von mir erschreckte sie. Wenn ich zurückdenke, sehe ich, wie riesig und furchterregend ich auf ein kleines Kind gewirkt haben muß, wenn alles, was sie kannte, die kleinen grauen Kerle waren. Doch zu der Zeit konnte ich nicht anders, als mich niedergeschlagen zu fühlen. Ich beschloß, nicht zu ihr hinzugehen, um sie nicht noch mehr zu ängstigen. Ich erinnerte mich, wie ich mich gefühlt hatte, als ich jünger war und dachte, die Grauen würden mich berühren. Doch mich zurückzuhalten, war für mich wirklich hart!

Sobald ich den Gedanken gefaßt hatte, sie nicht an mich zu reißen, hätte ich schwören können, daß ich an ihr ein zaghaftes kleines Lächeln sah, als sie hinter dem Wesen hervorlugte. Es war das Süßeste, was ich je gesehen hatte, und mein Herz fühlte sich an, als ob es zerreißen würde!

Der Graue, der neben ihr stand, sah mich an, und ich spürte, daß er mir irgendwie sagte, daß dies etwas Gutes sei, und ich sollte stolz sein, daß ich meine Sache gut gemacht hatte. Er schien meine gemischten Gefühle nicht ganz zu verstehen.

Er sagte mir viele Dinge, von denen ich mich an die meisten noch immer nicht erinnert habe. Ich erinnere mich jedoch, daß er etwas von einem Vater sagte, der für seine Kinder sorge. Das war, als ich ihn fragte, ob ich sie bitte mit nach Hause nehmen könne. Er sagte nein, ich könne sie nicht ernähren. Er versprach mir, daß ich sie wiedersehen würde, und dann sagte er mir, daß ich bald gehen müsse, oder ich würde krank werden.

Er führte mich hinüber zu dieser runden Plattform. Als ich auf die Plattform stieg, drehte ich mich zu ihm um. Er stellte sich vor mich und nahm meine Hände in die seinen. Sie fühlten sich matschig und kalt an. Er schaute auf in meine Augen. Plötzlich spürte ich, wie alle Arten von Gefühlen durch mich hindurchschossen wie Kanonenkugeln. Ich dachte bei mir: Was zum Teufel ist los mit mir? Warum empfinde ich all diese Gefühle? Alles, was ein Mensch wahrscheinlich empfinden kann, empfand ich gleichzeitig! Das war vermutlich der intensivste Augenblick meines Lebens.

Plötzlich merkte ich, daß nicht ich diejenige war, die all diese Gefühle empfand. Ich glaube, sie gingen von ihm aus. Wie ein schwacher Versuch, für mich zu „fühlen", um sich mit mir in meinen eigenen menschlichen Begriffen zu verbinden.

Er ließ meine Hände los, und dann begannen der ganze Raum und er auszusehen, als ob ich sie durch die Hitze eines Feuers betrachtete, ziemlich verschwommen und verzerrt.

Das nächste, an das ich mich erinnere, ist, daß ich auf der Wiese hinter dem Haus meiner Eltern lag. Ich schaute hoch und konnte ein Raumschiff

über mir sehen, das Anstalten machte, sich wegzubewegen. Es sah aus wie
ein Stirnband mit weißen Lichtern darauf.

Ich stand auf und ging zum Haus, doch alle Türen waren verschlossen.
Ich stand an der Hintertür und rief meine Mutter, sie solle mich hineinlas-
sen.

Mom hörte mich und antwortete schnell auf mein Rufen. Sie sagte kein
Wort zu mir. Sie ließ mich einfach nur herein und ging zurück ins Bett.

Mom sagt, sie erinnert sich daran gehört zu haben, wie ich in dieser
Nacht ihren Namen rief, doch sie erinnert sich nicht, mich hereingelassen
zu haben.

Ich weiß, daß die Wesen dafür bekannt sind, ihre „Subjekte" anzulügen,
doch ich entscheide mich, ihnen zu glauben, wenn sie mir sagen, daß ich
meine Tochter eines Tages wiedersehen werde. Ich muß es glauben.

Ich sage mir immer, daß Menschen, die herausfinden, daß sie adoptiert
sind, fast in jedem Fall schließlich nach ihren biologischen Eltern suchen.
Ich stelle mir vor, wenn das kleine Mädchen wirklich ein Teil von mir ist,
wie ich spüre, daß es mir jemand in dieser Nacht gesagt hat, dann wird sie
eines Tages den Drang dazu verspüren. Der menschliche Teil in ihr wird
sie antreiben, mich zu finden. Ich kann nur hoffen.

Viele Leute fragen mich, wie ich dazu kam, sie Emily zu nennen. Das
ist ein Pseudonym, das Budd ihr in seinem Buch gab. Der wirklich Name,
den ich ihr gab, war Elisabeth.

Das Wesen, das ich bei all meinen Begegnungen immer wiedererkennen konnte, sagte mir, wenn es mir dann leichter falle, sie zurückzulassen,
könne ich ihr einen Namen geben, und sie würden ihn benutzen, wenn sie
mit ihnen zusammen war.

Elisabeth war ein Name, den ich immer mochte. Als Kind hatte ich immer gesagt, wenn ich je ein kleines Mädchen bekäme, würde ich sie so
nennen. Ich glaube, dies ist ziemlich verbreitet bei kleinen Mädchen, die
eines Tages Mütter werden wollen. In meiner Kindheit nannte ich verschiedene Puppen so. Es war ein Name, den ich in meinem Herzen be-
wahrte. Es war ein Name, der für dieses erste Kind gedacht war, hätte ich
es je geboren. Es war ein passender Name im Hinblick darauf, wie ich für
das kleine Mädchen empfand, das ich in dieser Nacht in meinem „Traum"
sah. So wirklich ist sie für mich.

Dieser Aspekt des Entführungsphänomens ist der gefühlsbeladenste
und der am meisten belächelte Teil der ganzen Erfahrung. Kann man den

Leuten einen Vorwurf daraus machen, daß sie anderen etwas, wie das hier, nicht erzählen wollen? Würden Sie Ihr Herz für etwas öffnen wollen, von dem Sie wüßten, daß es Sie der Lächerlichkeit preisgeben und Schmerz bedeuten würde?

Ich wollte nicht, daß Budd irgendetwas über das Baby ins Buch aufnahm. Es bedurfte einiger Überredungskünste von seiner Seite, bis ich schließlich nachgab und diesen Teil meiner Geschichte drin ließ. Ich wußte nicht, ob ich damit umgehen könnte, über etwas so Phantastisches, so Unglaubliches und doch so Persönliches und Gefühlsbeladenes zu sprechen. Und ich hatte den Eindruck, es würde die Glaubwürdigkeit des übrigen Teils des Falles herabsetzen. Sicherlich konnte ich nicht erwarten, daß jemand ein Wort davon glaubte! Ich hätte es nie geglaubt, wenn es mir nicht passiert wäre. Und ich kann mir immer noch nicht sicher sein, was genau geschah. Ich bevorzuge es immer noch, die „Präsentation" meiner Tochter als Traum zu bezeichnen. Es ist die einzige rationale Weise, wie ich damit leben kann.

Was mich schließlich überzeugte, den „Babyteil" meiner Entführungserlebnisse offenzulegen, war die Tatsache, daß ich nicht allein dastand. Budd hörte im Laufe der Zeit buchstäblich von Tausenden von Männern und Frauen wie mir in der ganzen Welt, die mit etwas wie diesem gelebt haben. Und wenn je einer ihren geheimen Schmerz - ihre Verwirrung und Isolation - verstand, dann war ich es.

Ich danke Gott dafür, daß ich den Rückhalt durch meine Familie und meine Freunde habe, seit dies herausgekommen ist. Viele von Ihnen werden vielleicht nicht in dieser glücklichen Lage sein. Meine Gebete sind mit Ihnen, immer.

Wenn ich in der Lage gewesen wäre, jemandem früher davon zu erzählen, ohne als total Verrückte angesehen worden zu sein, hätte mein Leben vielleicht eher eine andere Wende genommen. Wenn ich es jemandem ersparen kann, das durchzumachen, was ich emotional durchmachte, dann wird es gut sein, daß ich meine Geschichte erzählt habe.

Niemand wird je genau wissen, was mit mir und meiner Familie geschieht oder warum ich mich an die Dinge erinnert habe, an die ich mich erinnert habe, und die Dinge gesehen habe, die ich gesehen habe. Ich finde es faszinierend, daß Hunderte und Tausende von Männern und Frauen dieselben Dinge wie ich erinnert und gesehen haben. Das sagt mir, daß etwas vor sich geht. Was das ist, darüber können wir nur spekulieren. Wenn ich höre, wie jemand sagt, daß er alle Antworten kennt, gehen meine roten

Lampen sehr schnell an. Zum Teufel, ich bin dort gewesen, und ich weiß immer noch nichts Genaues! Ich kenne meine Gefühle, und die harten physischen Fakten sind sicherlich real, doch der Rest...?

Ich nehme all dies mit einem menschlichen Gehirn, einem menschlichen Verstand auf. Und wir haben immer noch nicht herausgefunden, wie sie funktionieren. Vielleicht liegen einige der Antworten dort, ebenso wie in der Welt und dem Universum (oder den Universen) um uns herum. Wenn Sie irgendeine Antwort finden, würde ich sie liebend gerne auch erfahren.

24
Kathy
Familienbande

Seit dem Erscheinen von *Eindringlinge* ist das Thema des genetischen Experimentierens und die Möglichkeit außerirdischer Nachkommen breit diskutiert worden. Und was ist mit meinem Fall? Wenn es welche gegeben hat, bin ich mir dessen jedenfalls nicht bewußt. Ich bin mir nicht sicher, ob ich es wissen möchte! Ist es nur ein Zufall, daß unsere jüngste Schwester jedesmal ohnmächtig wird, wenn sie ein neugeborenes Baby sieht?

Ich glaube, daß die Besucher seit Jahren Menschen zu Zwecken benutzt haben, die nur sie kennen. Ein außerirdisches Hybridprogramm erscheint logisch, wenn auch nur vom menschlichen Standpunkt betrachtet. Ein halb menschliches, halb außerirdisches Baby zu produzieren, würde sich für solch eine mager aussehende Gattung wie die Grauen als ein vernünftiger Schritt erweisen. Wenn man unsere Gattung mit der ihren vergleicht, scheinen wir im physischen Sinne weit überlegen zu sein. Geistig sind sie uns zweifelsohne Äonen voraus. Wenn wir die besten Eigenschaften beider Rassen kombinieren könnten, stellen Sie sich nur die Möglichkeiten solch einer Zivilisation vor. Die großen, physisch starken und gesunden Körper von Menschen gepaart mit einem überlegenen Geist, durchsetzt mit paranormalen Fähigkeiten und gekrönt von einem hübschen Kopf mit Haaren - für mich klingt das ziemlich reizvoll. Warum sollte es nicht auch für sie gut klingen?

Ich habe das Gefühl, daß sie zumindest neugierig und wahrscheinlich neidisch auf unsere Sensibilität und unsere Fähigkeit sind, mit anderen mitzufühlen. Ich habe das Gefühl, obwohl die Besucher offenbar in der Lage sind, uns physisch zu kontrollieren, haben sie vielleicht größte Schwierigkeiten herauszufinden, wie wir Emotionen fühlen. Emotionen sind nutzlos, wenn man mit Technologie und Maschinen zu tun hat. Die extreme Intelligenz der Besucher läßt wenig Raum für Emotionen. Vielleicht haben Gefühle und Leidenschaften für die heutige Größe unserer Rasse gesorgt. Auch Adrenalin, ein Hormon, das über Gefühle produziert werden kann und verantwortlich für das Überleben einer Gattung ist, indem es den Angriff-oder-Flucht-Reflex erzeugt, hat Wachstum hervorgebracht. Interessant genug, leidet Debbie unter einer Adrenalinüberproduktion ohne eine bekannte organische Ursache. Ist das Zufall?

Ich habe gehört, daß manche Leute behaupten, wenn man eine Pflanze hege und mit ihr spreche, würde sie überdurchschnittliches Wachstum zeigen. Vielleicht sind die Besucher wie vernachlässigte Pflanzen, die kleiner und gebrechlicher sind und denen im Leben nur das zum physischen Überleben Nötigste gegeben ist. Vielleicht weiß ich irgendwo in meinem Unterbewußtsein, warum, und vielleicht werde ich mich eines Tages erinnern.

Doch was ist mit Debbies Behauptung, eine verschollene Tochter gehabt zu haben und damit, daß ihre Schwangerschaft möglicherweise etwas mit ihren Erlebnissen zu tun hatte? Ich kann es nicht mit Sicherheit sagen, doch ich kann beschreiben, wie wir lebten zu der Zeit, als dies vermutlich stattgefunden hat und erzählen, wie diese Ereignisse meiner Erinnerung nach von unserer Familie aufgenommen wurden.

Schon in sehr jungen Jahren war ich überzeugt, daß ich in diesem Leben dazu bestimmt sei, Kinder aufzuziehen und mich mit ihnen zu umgeben. Ich kann wirklich nicht sagen, ob es ein Segen oder ein Fluch ist.

Ich war ein Einzelkind, bis ich elf war. Dann kam Debbie. Sie war meine erste Schwester, und nach ihr gesellten sich in rascher Folge zwei weitere Babys hinzu. Ein paar Jahre, nachdem ich geboren worden war, hatte man Mom gesagt, sie könne wahrscheinlich keine weiteren Kinder mehr bekommen. Innerhalb von sechs Monaten, nachdem wir in unser Haus an der Ostseite umgezogen waren, merkte Mom, daß sie schwanger war. Stellen Sie sich ihre Überraschung vor, als sie feststellte, daß sie nach all diesen Jahren noch ein Baby bekommen sollte!

Natürlich waren wir alle in Debbie vernarrt, als wäre sie ein neues Spielzeug. Ich war in dem Alter, daß ich Mutters kleine Helferin spielen konnte, und ich verbrachte eine Menge Zeit damit, Mama zu spielen und sie zu bemuttern. Viele Stunden lang mühte ich mich ab, ihr beizubringen, wie man geht und spricht. Ich nahm sie überall hin mit und prahlte mit ihr.

Unser Bruder wurde ein Jahr später geboren, und der Reiz, ein weiteres Baby zu haben, wich bald dem Arbeitsaufwand, den die beiden erforderten. Als einziger Junge unter den Kindern hatte unser Bruder einen kleinen Vorteil, und er schien seinen Anteil an Aufmerksamkeit zu bekommen.

Unsere jüngste Schwester, die kurz nach ihm geboren wurde, hätte zwei Köpfe haben müssen, um intensive Zuwendung zu bekommen. Drei Babys in praktisch ebensovielen Jahren war zuviel für meine Mutter und sorgte für Chaos in unserem Haushalt.

Jedes Jahr schien das Haus kleiner zu werden. Privatsphäre war nichts als eine interessante Vorstellung, die sich jemand anders ausgedacht haben mußte. Fast jeden Tag, wenn ich von der Schule nach Hause kam, hatte sich jemand an meinen persönlichen Dingen zu schaffen gemacht, oder etwas von mir war total zerstört worden.

Als ich ein Teenager geworden war, schwor ich mir, nie selbst Kinder zu haben.

Ich hatte immer noch gelegentlich Spaß mit den Kindern, während ich beobachtete, wie sie aufwuchsen und ihre eigene Persönlichkeit entwickelten. Als Debbie in die Schule kam, war sie ein übertrieben scheues Kind. Man hätte meinen sollen, daß sie bei all der Aufmerksamkeit, die sie bekam, etwas mehr aus sich herausgehen würde, doch dies war überhaupt nicht der Fall. Sie fügte sich in der Schule nicht gut ein. Sie schien zu schüchtern und zurückhaltend zu sein, um viele Freundschaften zu schließen. Sie war pummelig, was ihrem Selbstwertgefühl abträglich war. Sie dazu zu bringen, die Schule zu besuchen, war ein riesiges Problem. In den zwölf Jahren, die sie zur Schule ging, war jeder Tag wie ein Krieg. Kinder sind so grausam; ein dickliches, schüchternes Kind ist für die Klassenkameraden ein gefundenes Fressen.

Für Debbie war es eine schwierige Zeit. Mom brachte sie schließlich zu einem Psychiater, damit der nach einer Lösung für ihre Probleme suchte. Der dauernde Kampf, sie jeden Tag zur Schule zu schicken, nahm beide arg mit. Der Psychiater gab Debbie Antiangst-Antidepressiva, was uns ziemlich drastisch erschien, da sie erst Anfang zehn war. Die Medikamente schienen nicht viel zu helfen und wurden bald abgesetzt. Die Ärzte entdeckten auch, daß sie Bluthochdruck hatte, als sie erst ungefähr vierzehn oder so war. Meine arme kleine Schwester war praktisch ein Wrack! Niemand konnte verstehen, warum. Heute, im Rückblick, scheint das alles ein bißchen mehr Sinn zu machen.

Mitten in all dem Aufruhr heiratete ich und suchte das Weite. Der Schwur, den ich mir selbst gegeben hatte, nie selbst Kinder zu haben, wirkte nicht so gut. Mitte der Siebziger hatte ich vier! Ich hatte mein eigenes Chaos, mit dem ich fertig werden mußte und bekam weniger mit, was mit meinem Bruder und meinen Schwestern geschah.

Samstagsabends trat ich die Flucht an, um der häuslichen Verantwortung für ein paar Stunden zu entkommen. Johnny und ich nahmen uns gewöhnlich einen Babysitter und gingen aus. Da Debbie inzwischen ein Teenager war, baten wir häufig sie, Babysitting zu machen. Viele Male verbrachte sie das ganze Wochenende bei uns, gelegentlich brachte sie eine Freundin zur Gesellschaft mit. Ich hatte immer den Verdacht, daß sie Angst hatte, allein zu sein, nachdem die Kinder im Bett waren. Es war nicht ungewöhnlich, sie bei unserer Rückkehr aus dem einen oder anderen Grund verängstigt vorzufinden. Debbies Freundin Dorothy hatte für uns auch ein paar Mal babygesittet, als die Kinder kleiner waren. Ihre Brüder waren enge Freunde meines Mannes.

Ich erinnere mich, daß Dorothy einmal für uns die Kinder hütete und anschließend berichtete, es hätte jemand ums Haus herumgeschnüffelt. Als wir das Grundstück am nächsten Morgen inspizierten, fanden wir kleine matschige Fußabdrücke, die an einer Seite des Hauses entlang des Schlafzimmerfensters eines unserer Kinder verliefen!

Während dieser Zeit hatte ich selbst mit Schlafwandeln zu tun und war ungerne allein. Ich verstand, was in Debbie vorging, wenn sie Anzeichen von Nervosität zeigte, solange sie allein im Haus war.

In den späten Siebzigern war Debbie das Babysitten leid, und sie hatte einen festen Freund. Es muß ernst gewesen sein, denn um 1978 verkündete sie, daß sie schwanger sei. Ich war mitfühlend, obwohl ich sicherlich nicht noch ein Kind haben wollte. Ich war froh, daß sie und nicht ich es war! Was mich wirklich erstaunte, war, wie gut unsere Eltern die Nachricht aufzunehmen schienen. Ich lebte nicht mehr in ihrem Haus, doch ich bin sicher, daß ich einige Feuerwerke nicht mitbekam. Ich wußte, es hätte zumindest eine kleinere Explosion geben müssen. Unser Vater war ein Ebenbild von Archie Bunker (in den USA bekannter TV-Seriencharakter, der extrem konservativ, rechthaberisch, beschränkt und voller Vorurteile ist. Anm. d. Übers.) - ich denke, das sagt alles!

Ich erinnere mich wirklich nicht mehr sehr gut an die Zeit zwischen Debbies Verkündigung ihrer Schwangerschaft und dann ihrer Meldung, daß sie nicht schwanger sei. Obwohl Debbie mit unserer Mutter sprach, neigte sie damals dazu, ihre Gefühle für sich zu behalten. Es schien kein großer zeitlicher Abstand zwischen diesen beiden Ereignissen gelegen zu haben. Beides erschien mir wie ein Fingerzeig Gottes, und beides wurde bald irgendwo im Hinterstübchen meines Geistes abgelegt, ebenso bei Debbie.

Ich erinnere mich nicht, über diese Situation noch einmal nachgedacht zu haben, bis *Eindringlinge* veröffentlicht wurde. Während der vielen Monate, die Budd an diesem Buch arbeitete, wußte erstaunlicherweise niemand in der Familie von einem möglichen Zusammenhang zwischen Debbies Schwangerschaft und irgendeinem Eingriff Außerirdischer. Während all der Reisen, die Debbie zu verschiedenen Orten unternahm - für Hypnose, medizinische Tests, Interviews und Lügendetektortests - hielt sie uns stets aus der ganzen Geschichte heraus. Sie zeigte ihre inneren Gefühle nur Budd gegen Ende seiner Untersuchung. Ich denke, sie brauchte eine Weile, um Vertrauen zu ihm aufzubauen, ehe sie ihm erzählte, was sie soviele Jahre für sich behalten hatte. Kann man es ihr übelnehmen?

Stellen Sie sich unsere Überraschung vor! Am Anfang wollte keiner von uns in dem Buch allzu deutlich erkannt werden, obwohl wir ja bereits durch falsche Namen getarnt waren. Und unsere Erinnerungen waren milde im Vergleich mit der Bombe, die sie platzen ließ.

Als ich mir der ganzen Geschichte bewußt wurde, hatte ich wahrscheinlich ebenso viele Fragen und Theorien, wie ein total Fremder sie gehabt hätte, vielleicht sogar mehr. Die erste Frage war natürlich die, ob sie die Wahrheit sagte. Trotz ihrer Probleme in jungen Jahren - und vielleicht gerade deswegen - konnte ich mir nicht vorstellen, daß sie sich solch eine wilde Geschichte ausdenken würde. Während der ganzen Zeit, in der Budd an dem Buch schrieb, wußte sie, daß man von ihr öffentliche Auftritte erwartete, um für das Buch zu werben. Für jemanden, der so ängstlich war wie sie, wäre es schon schwer genug gewesen, nur mit den zahmsten unserer Erlebnisse vor die Öffentlichkeit zu treten. Von ihren Erinnerungen an das Baby eines Aliens zu sprechen, müßte eine totale Unmöglichkeit für jemanden sein, der sich bereits vom Leben im allgemeinen bedroht fühlte. Da sie im Voraus wußte, daß sie ihre Seele der Welt aussetzen mußte, denke ich, wird sie es sich so leicht wie möglich gemacht haben. Die Antwort auf die Frage, ob sie vorsätzlich log, war also nein. Ich glaube, sie sagte die Wahrheit.

Meine nächste Frage, als *Eindringlinge* herauskam, war natürlich die, ob solch ein Ereignis einen Hinweis darauf geben könnte, warum die Aliens sich für uns interessieren. Ich glaube, das ist es. Ich weiß nicht, warum oder wie, doch ich bin sicher, die Aliens sind fortschrittlich genug, zu wissen, was sie tun. Schließlich haben auch wir unsere künstlich befruchteten

Babys. Wer auf der Erde hätte so etwas vor hundert Jahren für möglich gehalten?

Meine dritte Frage lautete: Wievielen anderen ist dasselbe passiert, und
sind sie sich dessen bewußt?

Ich hatte viele weitere Fragen, wie zum Beispiel:
Ist es mir schon einmal passiert?
Einmal oder mehrmals?
Wo sind all diese Babys jetzt?
Leben sie noch und geht es ihnen gut?
Atmen sie Luft wie wir?
Essen sie unsere Nahrung?
Wer oder was paßt auf sie auf?
Haben sie Haare?
Sehen sie aus wie wir oder wie sie?
Wann fing alles an?
Wann wird es aufhören?
Wissen sie, wer wir sind?
Interessiert sie das?

Es tut mir leid zu sagen, daß ich nur Fragen, keine Antworten anzubieten habe. Was meine Meinung zu Debbies Erinnerungen betrifft, kann ich
nur sagen, daß ich versucht habe, die Möglichkeit gegen die Unmöglichkeit abzuwägen, und ich muß für die Möglichkeit stimmen. Ich hoffe, daß,
wenn ich anfange meine eigenen verborgenen Erinnerungen zu erforschen, kein ähnlicher Vorfall bei mir zum Vorschein kommt. Ich versuche
immer noch damit fertigzuwerden, sich mit kleinen grauen Männern zu
treffen und mit Leuten, die aussehen wie Insekten.

Ich wünschte, ich würde all die Antworten kennen, doch ich bin mir sowieso nicht sicher, ob ich den Nerv habe, sie mit jemandem zu teilen - zumindest noch nicht. Vielleicht wird eines Tages jeder die Antworten kennen. Vielleicht werden wir eines Tages in der Zukunft auf unsere Fragen
zurückblicken und über unsere Unschuld im letzten Jahrhundert lächeln.
Unsere Generation muß ihr Wachstum beschleunigen, oder sie wird in ihrer eigenen Ignoranz steckenbleiben. Es liegt jetzt an uns, nach all den
Antworten zu suchen. Wir müssen uns für alle Aspekte des Lebens öffnen,
nicht nur für die unserer kleinen Existenz, sondern für das Universum. Ein
verschlossener Geist ist ein kleiner Geist. Wir müssen nach vorne in die
Zukunft schauen und lernen, Veränderungen zu akzeptieren und unsere
negativen Einstellungen hinter uns zu lassen. Man kann nicht vorankommen, wenn man immer zurückschaut.

Wenn Sie in der Lage wären, Debbies heutige Persönlichkeit mit ihrer Persönlichkeit von vor zehn Jahren zu vergleichen, würde es Ihnen schwerfallen zu glauben, daß es dieselbe Person ist. Sie hat sich von einem scheuen, zurückhaltenden Kind mit einem Selbstwertgefühl von Null zu einer ausgesprochen selbstsicheren Person entwickelt, die zu wissen scheint, wo es für sie im Leben langgeht. Die Veränderung war so extrem, daß man sich fragen muß, ob die außerirdische Intervention eine Rolle bei dieser Transformation gespielt hat. Natürlich verändert sich jeder im Laufe seines Lebens. Die Situationen des Lebens verlangen von uns viele Veränderungen, und ich glaube, die Aliens sind nur ein Teil des Lebens. Doch bei Debbie scheint die Veränderung zu einschneidend zu sein, um nur das Ergebnis des normalen Lebens und der allmählichen Reife zu sein. Es könnte einem so vorkommen, als ob Debbie und der Rest unserer Familie möglicherweise bloße Schachfiguren in dem großen Plan der Aliens sind. Man könnte sich fragen, ob wir vielleicht von jungen Jahren an darauf getrimmt oder „programmiert" wurden, das Wort zu verbreiten, in dem Versuch, Unseresgleichen auf eine Zukunft vorzubereiten, in der sich die Zivilisationen zusammenschließen.(Wahrscheinlich sind unsere Einkaufsviertel heute noch nicht bevölkert genug!)

Vielleicht sollen wir dadurch nur auf eine bessere Art zu leben, aufmerksam gemacht werden. Vielleicht wollen sie uns vor uns selbst schützen. Viele Menschen haben eine irgendwie zerstörerische Art an sich. Es ist zuviel Streß damit verbunden, in unserer heutigen Gesellschaft einfach nur zu überleben. Das Bedürfnis der Menschen, materielle Besitztümer anzuhäufen, scheint das Bedürfnis nach innerem Frieden und Glück zu überlagern. Die Leute setzen Glücklichsein mit Besitz gleich und stellen dann fest, wenn sie Dinge kaufen, daß sie immer noch nicht im Frieden mit sich selbst sind, und denken nur, daß sie noch mehr Besitz brauchen. Unsere Gesellschaft neigt dazu, das Wort reich, mit Besitz zu verbinden, während eigentlich die wirklich reichen Leute die sind, die die Bedeutung des inneren Friedens kennen. Ich frage mich, ob das Interesse der Aliens an uns ihr Streben nach innerem Frieden mit einschließt. Oder besitzen sie dieses Geschenk bereits und wollen uns erziehen?

Vielleicht sind wir nur ein Spiel für sie. Vielleicht sind wir nur ein Hobby wie eine große Ameisenzucht. Ich neige dazu zu glauben, daß hinter ihrem Interesse an uns nur gute Absichten stehen. Es gibt bereits zuviel Negativität in der Welt. Wenn die Besucher unlautere Motive hätten, hätten wir dies wahrscheinlich schon vor vielen Jahrzehnten gemerkt. Sie hätten uns mit einem Schlag erledigen können, doch sie mischen sich weiterhin diskret unter uns und vollbringen heimlich eine Aufgabe, die wir bewußt nicht verstehen. Heimlich betreten sie unsere private Welt, völlig ohne jede Warnung. Heimlich spielen sie mit unserem Verstand. Heimlich prägen sie ihre Gegenwart permanent in unser Tiefengedächtnis ein. Heimlich wecken sie Erinnerungen. Heimlich spielen sie einem übel mit.

Während ich mich darauf vorbereite, ins grelle Licht der Öffentlichkeit zu treten, muß ich mich ständig selbst daran erinnern, daß alles verfügbare Wissen mitgeteilt werden muß, ob uns das paßt oder nicht, damit die Leute diese galaktischen Eindringlinge wirklich verstehen. Für jeden, der von diesen Wesen betroffen ist, ist es an der Zeit, aus dem Schatten hervorzutreten und sich zählen zu lassen. Für die Nichtgläubigen ist es an der Zeit, ihren Geist zu öffnen und hinter ihre Furcht zu schauen. Es ist Zeit, Kontakt aufzunehmen. Es ist Zeit, endlich zu verstehen!

Nachtrag

3. Oktober 1993: Ich habe mich von der Operation ausreichend erholt, um am Computer sitzen und Ihnen davon erzählen zu können. Am 29. September, vor zwei Wochen also, hatte ich eine Totaloperation. Alles ging so schnell, daß es mir immer noch schwer fällt, es zu glauben.

Ich hatte mich eine Zeitlang nicht wohl gefühlt. Als ich erkannte, daß die Probleme, die ich bei meiner monatlichen Periode hatte, nun dafür verantwortlich waren, daß ich mich die ganze Zeit so miserabel fühlte, fing ich an, mir ein wenig Sorgen zu machen. Seit der Nacht vom 30. Juni 1983 hatte ich mir im Hinterkopf Sorgen darüber gemacht, daß das, was meinem Hund passierte, weil er in dieser Nacht mit mir draußen war, schließlich auch mir einmal größere Probleme bereiten würde. Doch wie hätte ich meine Ängste je unserem neuen Hausarzt erklären können? Ich hatte ihm nie etwas von meinen Erlebnissen oder von dieser Nacht erzählt. Ich fürchtete, er würde mich für verrückt halten. Das tut er vielleicht auch, wenn er das hier jemals liest.

Im Grunde lebte ich mit meinem Schmerz viele Jahre lang, beklagte mich gelegentlich darüber, kniff jedoch, wenn vorgeschlagen wurde, daß ich etwas dagegen unternehmen sollte. Ich hatte Angst, Krebs zu haben wie mein Hund, und ich wollte es nicht wissen.

Schließlich trieb mich der Schmerz doch zum Arzt. Ich konnte es einfach nicht mehr aushalten. Als er mich untersucht hatte, sagte er, es sei höchste Zeit - ich könne es nicht mehr ignorieren. Er glaubte, daß ich einen großen Tumor hätte, und daß meine Gebärmutter sofort entfernt werden müsse. Ich hatte genug gelitten.

Als ich wußte, daß die Operation stattfinden würde, rief ich Budd Hopkins an. Er schien nicht allzu überrascht über das, was ich ihm erzählte. Er sagte, ich sei wahrscheinlich eine der letzten weiblichen Entführten, die noch all ihre weiblichen Organe hätte, daß es wahrscheinlich nur eine

Frage der Zeit war, bis mir dies passierte. Er fühlte deutlich, daß es einen gewissen Zusammenhang gab zwischen meinen aktuellen physischen Problemen und den Erlebnissen, die ich hatte.

Ich weiß nicht, wieviel Trost das für mich war, angesichts der Tatsache, daß ich mir soviele Sorgen darum machte, was mit mir und meinem Hund 1983 geschehen war. Dennoch schätzte ich seine Unterstützung und seine ermutigenden Worte, wie gut ich mich fühlen würde, wenn erst alles vorüber wäre.

Am 23. September 1993, sechs Tage vor meiner Operation, hatten wir eine phantastische UFO-Sichtung direkt vor unserem Haus.

Mein Verlobter K. O., meine Freundin Jeanne Robinson, die damals bei uns lebte, ihre Tochter und ich sahen und filmten auf Video ein enorm helles Licht, das direkt westlich des Bauernhauses, in dem ich heute lebe, nachdem ich von Indianapolis weggezogen bin, am Nachthimmel schwebte und herumsprang.

Ich hatte auf der Couch im Wohnzimmer gesessen und ferngesehen. Ein helles, flackerndes Licht draußen vor dem Haus fiel mir ins Auge. Ich beobachtete es einen Augenblick lang und dachte bei mir, es müsse eine Art Flugzeug sein. Nach ungefähr dreißig Sekunden merkte ich, daß es sich zu unregelmäßig bewegte, um bloß ein Flugzeug zu sein. Ich sprang von der Couch auf und rief: „He, seht euch das mal an!" K. O., Jeanne und ihre Tochter rannten alle zur Haustür. Nach ein paar Momenten des Stutzens - „Was zum Teufel ist das?" - liefen wir alle auf die vordere Veranda und traten uns gegenseitig auf die Füße, um einen besseren Ausblick darauf zu bekommen.

Sofort sagte ich K. O., er solle den Camcorder holen. Die übrigen von uns rannten zur Einfahrt. Sekunden später kehrte K. O. mit dem Camcorder zurück, und wir nahmen das Licht mehrere Minuten lang auf, in denen es heller wurde und dann wieder dunkler. Bald schien es genau auf die Ebene der Baumgrenze abzusinken, und schließlich schoß es in die Ferne davon.

Wir sahen noch mehrere weitere Minuten zu, bis es außer Sicht war. Plötzlich merkte ich, daß etwas sich die Straße herunterbewegte und auf mich und die anderen beiden Mädchen zukam. Ich versuchte mir einzureden, daß es irgendein wildes Tier sein müsse. „Ein Hirsch, das ist es", sagte ich mir. Als es das Ende des Zauns erreichte, stoppte es, richtete ruckartig seinen Kopf auf mich und fing an, rückwärts zu gehen! Moment mal! Ein Hirsch kann nicht rückwärtsgehen. Außerdem bewegten sich seine Beine und Schultern auf eine komische Weise; es sah irgendwie mechanisch aus. Das war das seltsamste Ding, das ich je gesehen hatte. Es war zu groß, um irgendein Hund zu sein. Ich schätzte seine Größe auf etwa ein Meter zwanzig. Es war sehr dünn und sehr blaß. Draußen war es in dieser Nacht sehr dunkel, und ich denke, wir konnten es nur deshalb sehen, weil es das Mondlicht reflektierte. Tatsächlich sah es fast aus, als ob es nicht ganz da sei, als ob es nicht ganz materialisiert wäre. Sein Kopf war birnenförmig, und sein Hals und seine Schultern waren dünn. Seine Beine und Arme waren auch ziemlich lang und dünn. Auf dem Video können Sie Jeannes Tochter sagen hören: „Mama, was ist das, was da auf der Straße auf uns zukommt?" Dann können Sie mich schreien hören. Plötzlich verändert sich die Stimmung, und Sie können uns aufgeregt über das Licht reden hören, das wir gerade gesehen hatten. Sonst wurde weiter nichts über das Ding auf der Straße gesagt. K. O. hatte zu der Zeit ein kleines tragbares Radio bei sich, und Sie können einen Briten hören, der darüber spricht, daß er farbige Lichtausläufer am nördlichen Himmel sehen könne. Er glaubte, er sähe Nordlichter. Das einzige, was wir sehen konnten, als wir nach Norden blickten, waren Wolken. Dann können Sie K. O. hören, der sagt, daß er ein seltsames Piepgeräusch aufnehme, das von unserem Viehstall nördlich des Hauses zu kommen scheine.

Später auf dem Band können Sie tatsächlich das Piepen hören, als K. O. den Recorder näher an den Stall brachte. Dann sahen wir ein weiteres Licht hinter uns von Westen nach Südosten vorbeischießen. Dieses Licht verwandelte sich in ein tiefes Blutrot, ehe es davonschoß.

Als wir schließlich zurück ins Haus gingen und besprachen, was gerade geschehen war, merkten wir, daß etwas Zeit fehlte - und mehrere Minuten Video auch.

Nachdem wir das „Tier" die Straße herunter auf uns zukommen gesehen hatten, noch bevor K. O. das Piepgeräusch aufzuzeichnen begann, hatte ich selbst das Geräusch aufgenommen.

Nachdem wir zum letzten Mal das Licht aus den Augen verloren hatten, war K. O. für ein paar Minuten hineingegangen, um einen Freund anzurufen, der auf der anderen Seite der Stadt wohnte. Er wollte, daß er nach draußen schaue, ob er vielleicht etwas sehen könne. Jeanne und ich waren zu diesem Zeitpunkt allein draußen. Wir bemerkten die Geräusche da das erste Mal.

Jeanne erinnert sich, daß das rote Licht am Camcorder an war, als ich aufnahm, und sie erinnert sich auch, daß ich bei jedem Piepen einen Kom-

mentar abgab. Ich erinnere mich sogar, daß ich K. O. sagte, er solle den
Camcorder wieder anstellen, weil ich ihn ausgestellt hatte, ehe er zurück
nach draußen kam. Und er erinnert sich, daß er ihn wieder anstellte, ehe er
zum Stall ging, um mehr von dem Geräusch aufzunehmen und nach den
Kühen zu sehen. Doch der ganze Teil, den ich aufgenommen habe, fehlt
auf dem Band.

Später, als wir die Zeit und das Band, das wir hatten, noch einmal
durchgingen, stellten wir fest, daß wir von einer Episode, die fünfundvierzig Minuten gedauert hatte, nur ungefähr achtzehneinhalb Minuten zu-
sammenzählen konnten. Bis heute sind wir uns nicht sicher, was mit dem
Rest der Zeit geschah - oder mit uns.

Als ich sechs Wochen nach der Operation wieder zu meinem Chirurgen
zu einer Nachuntersuchung ging, fragte ich ihn, was genau er gefunden
habe. Ich erinnerte ihn daran, daß der Arzt in Springfield, der mein Ultra-
schallbild geprüft hatte, mir gesagt hatte, ich hätte einen Tumor in meinem
Uterus. Ich erinnerte ihn auch daran, daß mein Hausarzt das Gefühl hatte,
daß es ein ziemlich großer Tumor wäre.

Ich war sehr überrascht, von ihm zu hören, daß er überhaupt keinen
Tumor gefunden hatte, daß ich jedoch etwas namens Adenom (Drüsenge-
schwulst) sowie Zysten an beiden Eierstöcken, vernarbtes Gewebe, Organ-
verklebungen und Endometriose (verschlepptes Gebärmutter-
schleimhautgewebe außerhalb der Gebärmutter) hatte. Ich brauchte die
Totaloperation definitiv, hatte aber keinen Tumor. Während ich dies im
Dezember 1993 schreibe, ist die Operation zwölf Wochen her, und brauche immer noch keine Hormongaben, obwohl ich eine Totaloperation
hatte. Keinerlei Anzeichen von Menopause.

Ich frage mich, was aus dem geworden ist, das mein Arzt auf meinem
Ultraschallfilm sah. Niemand wird das je erfahren, doch ich kann mir nicht
helfen zu glauben, daß es vielleicht etwas mit der Sichtung zu tun hatte,
die wir kurz vor meiner Operation hatten. Was würden Sie unter diesen
Umständen denken?

Mehrere Leute haben gemeint, daß „sie" mich vielleicht jetzt, wo ich
keine Anlage mehr habe, Babys zu machen, in Ruhe lassen werden. Ich
habe das Gefühl, daß es nur meine „Jobbeschreibung" ändern wird. Ich
schätze, die Zeit wird es zeigen. Irgendetwas scheint aus irgendeinem
Grund sehr gut auf mich aufzupassen.

Am 3. Dezember 1993 heirateten K. O. und ich in Las Vegas, Nevada.
Wenn mir jemand als junges Mädchen gesagt hätte, daß mein Leben so

verlaufen würde, hätte ich es nicht in einer Million Jahren geglaubt. Niemand wird mich je davon überzeugen können, daß dieses Phänomen nicht „real" ist. Wie kann etwas dein Leben so radikal ändern, wenn es nicht „real" ist? Ich bin sehr froh, daß es bei mir Veränderungen zum Besseren waren!

Obwohl es mehrere Jahre her ist, seit das Buch *Eindringlinge* erschienen ist, bekomme ich immer noch Briefe dazu.

Vor ein paar Tagen bekam ich einen Brief von einer Dame, die in Indianapolis lebt. Darin berichtet sie von Ereignissen, die den meinen so auffällig ähnlich sind und ihr auf derselben Seite der Stadt widerfuhren. Und die Daten und Zeiten lagen auch nicht so weit auseinander. Die Bestätigung scheint kein Ende zu nehmen.

Anhang
Debbie

Der Vorfall in der Nacht vom 30. Juni 1983 erweckte in mir etwas, das in den tiefsten Schlupfwinkeln meines Geistes schlummerte. Mein Geist wurde irgendwie freigesetzt.

Von 1983 bis 1987 tat ich Dinge, zu denen ich vorher nie in der Lage gewesen war. Noch erstaunlicher war der Druck, unter dem ich diese Dinge tat.

Vorher hatte ich keine künstlerische oder poetische Neigung. Ich glaube, meine Fähigkeiten waren ein direktes Resultat meiner Erfahrungen.

Der Wunsch, das, was ich kreiert hatte, mit anderen zu teilen, war mit nichts zu vergleichen, das ich vorher oder seitdem erlebt habe. Ich hatte das Gefühl, als ob der Teil in mir, der mich dazu befähigte, dies in mir zu finden, anderen helfen wollte, es in sich selbst zu finden. Ich hatte das Gefühl, daß das, was ich getan hatte, für sie der Auslöser sein würde.

Im September 1983 begann ich unglaubliche Bilder in meinem Kopf zu empfangen, und ich hatte das Bedürfnis, sie für andere zu Papier zu bringen. Ich fing an, Collagen anzufertigen. Jeden Pfennig, den ich besaß, gab ich für Materialien aus, um diese Dinge zu machen, und wenn ich erst einmal angefangen hatte, daran zu arbeiten, konnte ich nicht eher aufhören, bis es fertig war. Ich wußte, wann ich einen neuen Entwurf machen würde, denn ich fühlte mich ein oder zwei Tage davor sehr unruhig und nervös, ehe die eigentliche Arbeit begann. Das war mein Stichwort, ins Kaufhaus zu gehen und Zeichenpapier und Leim zu kaufen.

Dann erwachte ich früh am Morgen, gewöhnlich gegen zwei oder drei Uhr und fühlte mich zittrig und verschwitzt. Das bedeutete, daß es Zeit war anzufangen. (Ich merke, wie verrückt das klingt, und es ist mir ein wenig peinlich.)

Ich fing an, Worte, Sätze und Ideen zu den ungelegensten Zeiten zu „erinnern".

Ich erinnere mich, wie ich die Straße entlang fuhr und Dinge über Gott, das Leben und die Verbindung zwischen beidem „hörte" - daß Gott und Leben eigentlich ein und dasselbe sind. Es wurde so intensiv, daß ich mein Auto an die Straßenseite fahren und aufschreiben mußte, was ich durchbekam, ehe ich weiterfahren konnte. Sobald ich es niedergeschrieben hatte, hörten die Durchgaben auf, und ich konnte weitermachen mit dem, was ich gerade tat.

Vieles von dem, was ich in dieser Periode schrieb, wurde aus meinem Haus gestohlen, als mein Mann und ich nicht in der Stadt waren. Zum Glück können die Diebe mein Gedächtnis nicht ausradieren. Alles, was ich „hörte", „erinnerte" oder wie auch immer Sie es nennen wollen, war für immer in mein Gedächtnis eingebrannt worden. Es ist ein Teil von mir geworden. Vielleicht war es das immer schon.

Es war während einer Episode wie die, die ich oben erwähnte, als ich die folgenden beiden Gedichte schrieb. Zwei Tage davor war ich sehr erregt und unruhig gewesen. Es war wie der Dampf eines Teekessels, der sich allmählich aufbaut. Als ich sie niederschrieb, wurde ein wenig Druck frei.

Ich erwachte aus tiefem Schlaf, um sie aufzuschreiben, und danach brach ich schließlich erleichtert auf dem Bett zusammen.

Am nächsten Morgen wachte ich auf und fand dieses Gekritzel auf meinem Notizblock. Ich mußte ein paar Worte und Sätze umstellen, damit sie einen logischen Sinn ergaben. Dies ist das erste, das ich bekam. Ich nenne es Lied für Per:

Wenn ich in deine Augen sehe, werde ich du.
Ich ströme durch den inneren Kern, der das wahre Selbst ist.
Drinnen bade ich in der Wärme deines höchsten Wesens.
Ich befreie und lindere die Kälte deines menschlichen Gefühls.
Ich öffne dein Herz und deinen Geist im Namen der Liebe.

Alle Erinnerung teilen wir jetzt und für immer.
Verschmolzen durch die Kraft unserer Seele.
Wir sind nichts als eine Seele.
Stark und ewig.
Ein Gedächtnis, eine Liebe.

Am Anfang sind wir durch Furcht getrennt.
Nun kämpfen wir darum zu lernen,
um zu dem Ort zurückzukehren,
an dem wir erneut
für immer zusammenkommen werden.

Als ich diese Gedichte schrieb, war ich viel zu ängstlich und schwach, um je daran zu denken, die Seele eines anderen zu berühren oder in meine eigene so tief einzutauchen. Ich konnte zu dieser Erkenntnis nur dadurch kommen, daß ich wirklich mit allen lebenden Dingen verbunden war und diese Worte von meinem so verbundenen Geist kamen. Und sie waren für mich bestimmt, zu meiner Heilung.

Mehrere Jahre vergingen, ehe ich die Bedeutung dessen, was ich geschrieben hatte, voll verstand. Als ich sie einigen meiner engen Freunde zeigte, konnten sie nicht glauben, daß ich sie geschrieben hatte. Als ich die Worte las, konnte ich es selbst nicht glauben!

Wie Sie sich vielleicht erinnern, schlief ich in dieser Periode meines Lebens am Tage und blieb fast die ganze Nacht als Wächterin wach. Ich war von schwächender Angst und Unruhe erfaßt. Tage vergingen, an denen ich mich noch nicht einmal anzog. Ich verbrachte eine Menge Zeit in meinem schäbigen alten Morgenmantel.

Ich war nicht religiös und hatte Kirchen nur mit Freunden aus der Kindheit besucht, wenn ich die Nacht bei ihnen verbrachte. In meinem angsterfüllten Geisteszustand war mir überhaupt nicht danach, mir all das anzuhören. Oder zumindest glaubte ich das.

Während dieser Zeit traf ich mich mit James. Wir trennten uns für eine kurze Zeit, ehe wir schließlich heirateten. Ich erinnere mich, daß ich mich während der Trennungszeit selbst bemitleidete und sehr böse auf Gott war. Eines Nachts in meinem Zimmer brach es aus mir raus: „Gott oder wer immer mir zuhört, warum hast du mir soviel in meinem Inneren gegeben und niemanden, dem ich es geben kann? Niemand hier versteht Liebe oder versteht mich. Ich schrecke die Leute ab mit meinen intensiven Gefühlen. Warum hast du mir das angetan? Ich will nicht mehr hier sein! Ich gehöre hier nicht hin. Ich bin zu sensibel."

Plötzlich war es, als ob riesige, warme, liebevolle Arme sich um mich legten. Diese Worte hörte ich in meinem Kopf und fühlte sie in meinem Herzen: „Erkennst du nicht, daß alles, das du versucht hast zu geben, immer für dich bestimmt war? Sobald du dies lernst, wird es kommen."

Diese Nacht war ein Wendepunkt für mich. Es war, als wären die Lichter angegangen und ich könnte endlich sehen. Zum ersten Mal verstand ich.

Kurz darauf schrieb ich das letzte Gedicht, das ich in dieser Art schreiben sollte, und mit ihm ging die turbulente Phase in meinem Leben ruhig weiter. Dies ist, was ich schrieb. Ich nenne es Gebet des Propheten:

Warum, warum muß ich alleine
das Licht fühlen, das ich mit keinem teile?

Die Seele des Menschen zu verstehn,
wird, fürchte ich, nicht ohne Opfer vonstatten gehn.

Gib mir die Stärke es zu durchzustehn,
Um dich in der Einheit wiederzusehn.

Schick mir, was sich mir seit langem verhüllt,
damit sich mein Schicksal und meine Pflicht erfüllt.

Wielange muß ich warten? Meine Geduld läßt nach.
Eine Lektion lernen, ehe ich zu einem neuen Anfang erwach?

Du bist mein Herz, befiehlst mein Leben.
Daß ich dein Walten nicht immer versteh, mußt du mir vergeben.

Die Botschaft ist vage und doch zum Greifen nah.
Bin ich der Schüler, oder muß ich lehren, was ich sah?

Nachwort

Was den Lesern soeben präsentiert wurde, ist ein unglaubliches und aufrichtiges Geschenk von zwei gesunden und wunderbaren Menschen. Debbie und Kathy sind als Schwestern vorgetreten, um mutig Familiengeheimnisse und bestürzende Rätsel zu enthüllen, die sich in ihr Leben gedrängt haben. Trotz der phantastischen Natur ihrer Erlebnisse, haben sie mit der Zeit gelernt, damit fertig zu werden. Unterstützt durch die Geduld und das Verständnis von Forschern, Freunden, Familie, Therapeuten und anderen, die mit diesem rätselhaften Phänomen zu tun haben, sind sie auf vielfältige Weise gewachsen. Sie wollten ihre Erfahrungen offen, sensibel und humorvoll mitteilen, und sie hofften aufrichtig, daß es anderen wirklich helfen möge, sich nicht so allein oder verrückt zu fühlen. Sie wissen, was für ein Gefühl das ist!

Sie versuchen nicht, professionelle Autorinnen zu werden oder irgendwie zu profitieren. Sie wollten lediglich all denen, die ihnen halfen, danken, und all jenen Verwirrten etwas geben, die immer noch Hilfe brauchen könnten und sie nicht bekommen. Dieses Buch ist ein Geschenk der Liebe und kein wissenschaftliches Dokument. Es ist in dem erdverbundenen, freundlichen und einfühlsamen Stil geschrieben, der diese beiden liebenswerten Schwestern wahrhaftig charakterisiert. Es ist eine geteilte Erfahrung - und sie hoffen, daß die Leser von ihrer Offenheit profitieren. Wenn weitere Menschen, die von diesem Phänomen betroffen sind, wie Debbie und Kathy hervortreten, werden wir vielleicht erfahren, wie ähnlich diese persönlichen Geschichten wirklich sind. Dann werden wir vielleicht alle die Chance haben, zu wachsen und zu lernen, was wir möglicherweise für unsere Zukunft wissen müssen.

John S. Carpenter
Zugelassener klinischer Sozialarbeiter
Psychiatrischer Hypnosetherapeut

Debbies erster öffentlicher Vortrag, der zuvor beschrieben wurde, ist als Bestandteil der Protokolle der Konferenz, auf der sie sprach, in englischer Sprache auf Audio- und Videokassette erhältlich. Für weitere Informationen schreiben Sie bitte in Englisch an:

Omega Communications, P. O. Bos 2051, Cheshire, Ct, 06410-5051, USA.